“十三五”江苏省高等学校重点教材(2018-2-193)

过程设备设计课程设计指南

陆 怡 主 编
宋敏霞 朱柳娟 孙国刚 副主编

中国石化出版社

内 容 提 要

本书是配合过程设备设计课程设计编写的指导教材，书中详尽地介绍了课程设计的目的、要求、内容、步骤；过程设备图的结构特点及图示表达特点、识读方法；过程设备装配图及零部件图的详细绘制方法；对三种典型的过程设备——换热器、塔及夹套反应釜的机械设计步骤进行了详细说明，并附有图纸。本书附有中国压力容器常见法规标准目录、过程设备图中的常见错误举例、中英文专业术语对照，本书引用的设计标准均为最新的国家和行业标准。

本书可作为过程装备与控制工程专业过程设备设计课程设计指导教材，也可作为化工类专业化工设备机械基础课程设计指导教材，还可作为相关设计和生产单位工程技术人员的参考书。

图书在版编目(CIP)数据

过程设备设计课程设计指南 / 陆怡主编．—北京：
中国石化出版社，2020.7(2024.8 重印)
“十三五”江苏省高等学校重点教材
ISBN 978-7-5114-5882-7

Ⅰ.①过… Ⅱ.①陆… Ⅲ.①化工过程-化工设备-设计-课程设计-高等学校-教学参考资料 Ⅳ.①TQ051.02

中国版本图书馆 CIP 数据核字(2020)第 117996 号

中国石化出版社出版发行

地址：北京市东城区安定门外大街 58 号
邮编：100011 电话：(010)57512500
发行部电话：(010)57512575
http://www.sinopec-press.com
E-mail：press@sinopec.com
北京捷迅佳彩印刷有限公司印刷
全国各地新华书店经销

*

787×1092 毫米 16 开本 14.5 印张 6 插页 349 千字
2024 年 8 月第 1 版第 3 次印刷
定价：48.00 元

前　　言

目前，国内高校过程装备与控制工程专业均开设了《过程设备设计》专业核心课程，根据中国工程教育专业认证机械类专业补充标准和2018年颁布的普通高等教育本科专业类教学质量国家标准的要求，专业主干课程应设置独立的课程设计，培养学生的设计能力和解决问题的能力。因此，各高校过程装备与控制工程专业陆续开设了过程设备设计课程设计实践教学环节。

作为过程装备控制工程专业的专业教师，在指导毕业设计和课程设计过程中发现，学生在完成《过程设备设计》理论课程，进入课程设计和毕业设计环节时，缺少系统的指导用书，入门比较困难，对过程设备设计过程、设计步骤不清晰，对设计中需要使用到哪些相关的规范标准等知之甚少。因此，亟需《过程设备设计课程设计》指导类相关教材。

本教材主编为常州大学化工设备设计所设计审批人员，持有全国A2类压力容器设计审批人员证书，多位编者具有丰富的设计制造企业工作经历及课程设计指导经验。

本教材从工程实际出发，融入OBE教育理念，以培养学生压力容器及过程设备设计能力为目标，精心组织教材内容。教材力求内容紧密联系实际，文字叙述简明扼要，讲清每一种典型过程设备的机械设计思路，有效提升不具备压力容器和过程设备工程设计经验的老师和学生的过程设备图纸阅读能力及典型过程设备设计能力。教材采用的设计图例均为具有压力容器设计资质设计单位承接的工程实际案例。附录有中英文专业术语对照和英文技术要求示例，以培养学生“在跨文化背景下进行沟通和交流”的能力。教材中引用的设计制造标准均为最新承压设备相关国家标准、部颁标准、行业标准，与业界无缝对接，紧跟业界最新技术进展及发展趋势。

书中还摘录了部分最新国家标准、规范，以便学生进行过程设备设计课程设计、毕业设计时参考。

本书可作为过程装备与控制工程专业高年级本科生过程设备设计课程设计、毕业设计用教材，还可以作为相关设计和生产单位工程技术人员参考书。

本书由常州大学陆怡教授主编，副主编为常州大学宋敏霞博士、上海应用技术大学朱柳娟副教授、中国石油大学(北京)孙国刚教授，广东石油化工学院冀晓辉副教授、曹晖副教授对本书亦有贡献，全书由陆怡教授和宋敏霞博士统稿。

本教材获得2018年“十三五”江苏省高等学校重点新编教材立项(2018-2-193)，得到江苏高校品牌专业建设工程二期项目(PPZY2015B124)资助，谨此致谢。

由于编者水平有限，书中不足和错误之处在所难免，殷切期望读者在使用过程中批评指正。

目　录

第1章 绪　　论

《过程设备设计》是过程装备与控制工程专业的专业主干课程，按照教育部2018年颁布的普通高等教育本科专业类教学质量国家标准及中国工程教育专业认证机械类专业补充标准的要求，专业主干课程应设置独立的课程设计，培养学生的设计能力和解决问题的能力。过程设备设计课程设计是学生学完了专业基础课(工程制图、普通化学、工程材料、机械设计、化工原理等)和专业主干理论课(过程设备设计)后的一次将所学理论知识进行综合应用、融会贯通、理论联系实践的重要环节。

1.1　过程设备设计课程设计的目的

通过课程设计，使学生具备下列知识和能力：

(1) 通过课程设计实践，树立正确的设计思想，在设计过程中能够综合考虑经济、环境、法律、安全、健康、伦理等因素，能深刻理解工程伦理的核心理念及机械工程师的社会责任，能自觉遵守机械工程师职业道德和行为规范。

(2) 培养学生综合运用先修专业基础课和《过程设备设计》专业课的理论知识，独立分析和解决工程实际问题的能力，学习掌握过程设备设计的基本方法和步骤，能够针对过程装备特定工况需求，进行过程设备设计。

(3) 培养学生熟悉、查阅并综合运用各种有关的设计手册、标准和规范等设计技术资料，进一步培养学生识图、制图、运算、编制设计说明书等基本技能，完成作为工程技术人员在机械设计方面所必备的基本训练；使学生能够用图纸、报告等形式，呈现设计成果。

1.2　过程设备设计课程设计的内容

过程设备设计课程设计应根据设计任务书给定的工艺设计参数，完成一种典型过程设备的机械设计。工作量应包括：设备的总装配图1张，重要的零部件图1~2张，设计计算书1份。

1.3　过程设备设计课程设计的步骤

1.3.1　准备阶段

(1) 设计前应预先准备好设计资料、手册、图册、计算和绘图用具、图纸及报告用纸等；

(2) 认真研究设计任务书，分析设计题目的原始数据和工艺条件，明确设计要求和设计内容；

(3) 认真复习有关教科书的内容，熟悉有关资料和设计步骤；

(4) 有条件时应结合现场参观，熟悉典型设备的结构，比较其优缺点，选择合适的结构型式：没有现场条件的，应读懂典型设备图。

1.3.2 机械设计阶段

根据设备的工艺条件(包括工作压力、温度、介质特性、管口方位及标高等)，围绕设备内、外零部件的选型进行机械结构设计：围绕确定壁厚大小进行强度、刚度和稳定性的设计计算和校核。

(1) 全面考虑按压力大小、温度高低、腐蚀情况等因素来选择材料。同时，考虑材料的机械加工性能、焊接性能和材料的来源、经济性等因素。

(2) 选用零部件。在满足工艺条件要求下，由受力条件、制造、安装等因素来决定设备内外部附件的结构型式。

(3) 强度、刚度、稳定性设计及校核计算。根据结构型式、受力条件和材料的力学性能、耐腐蚀性能等进行强度、刚度和稳定性计算，最后确定设备合理的结构尺寸。在大多数情况下，强度是主要应考虑的问题，有些设备不需要进行刚度、稳定性设计及校核计算。

(4) 整体设计。包括支座设计、开孔补强计算、焊接结构设计等，并进一步确定设备合理的整体结构型式。

(5) 传动设备的选型、计算。对带有机械传动、液压传动的设备，可参考教科书和有关设计手册进行选型和计算。

(6) 绘制设备总装配图，并提出相应的技术要求。对设备制造、装配、检验和试车等工序提出合理要求，以文字形式标注在总装配图上。

(7) 绘制必要的零部件图。包括设备的总装配图一张（A 0 号）、设备的重要零部件图 1 ~2 张(A1 号、A2 号或 A3 号)。

1.3.3 编制设计计算说明书阶段

设计计算说明书是设计计算的整理和总结，是审核设计成果的技术文件之一。其主要内容包括：封面；设计任务书；目录；设计方案的分析和拟定；各部分结构尺寸的设计计算和确定；设计总结；参考文献等。

设计说明书要求计算正确、理论清楚、文字简练、插图简明、书写工整，并且要求用 A4 纸装订成册。

上　篇

过程设备绘图基础

第 2 章　过程设备图基本知识

过程设备种类繁多，主要是指过程工业生产过程中的合成、分离、吸收、传热等单元操作设备，按其使用场合和功能区分，常用的典型过程设备有储罐、换热器、塔器、反应釜等。

过程设备的设计、制造以及安装、检修和使用，均需通过图样来进行。过程设备图是表达过程设备的结构形状、尺寸大小、装配关系、性能和制造、安装等技术要求的工程图样。过程设备图是设计、制造、安装、维修及使用的依据，是反映设计思想、指导生产和安装、交流技术的重要工具。因此，作为过程装备领域的工程技术人员必须具有过程设备图样的绘制能力以及阅读能力。

2.1　过程设备图种类

过程设备图图样按用途可分为工程图和施工图。

(1) 工程图(engineering drawing)　由工程公司或设计单位完成，用来向制造厂询价或订货用的容器配图或总图，其内容深度是使制造厂能提供报价或订货后的及时备料，或进行技术准备，或以此条件画施工图。

(2) 施工图(detailing drawing)　供设备制造、安装的一套详细图样。

施工图按照图样所表示的内容不同，有装配图、部件图、零件图、管口方位图、表格图等。

① 装配图　表示设备全貌、组成、特性的图样，它应表达设备各主要部分的结构特征、装配和连接关系，注有主要特征尺寸、外形尺寸、安装尺寸及对外连接尺寸，并写明设计参数以及设计、制造与检验要求。

② 部件图　表达由若干零件组成的非标准可拆或不可拆部件的结构、尺寸，以及所属零部件之间的装配关系、技术特性和技术要求等资料的图样，如设备的密封装置等。

③ 零件图　表达过程设备标准零部件之外的每一零件的结构形状、尺寸大小以及加工、热处理、检验等技术要求的图样，如反应釜中的搅拌轴、减速箱的支架等。

④ 零部件图　由零件图、部件图组成的图样。

⑤ 表格图　对于那些结构形状相同、尺寸大小不同的过程设备、部件、零件(主要是零部件)，用综合列表的方式表达各自的尺寸大小的图样。

⑥ 特殊工具图　表示设备安装、试压、维修时使用的特殊工具的图样。

⑦ 标准图(或通用图)　指国家部门和各设计单位编制的过程设备上常用零部件的标准图或通用图。

⑧ 梯子平台图　表示支撑于设备外壁的梯子、平台结构的图样。

⑨ 预焊件图　表示设备外壁上保温、梯子、平台、管线支架等安装前在设备外壁上需预先焊接的零件的图样。

⑩ 管口方位图　过程设备工程图中特有的一种图纸，表示过程设备上管口、支耳、吊耳、人孔吊柱、板式塔降液板、换热器折流板缺口位置，以及地脚螺栓、接地板、梯子及铭牌等方位的图样。如果装配图中的俯视图已将各管口方位表达清楚，可不必另画管口方位图。

2.2　过程设备图的图面布置

2.2.1　图纸幅面

过程设备图图样的幅面尺寸应遵守国家标准 GB/T 14689—2008《技术制图　图纸幅面和格式》的规定，表 2-1 为基本幅面尺寸，在图纸上必须用粗实线绘制图框线，其格式有留装订边和不留装订边两种，留装订边的图纸格式如图 2-1 所示，不留装订边的图纸格式如图 2-2 所示。

表 2-1　基本幅面

幅面代号	A0	A1	A2	A3	A4
$B \times L$	841×1189	594×841	420×594	297×420	210×297
e	20		10		
c	10			5	
a	25				

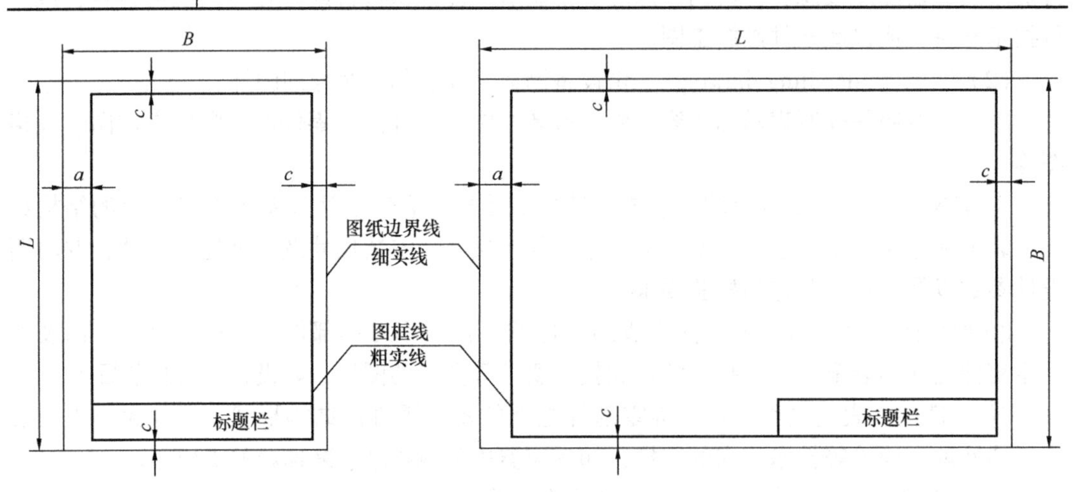

图 2-1　留装订边图纸的图框格式

图纸幅面选择补充说明：

(1) 针对有些过程设备具有细长或短粗的结构特征，不合适选用表 2-1 中的图幅大小，必要时可按规定加长幅面。加长幅面的尺寸是由基本幅面的短边整倍数增加后得出。

(2) 过程设备图允许在同一张图上绘制多个图样，当在一张图纸上绘制若干个图样时，其中每一个图样的幅面尺寸应按 GB/T 14689—2008《技术制图　图纸幅面和格式》的规定分割，如图 2-3(a)所示，图纸幅面框用细实线绘制，图框用粗实线绘制。亦可如图 2-3(b)所示，以内边框为准，用细实线划分图纸幅面为接近标准幅面尺寸的图样幅面。

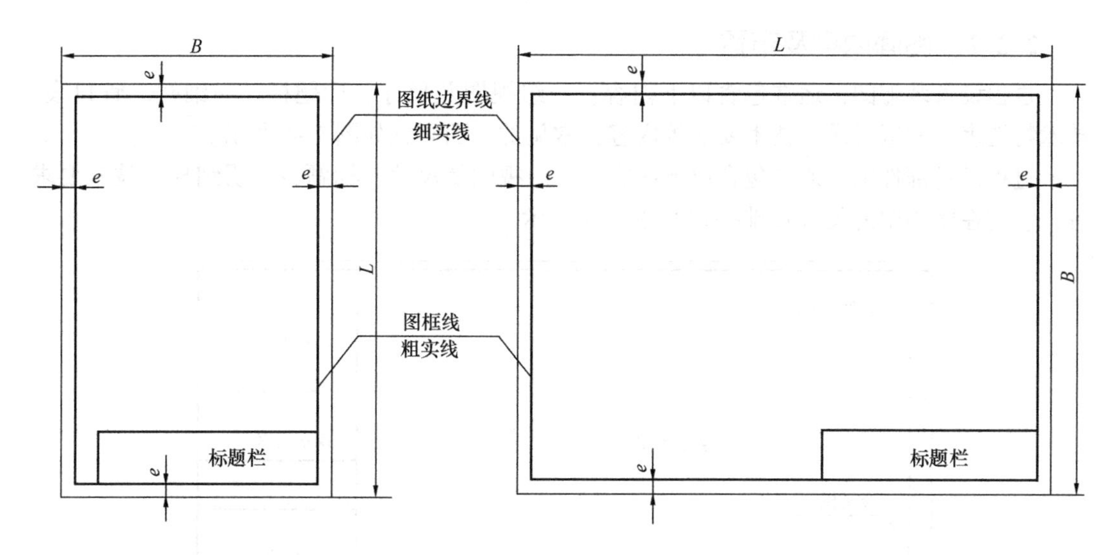

图 2-2　不留装订边图纸的图框格式

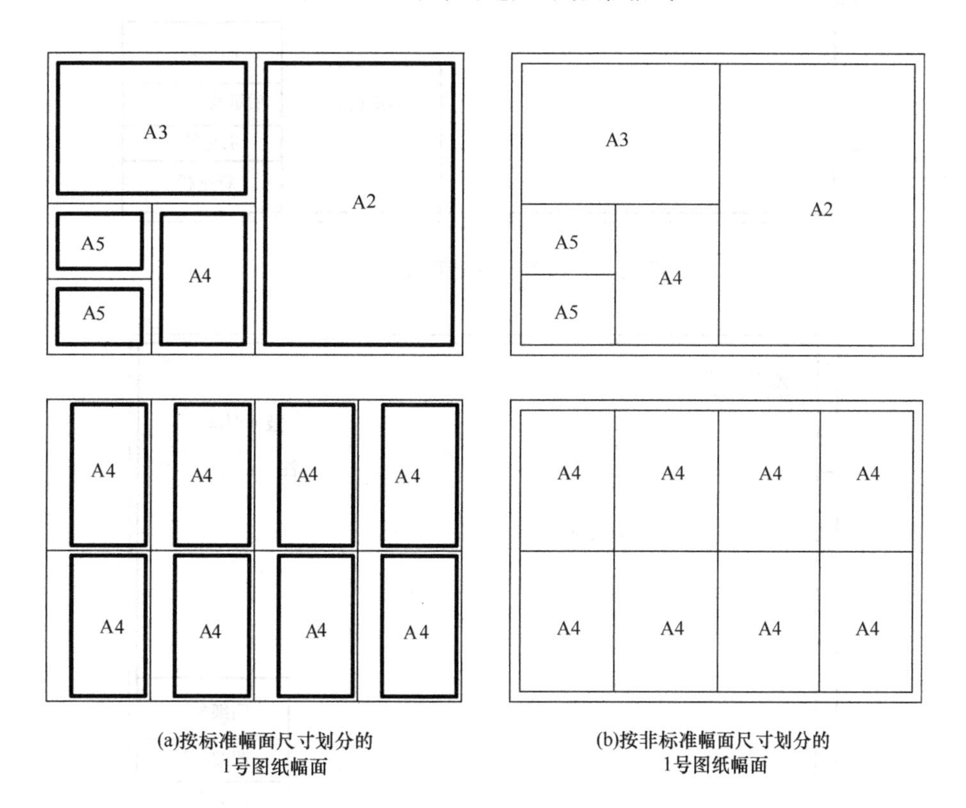

图 2-3　图纸幅面的划分

(3) 绘制过程设备图时，A1、A2、A3 为常用幅面，A3 幅面不允许单独竖放；A4 幅面不允许横放；A5 幅面不允许单独存在。

(4) 不单独存在的图样，组成一张图纸时，每一图样的明细栏内“所在图号”为同一图号。

(5)施工图一般用 A1 绘制。

2.2.2 图面内容及布置

过程设备装配图，通常包含以下内容：一组视图及尺寸、标题栏、明细栏、管口表、技术特性表、图纸目录、技术要求等内容，常见的图面布置如图 2-4 所示。

过程设备部件图，通常包含以下内容：一组视图及尺寸、标题栏、明细栏、技术要求等，它们在图幅中的位置安排格式如图 2-5 所示。

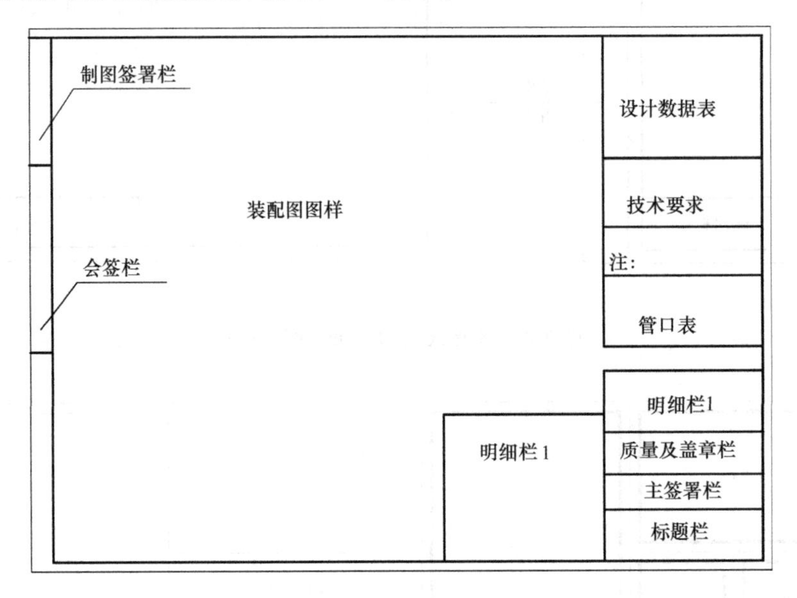

图 2-4　过程设备装配图图面布置

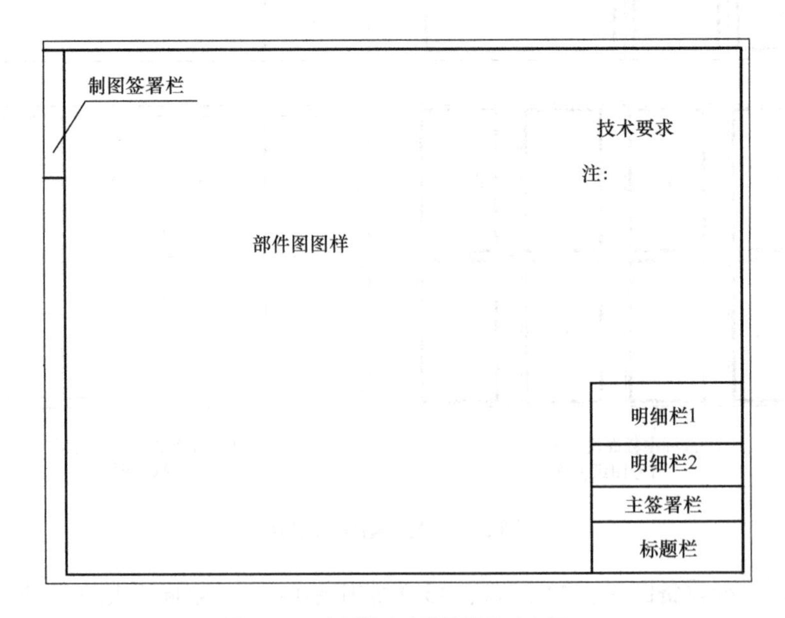

图 2-5　过程设备部件图图面布置

过程设备的零件图与机械零件图相似，通常包含以下内容：一组视图及尺寸、标题栏、明细栏、技术要求等，它们在图幅中的位置安排格式如图 2-6 所示。

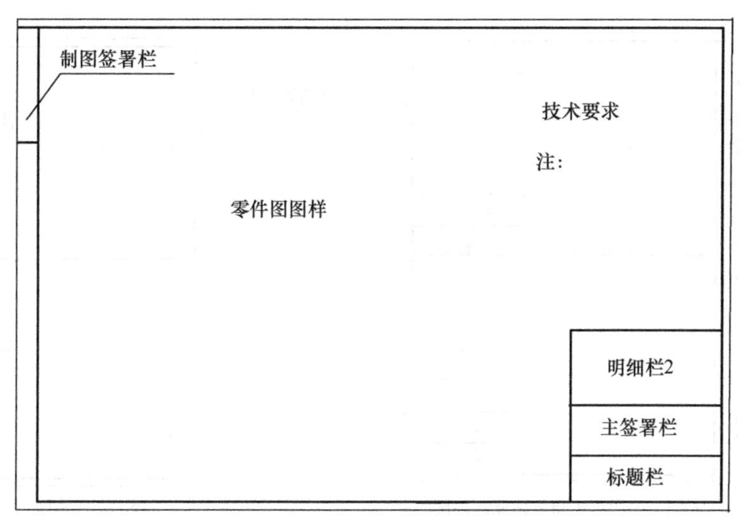

图 2-6　过程设备零件图图面布置

2.2.3　图样安排原则

过程设备图图样安排应遵循以下原则：

（1）装配图与零部件图的安排　装配图一般不与零部件图绘制在同一张图纸上。但对于只有少数零部件的简单设备允许将零部件图和装配图安排在同一张图纸上，此时图纸应不超过 1 号幅面，装配图安排在图纸右方。

（2）部件及其零件图安排　部件及其所属零件的图样，应尽可能编排在同一张图纸上，此时，部件图安排在图纸的右方或右下方。

（3）同一设备零部件图的安排　同一设备的零部件图样，应尽量编排成 1 号图纸。若干零部件图需安排在两张以上的图纸上时，应尽可能将件号相连的零件图或与加工、安装、结构关系密切的零件图安排在同一张图纸上，在有主标题栏的图纸的右下角不得安排 5 号幅面的零件图。

（4）一个装配图的部分视图分画在数张图纸上的安排　应按下列规定：

① 主要视图及其所属设计数据表、技术要求、注、管口表、明细栏、质量及盖章栏均应安排在第一张图纸上。

② 在每张图纸的“注”中要说明其相互关系。例如：

在主视图上加注：左视图、*A* 向视图及 *B–B* 剖面见××–××××–2 图纸。“××–××××–2”为上述视图、剖面所在图号。

在××–××××–2 图纸上加注：主视图见××–××××–1 图纸。“××–××××–1”为主视图所在图号。

一般情况下，每张图纸的右下角都有主标题栏，用于说明设备名称、图样名称。同一张图纸上的其余零部件图不再画主标题栏。图 2–7 表示同一张图纸上有两张部件图或两张零件图的图面安排。图 2–8 为零部件图图面安排。

2.2.4　绘制过程设备零部件图的原则

过程设备的零部件图是加工制造的依据。一般情况下，过程设备中的每一个零件、部件，均应单独绘制图样，但符合下列情况的可不单独绘制图样。

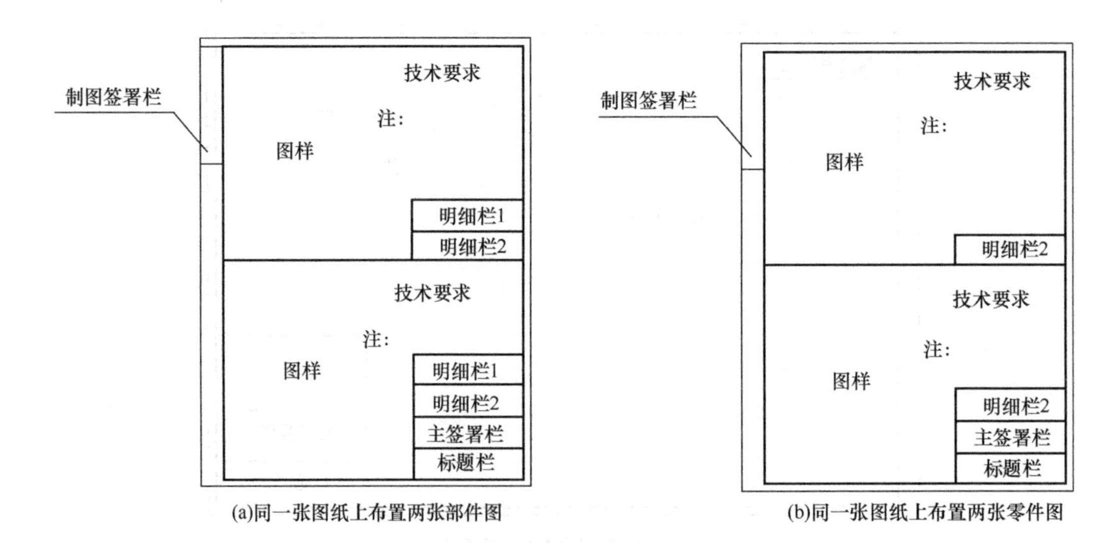

图 2-7　两张部件图或零件图图面安排

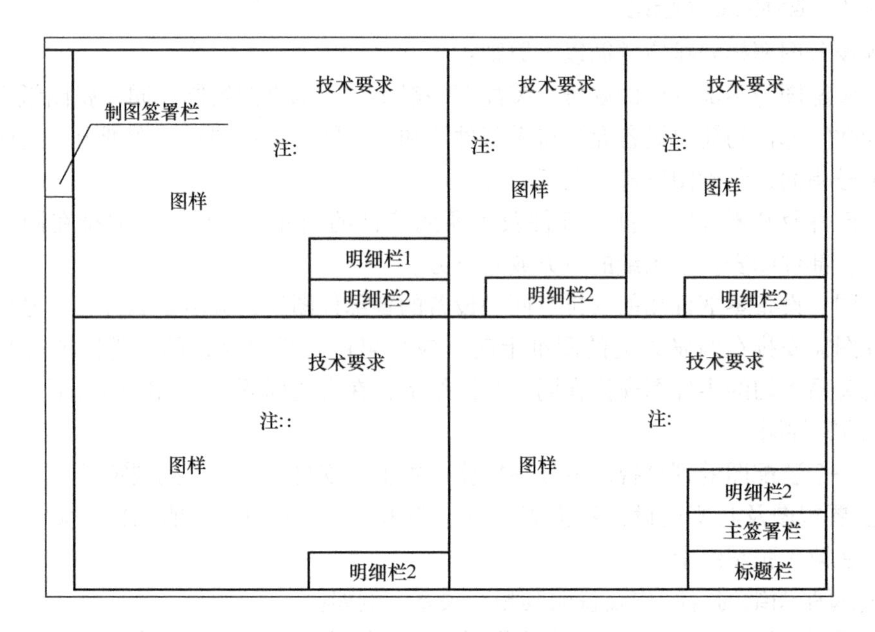

图 2-8　零部件图图面安排

1. 不需单独绘制零、部件图样的原则

（1）符合国家标准、行业标准的标准零部件及外购件，如标准法兰、电机等。

（2）对结构简单，而尺寸大小、形状结构已在部件图上表示清楚，不需机械加工(焊缝坡口及少量钻孔等加工除外)的铆焊件、浇铸件、胶合件等，可不单独绘制零件图，如封头。

（3）尺寸符合标准的螺栓、螺母、垫圈、法兰等连接零件，其材料虽与标准不同，也不单独绘制零件图。但在明细栏中应注明规格和材料，并在备注栏内注明“尺寸按×××标准”字样。此时，明细栏中的“图号和标准号”一栏不应标注标准号。

（4）形状相同，仅尺寸不同的零件，可用同一图样表达清楚，一般不超过 10 个不同可变参数零件，尺寸参数可用表格图表达，但需符合下列规定：

① 在图样中必须标明共同的不变参数及文字说明，而可变参数则以字母代号标注；

② 表格中必须包括件号和每个可变参数的 数量及质量等；

(5) 两个相互对称、方向相反的零件一般应分别绘出图样。但两个简单的对称零件，在不致造成施工错误的情况下，可以只画出其中一个，但在装配图中应标以不同的件号。

2. 需要单独绘制部件图样的基本原则

符合下列情况者应画部件图：

(1) 具有独立结构，必须绘制部件图才能清楚地表达其装配要求、机械性能和用途的可拆或不可拆部件，如搅拌传动装置、联轴器、人(手)孔等；

(2) 由许多部分组成的复杂的壳体部件。

(3) 由于加工工艺或设计的需要，零件必须在组合后才进行机械加工的部件，如带短节的设备法兰、由两半组成的大齿轮、由两种不同材料的零件组成的蜗轮等。对于不画部件图的简单部件，应在零件图中标明需组合后再进行机械加工，如“×面需在与件号×焊接后进行加工”等字样。

(4) 铸制、锻制的零件。

第 3 章　过程设备的结构特点及其图示表达特点

3.1　过程设备结构特点

过程设备的视图表达方法要适应过程设备的结构特点。因此，首先必须了解过程设备的基本结构及特点。过程设备的种类繁多，按使用场合及其功能可分为容器、换热器、塔器和反应器等四种典型设备，如图 3-1 所示。

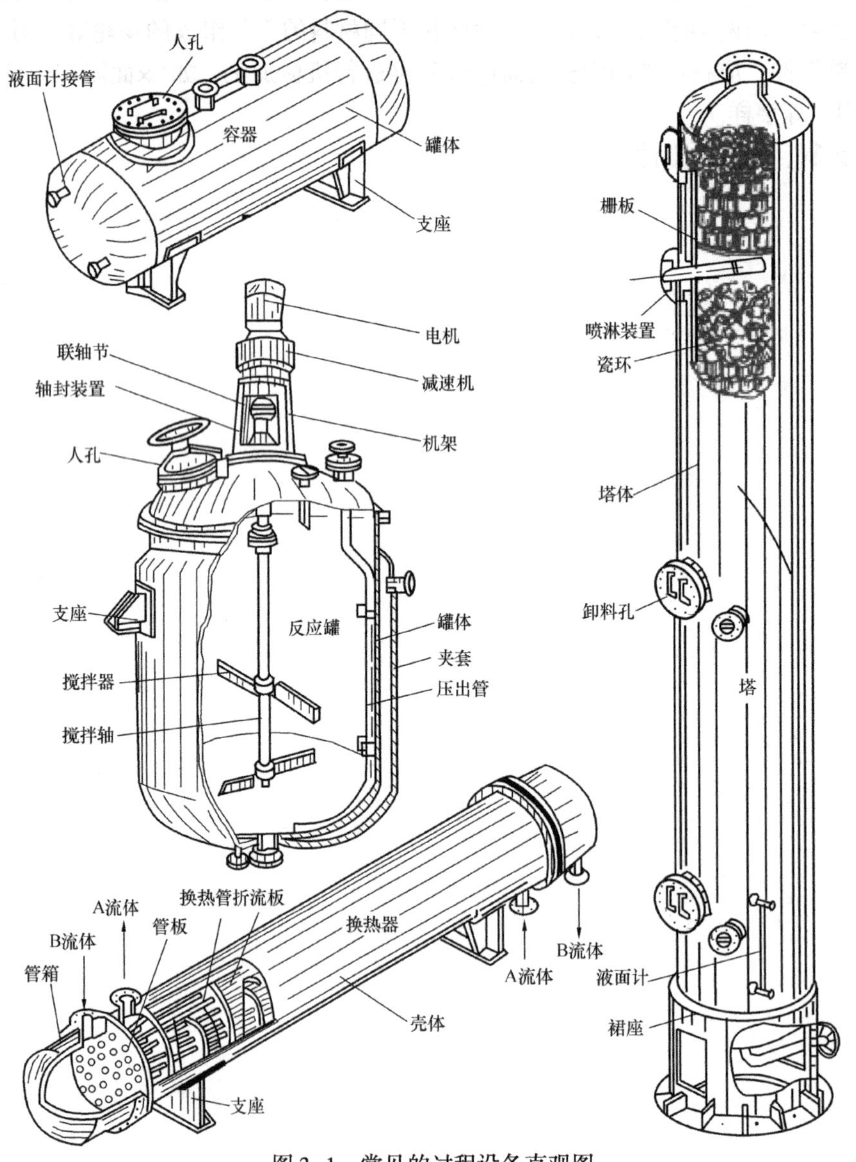

图 3-1　常见的过程设备直观图

不同种类的过程设备，其结构、大小、形状不同，选用的零部件也不完全一致，但不同设备的结构却有若干共同的特点。现以图3-2所示的容器为例说明如下：

(1)过程设备多为壳体容器，其主壳体(壳体、封头)常以回转体为主，且尤以圆柱体居多，如图3-2中所示的筒体6。

(2)为满足过程工艺要求，设备主体上有较多的开孔和接管口，以连接管道和装配各种零部件。如图3-2中所示，容器顶盖的人孔2和接管口5，筒体上则有液面计1的4个接管口。

(3)设备中的零部件大量采用焊接结构。如图3-2中筒体由钢板弯卷后焊接成型，筒体与封头、接管口、支座、人孔等的连接也都采用焊接结构。因此，大量采用焊接结构是过程设备一个突出的特点。

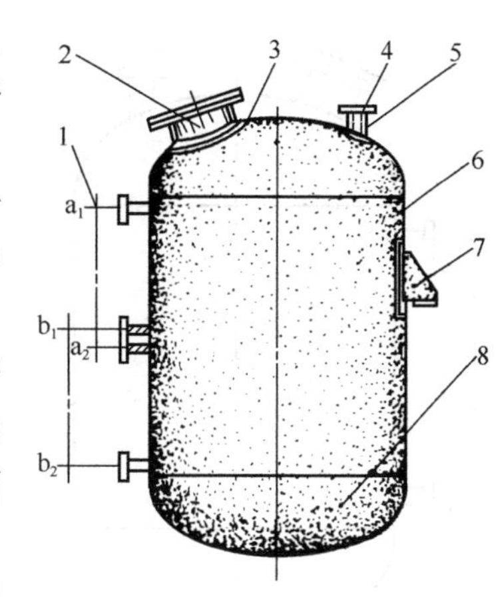

图3-2　立式容器

1—液面计；2—人孔；3—补强圈；4—法兰；5—接管口；6—筒体；7—支座；8—封头

(4)常采用较多的标准化或通用化零部件。如图3-2中的封头8、法兰4是标准化的零部件。常用的过程零部件的结构尺寸可在相应的手册中查到。

(5)化过程设备的结构尺寸相差悬殊。特别是总体尺寸与设备壳体的壁厚尺寸，或某些细部结构的尺寸相差悬殊。

3.2　过程设备的图示表达特点

过程设备图的表达特点是由过程设备的结构特点所决定的。

3.2.1　基本视图的选择和配置

过程设备的主体结构较为简单，且以回转体居多，通常选择两个基本视图来表达。

立式设备采用主、俯两个基本视图，卧式设备通常采用主、左两个基本视图来表达设备的 主体结构。主视图主要表达设备的装配关系、工作原理和基本结构，通常采用全剖视或局部剖视。俯(左)视图主要表达管口的径向方位及设备的基本形状，当设备径向结构简单，且另画了管口方位图时，俯(左)视图也可以不画。

对于特别高大、形体狭长的设备，两个视图难于在幅面内按投影关系配置时，允许将俯(左)视图配置在图纸的其他处，但须注明视图名称或按向视图进行标注，如“俯视图”或“×向”等，也允许将该视图画在另一张图纸上，并分别在两张图纸上注明视图关系。

3.2.2　多次旋转表达法

由于过程设备多为回转体，设备壳体周围分布着各种管口或零部件，为在主视图上清楚地表达它们的结构形状、装配关系和轴向位置，常采用多次旋转的表达方法。即假想将设备上处于不同周向方位的一些接管、孔口或其他结构，分别旋转到与主视图所在的投影面平行的位置，然后画出其视图或剖视图。如图3-3中所示，人孔b是假想按逆时针方向旋转45°之后在主视图上画出的；而液面计a是假想按顺时针方向旋转45°后在主视图上画出来的。

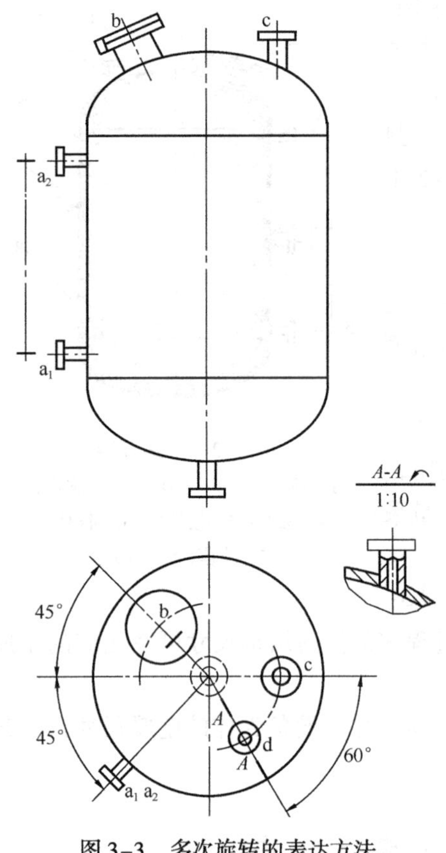

图 3-3　多次旋转的表达方法

需要注意的是：多接管口旋转方向的选择，应避免各零部件的投影在主视图上造成重叠现象。对于采用多次旋转后在主视图上未能表达的结构，如图 3-3 中接管 d，无论顺时针或逆时针旋转到与正投影面平行时，都将与人孔 b 或接管口 c 的结构相重叠，因此，只能用其他的局部剖视图来表示，如图中 *A—A* 旋转的局部剖视。

另外，在基本视图上采用多次旋转的表达方法时，表示剖切位置的剖切符号及剖视图的名称都允许不予标注。但这些结构的周向方位要以俯视图或管口方位图为准，为了避免混乱，同一结构在不同视图中应用相同的英文字母编号，如图 3-3 中的主视图所示。

3.2.3　局部结构的表达方法

由于过程设备各部分尺寸大小相差悬殊，按基本视图的绘图比例往往无法同时将某些局部结构表达清楚。为了解决这个矛盾，常采用局部放大图——俗称节点图的表达方法，这对于设备的焊接接头及法兰连接面等尤为常用。

在必要时，局部放大图可采用几个视图来表达同一个放大部分的结构，其画法和标注与机械制图中的局部放大图是一致的。如图 3-4 所示，圈出的部分是塔设备底支座承圈的一部分，原图为简化画法，而放大图则画出两个局部视图，用视图来表示该部分的细部结构。

局部放大图可以按比例或不按比例画，但必须注明。

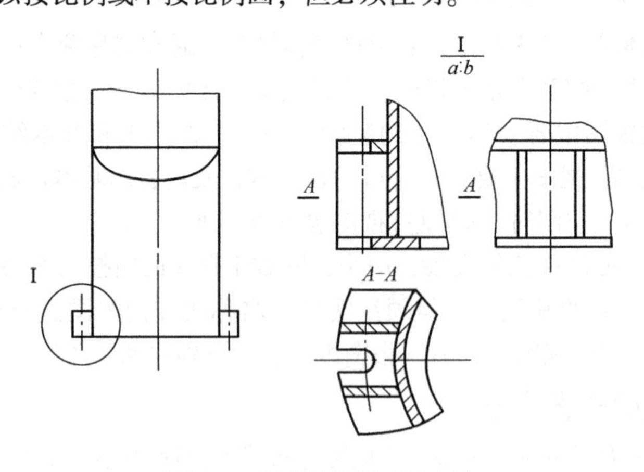

图 3-4　局部结构的表达方法

3.2.4　夸大的表达方法

对于过程设备的壳体壁厚、垫片、挡板、折流板等的厚度，在绘图比例缩小较多(如

1∶10)时，其尺寸按比例一般难以画出，这就需要适当夸大地画出它们的厚度。

3.2.5 断开和分段表达方法

较长(或较高)的设备，在一定长度(或高度)方向上的形状结构相同，或按规律变化或重复时，可采用断开的画法，以便于选用较大的作图比例和合理地利用图幅。如图3-5(a)所示填料塔，在规格及排列都相同的填料层部分采用了断开画法。图3-5(b)中浮阀塔的断开部分为重复的塔盘结构。

有些设备形体较长，又不适合采用断开画法，则可采用分段表示的方法画出，如图3-6所示的填料塔是分两段画出的。

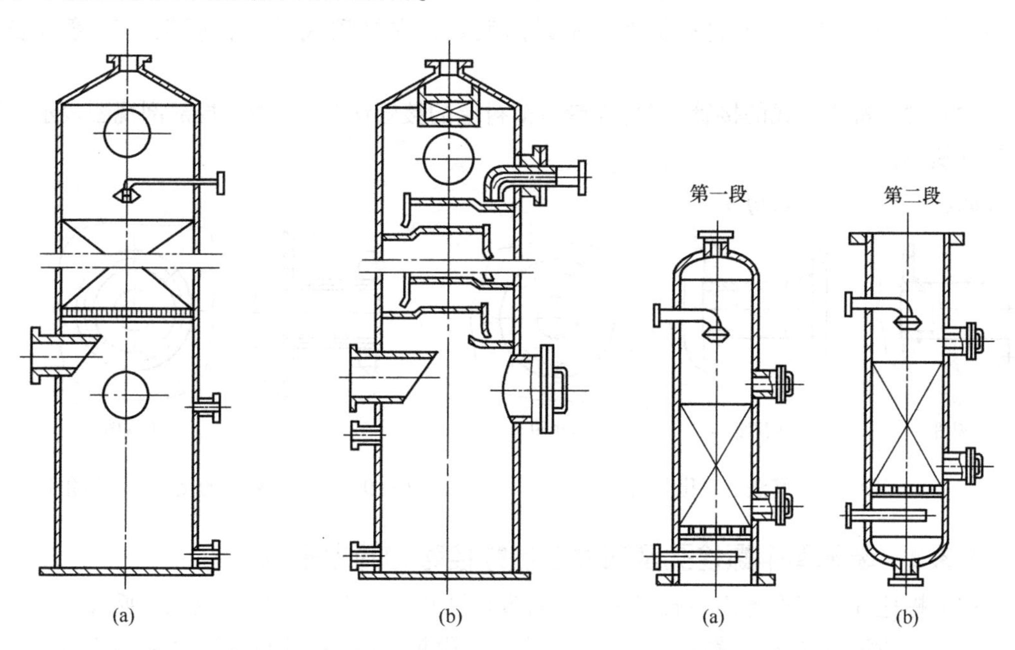

图3-5 设备断开表示法

图3-6 设备分段表示法

3.2.6 管口方位的表达方法

过程设备上的管口较多，它们的方位在设备的制造、安装和使用时，都极为重要，必须在图样中表达清楚。设备管口的轴向位置可用多次旋转的表达方法在主视图上画出，而设备管口的周向方位则必须用俯视图或管口方位图予以正确表达。

管口在设备上的径向方位，除在俯(左)视图上表示外，还可以仅画出设备的外圆轮廓，用点划线画出管口中心线表示管口位置，用粗实线示意性地画出设备管口，并注出设备中心线及管口的方位角度。管口方位图上应标注与主视图上相同的管口符号，如图3-7所示。如果俯视图已将各管口方位表达清楚，可不必另画管口方位图。

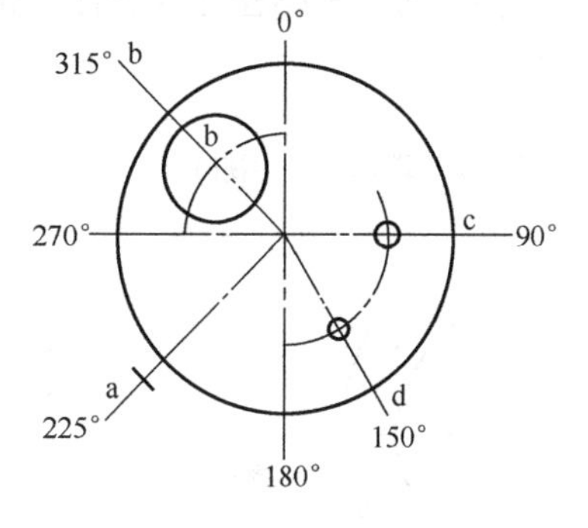

图3-7 管口方位图

3.3 过程设备的简化画法

过程设备图中，除可以采用机械制图国家标准制定的简化和规定画法外，还根据过程设备设计和生产的需要，补充了若干简化画法。

3.3.1 装配视图中接管法兰的简化画法

(1) 一般连接面型式法兰。在过程设备中，法兰密封面常有平面、凹凸、榫槽等型式，对于这些一般连接型式的法兰，不必分清法兰类型和密封面型式，一律简化成如图 3-8 所示的形式。对于它的类型、密封面型式、焊接型式等均在明细表和管口表中标出。

(2) 对于特殊型式的接管法兰(如带有薄衬层的接管法兰)，需以局部剖视图表示，如图 3-9 所示。

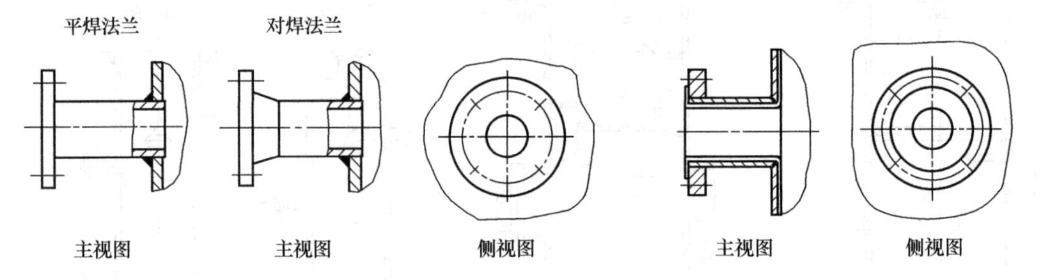

图 3-8　管法兰简化画法

图 3-9　带有薄衬层的接管法兰简化画法

3.3.2 装配图中螺栓孔及法兰连接螺栓等的简化画法

(1) 螺栓孔在图形上用中心线表示，可省略圆孔的投影，如图 3-10(a)所示。

(2) 一般法兰的连接螺栓、螺母、垫片，可用粗实线画出简化符号“×、+”表示，如图 3-10(b)所示。

(3) 同一种螺栓孔或螺栓连接，在俯视图中至少画两个，以表示方位(跨中或对中分布)。

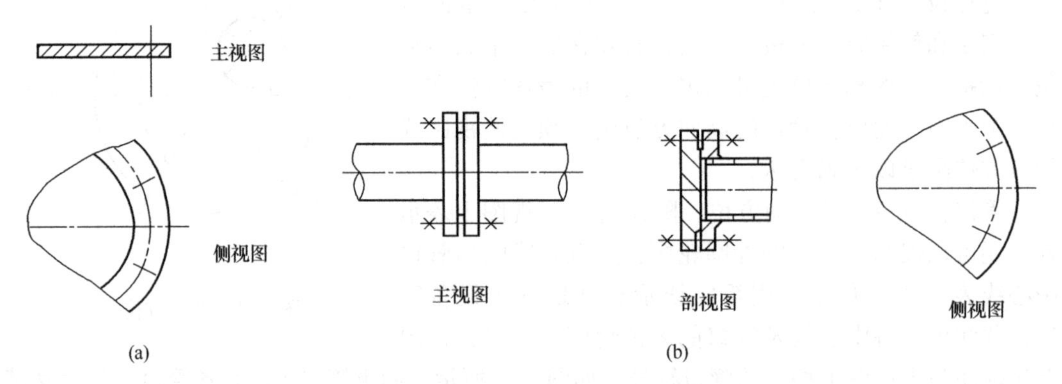

图 3-10　螺栓及螺栓法兰连接简化画法

3.3.3 多孔板孔眼的简化画法

(1) 换热器中按规则排列的管板、折流板或塔板上的孔眼，可简化成如图3-11(a)所示的画法。细实线的交点为孔眼中心。为表达清楚也可画出几个孔眼并注上孔径、孔数和间距尺寸。孔眼的倒角和开槽、排列方式、间距、加工情况，应用局部放大图表示。

图中的“+”为粗实线，表示管板上定距杆螺孔位置。该螺孔与周围孔眼的相对位置、排列方式、孔间距、螺孔深度等尺寸和加工情况等，均应用局部放大图表示。

(2) 多孔板上的孔眼，按同心圆排列时，可简化成如图3-11(b)所示的画法。

(3) 对孔数要求不严的多孔板(如隔板、筛板等)，不必画出孔眼连心线，可按图3-11(c)所示方法表示。但必须用局部放大图表示孔眼的尺寸、排列方法和间距。剖视图中多孔板孔眼的轮廓线可不画出。如图3-11(d)所示。

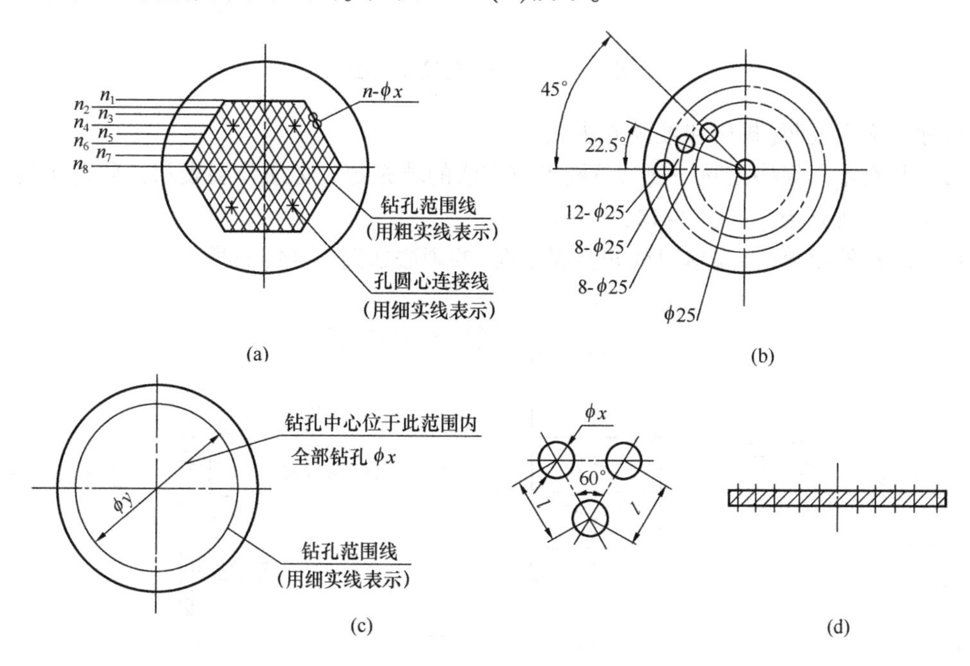

图3-11 多孔板孔眼简化画法

(4) 规则排列的管束中密集的管子按一定规律排列时，在装配图中可只画出其中的一根或几根管子，其余的管子用中心线表示。如图3-12所示热交换器中的管子就是按此画法画出的。

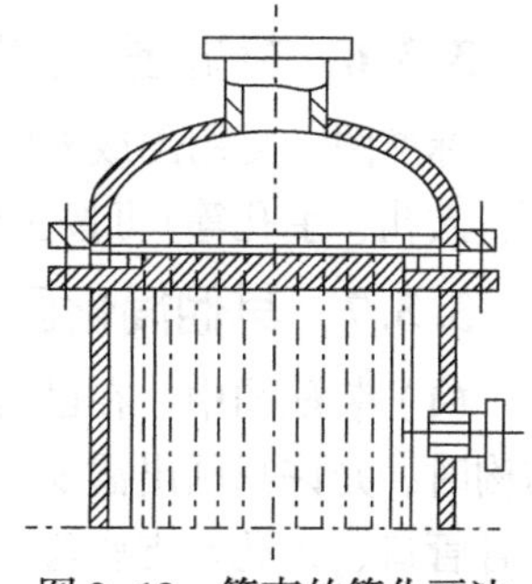

图3-12 管束的简化画法

3.3.4 装配图中带有两个接管的液面计的简化画法

玻璃管、双面板式、磁性液面计等液面计带有两个接管，其画法如图3-13(a)所示。带有两组和两组以上液面计的画法如图3-13(b)所示。

3.3.5 剖视图中填料、填充物的画法

(1) 同一规格、材料和同一堆放方法的填充物(如磁环、木格条、玻璃棉、卵石和沙砾等)的画法，如图3-14(a)所示，在剖视图中，可用相交的细实单线表示，同时注写有

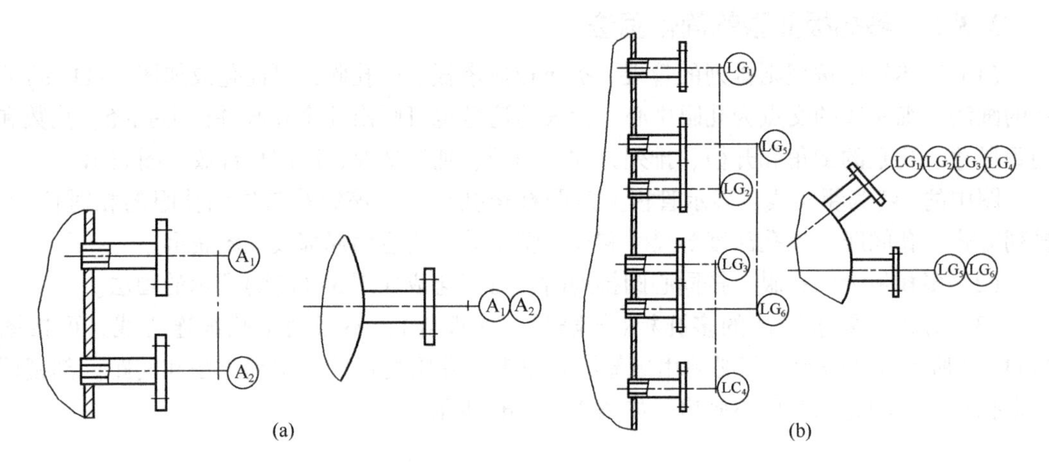

图 3-13　液面计的简化画法

关的尺寸和文字说明(规格和堆放方法)。

(2) 装有不同规格或同一规格不同堆放方法的填充物，必须分层表示，分别注明填充物的规格和堆放方法，如图 3-14(b)所示。

(3) 填料箱填料(金属填料或非金属填料)的画法如图 3-14(c)所示。

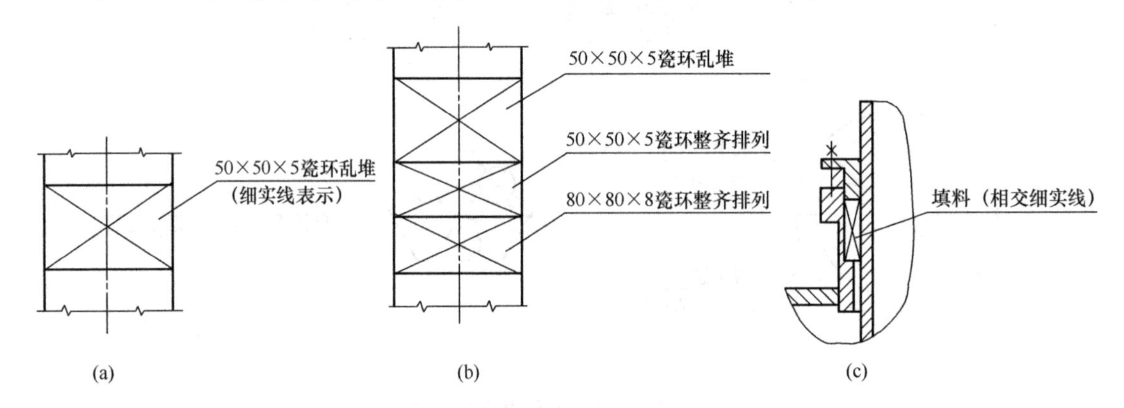

图 3-14　填充物的简化画法

3.3.6　标准图、复用图或外购件简化画法

标准图、复用图或外购件(如减速机、浮球液面计、搅拌桨叶、填料箱、电动机、油杯、人孔、手孔等)可按主要尺寸按比例画出表示其特性的外形轮廓线(粗实线)。

3.3.7　其他简化画法

(1) 装配图中，在已有一俯视图的情况下，如欲再用剖视图表示设备中间某一部分的结构时，允许只画出需要表示的部分，其余部分可省略。例如高塔设备已有一俯视图表示了各管口、人孔及支座等，而在另一剖视图中则可只画出欲表示的分布装置，而将按投影关系应绘制出的管口支座等省略。

(2) 装配图中的小倒角、小圆角允许不画出。必要时其尺寸在注中说明。

(3) 单线图。在已有零件图、部件图、剖视图、局部放大图等能清楚表示出结构的情况下，装配图中有些图形可按比例简化为单线（粗实线）表示；但尺寸标注基准应在图纸“注”中说明，如法兰尺寸以密封面为基准，塔盘标高尺寸以支撑圈上表面为基准等。

① 壳体厚度可以如图 3-15 表示。

② U 形管换热器的所有 U 形管以一个件号编入装配图明细栏中，数量栏填“/ ”，质量栏按表 3-1 的总质量填写，名称栏填写“U 形管”。在装配图主视图中 U 形管仅以简化 U 形管中心线表示。

在装配图中空白处绘如图 3-16 所示图形，并列表如表 3-1 所示。表中排号以 1、2、3……表示。

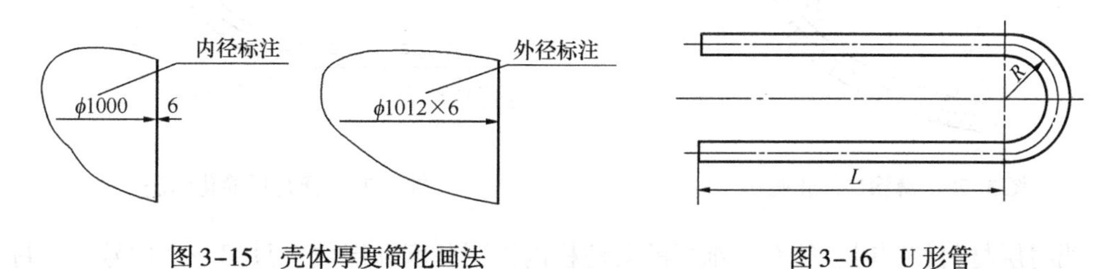

图 3-15　壳体厚度简化画法　　　图 3-16　U 形管

表 3-1　U 形管尺寸数据表

排　号	每排根数	R	L	L总	单质量/kg	总质量/kg

8　6　n×6　20　7×20(=140)

装配图中侧视图如图 3-17 所示，应标注 U 形管排号。

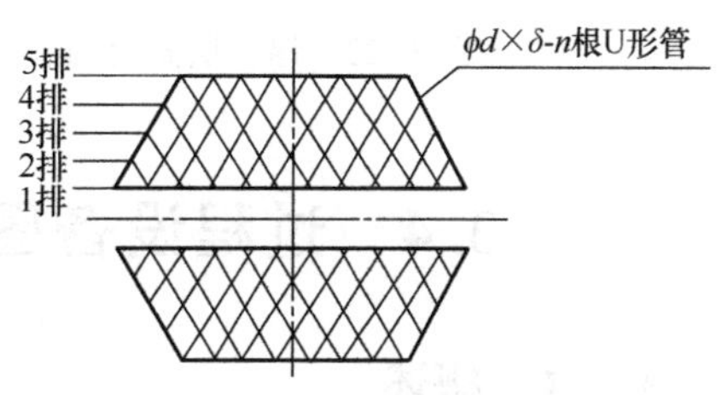

图 3-17　U 形管管束侧视图

d—管子外径；δ—壁厚；n—根数

塔设备中的塔盘，若已由零部件图及其他方法表达其结构形状时，在装配图中可简化用粗实单线表示，筛板塔、浮阀塔、泡罩塔塔盘的简化画法如图 3-18 所示。塔设备中的梯子和地脚螺栓座也可以采用单线简化，如图 3-19 所示。

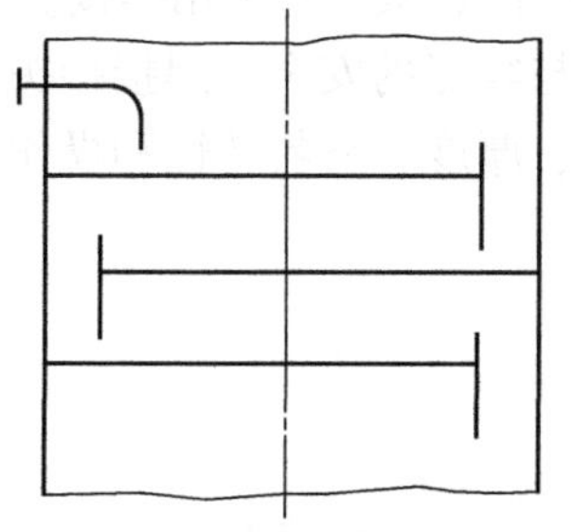

图 3-18　塔盘的简化画法

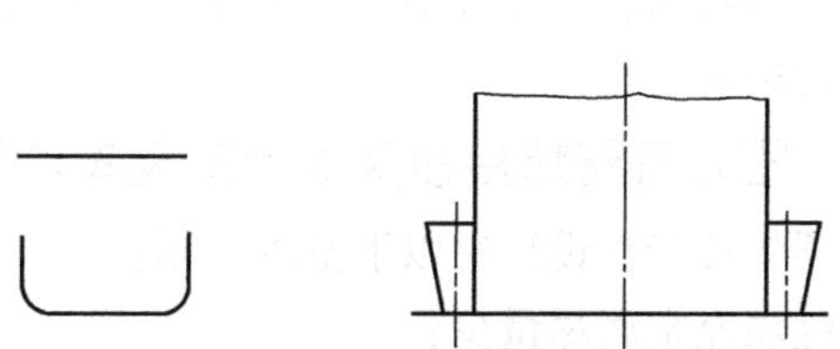

图 3-19　梯子和地脚螺栓座的单线简化画法

(4) 设备涂层、衬里剖面的画法。

① 薄涂层（指搪瓷、涂漆、喷镀金属及喷涂塑料等）的表示方法：在图样中不编件号，

仅在涂层表面侧面画与表面平行的粗点划线，并标注涂层内容，如图 3-20 所示，详细要求可写入技术要求。

② 薄衬层(指衬橡胶、衬石棉板、衬聚氯乙烯薄膜、衬铅、衬金属板等)的表示方法如图 3-21 所示。如衬有两层或两层以上相同或不相同材料的薄衬层时，仍可按图 3-21 所示，只画一根细实线。

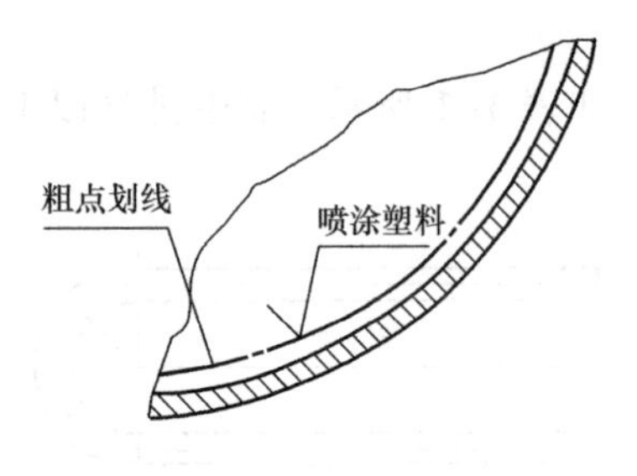

图 3-20　薄涂层简化画法

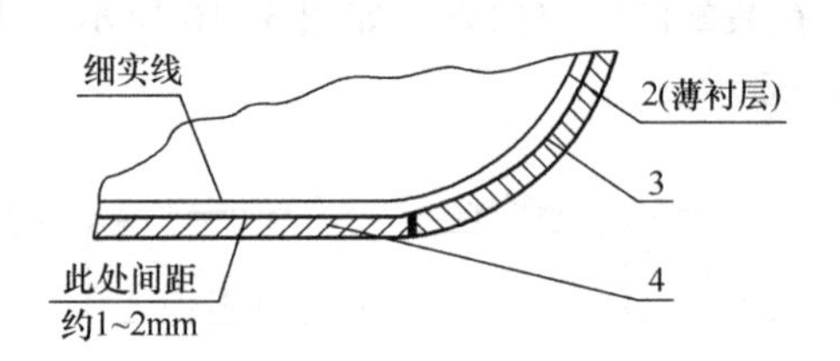

图 3-21　薄衬层简化画法

当衬层材料相同时，须在明细栏的备注栏内注明厚度和层数，只编一个件号。当衬层材料不相同时，应分别编件号，在放大图中表示其结构，在明细栏的备注栏内注明每种衬层材料的厚度和层数。

③ 厚涂层(指涂各种胶泥、混凝土等)的表示方法如图 3-22 所示。

④ 厚衬层(指耐火砖、耐酸板、辉绿岩板和塑料板等)的表示方法如图 2-23 所示。

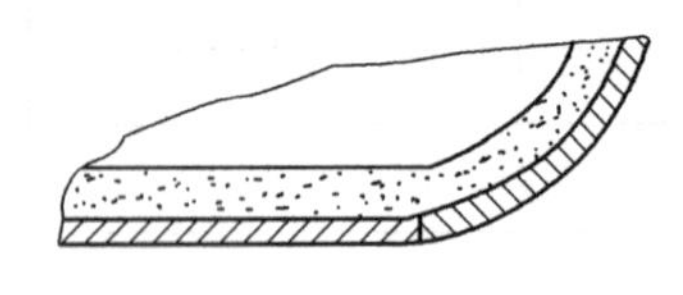

图 3-22　厚涂层简化画法

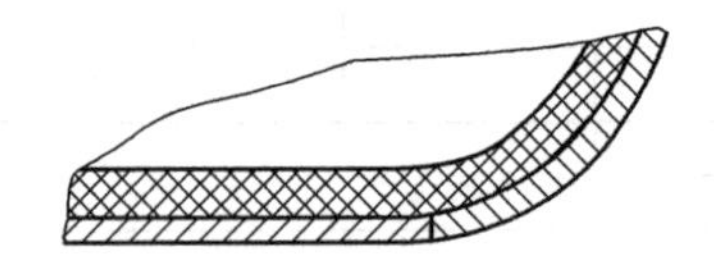

图 3-23　厚衬层简化画法

3.4　过程设备图中焊接接头的设计及表达

3.4.1　概述

焊接是一种不可拆的连接形式。由于它施工简便、连接可靠，在过程设备制造、安装过程中被广泛采用，筒体、封头、管口、法兰、支座等零部件的连接大都采用焊接。

焊接接头型式和坡口型式的设计直接影响到焊接的质量与容器的安全。焊接接头设计应综合考虑容器类别、直径大小、焊接方法、焊缝所在位置、厚度、材料特性和操作工况等多种因素的影响。

3.4.2　压力容器焊接接头设计的基本原则

压力容器焊接接头设计有以下基本原则：

(1) 焊缝填充金属尽量少；

(2) 焊接工作量尽量少，且操作方便；

(3) 合理进行坡口设计，使之有利于坡口加工及焊透，减少各种焊接缺陷(如裂纹、未熔合、变形等)产生的可能；

（4）有利于施焊防护（即尽量改善劳动条件）；

（5）复合钢板的坡口应有利于降低过渡层焊缝金属的稀释率，尽量减少复层的稀释量；

（6）按照等强度原则，焊条或焊丝强度应不低于母材强度；

（7）焊缝外形应尽量连续、圆滑、减少应力集中。

3.4.3 容器焊接接头的坡口设计

焊接接头的坡口设计是焊接结构设计的重要内容。坡口型式指被焊两金属件相连接处预先被加工成的结构型式，一般由焊接工艺本身来决定。过程设备图中，焊接坡口的基本型式和尺寸可以参照 GB/T 985—2008 和 HG/T 20583—2011《钢制过程容器结构设计规定》，GB/T 985—2008 分为以下四个部分：

GB/T 985.1—2008　气焊、焊条电弧焊、气体保护焊和高能束焊的推荐坡口

GB/T 985.2—2008　埋弧焊的推荐坡口

GB/T 985.3—2008　铝及铝合金气体保护焊的推荐坡口

GB/T 985.4—2008　复合钢的推荐坡口

坡口的基本尺寸为坡口角度 α、钝边高度（根高）P 和根部间隙（根距）b。设备设计图纸上对重要的焊接接头必须用节点图表明坡口基本尺寸的具体数值，如图 3-24 所示。

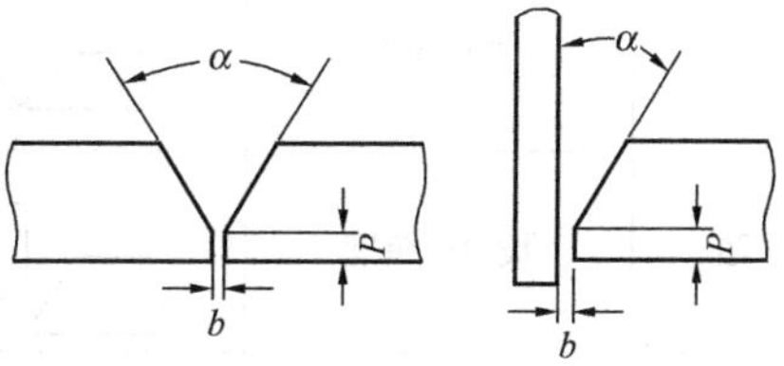

图 3-24　坡口基本尺寸

坡口型式的选择主要考虑以下因素：

（1）填充于焊缝部位的金属尽量少。这样既可节省焊接材料，又可减少焊接工作量。

（2）根据需要尽量采用双面焊或单面焊双面成型。

（3）便于施焊，改善劳动条件。尽量减少容器内部焊接的工作量，清根尽可能在容器外部进行。

（4）尽量减小焊接变形和残余应力。如较厚板材拼接时宜设计成内外对称的 X 形坡口。

3.4.4 过程设备图中焊接接头的画法和标注

过程设备图中焊接接头的画法应符合 GB/T 12212—2012《技术制图　焊缝符号的尺寸、比例及简化表示法》和 GB/T 324—2008《焊缝符号表示法》，其标注内容应包括接头型式、焊接方法、焊缝结构尺寸和数量。焊接接头的画法按其重要程度一般有两种。

（1）对于常低压设备，在装配图视图中焊缝的画法采用涂黑表示焊缝的剖面。图中可不标注，但需在技术要求中注明采用的焊接方法以及接头型式等要求，如"本设备采用手工电弧焊，焊接接头型式按 HG/T 20583—2011 规定"字样。

（2）对于中高压设备的重要焊缝或非标准形式的焊缝，应以节点放大图的方式详细表示焊缝结构和有关尺寸。如筒体纵、环焊接接头、接管与筒体焊接接头、支座与筒体焊接接头、换热器管板与壳体连接的焊接接头等焊接接头结构型式均应以节点放大图的方式表示出来。焊缝的标注应注明三要素：坡口的角度、根部间隙及钝边高度。当焊缝尺寸较小时，允许不画出剖面形状，而是以在相应的焊接接头处的标注加以说明。

焊接接头的标注一般由基本符号和指引线组成，必要时加上补充符号、焊接方法的数字代号和焊缝的尺寸符号。焊接接头的标注格式如图 3-25 所示。

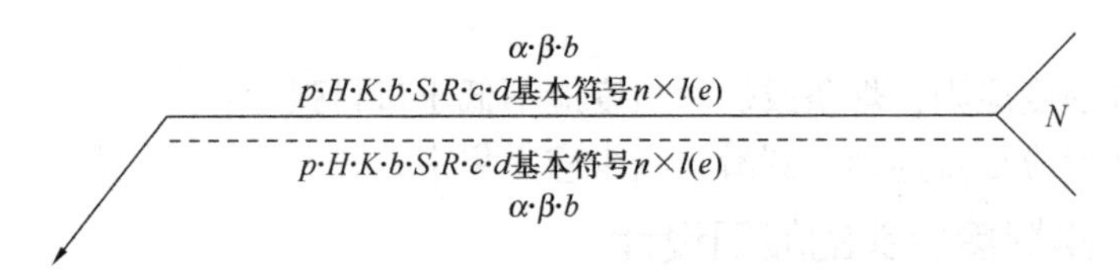

图 3-25　焊接接头的标注格式

图中基本符号的表示方法参见 GB/T 324—2008，尺寸符号的含义见表 3-2。

表 3-2　尺寸符号

符号	名称	示意图	符号	名称	示意图
δ	工件厚度		c	焊缝宽度	
a	坡口角度		K	焊脚尺寸	
β	坡口面角度		d	点焊、熔核直径 塞焊，孔径	
b	根部间隙		n	焊缝段数	
p	钝　边		l	焊缝长度	
H	坡口深度		e	焊缝间距	
S	焊缝有效厚度		N	相同焊缝数量	
R	根部半径		h	余　高	

指引线由箭头线和两条基准线构成，箭头线用细实线绘制，两条基准线一条为实线，一条为虚线，实基准线一端与箭头线相连，如图 3-26 所示。

焊接方法一般在技术要求中以文字说明，但也可以用数字代号表示(见表 3-3)，将其标注在指引线的尾部。

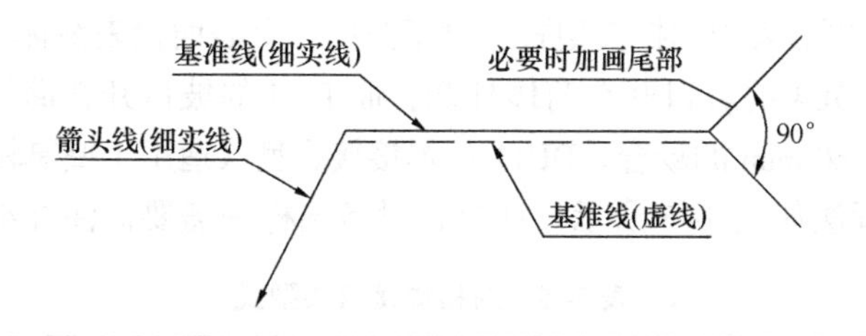

图 3-26　焊缝的指引线画法

表 3-3　常用焊接方法数字代号

焊接方法	数字代号	焊接方法	数字代号	焊接方法	数字代号
电弧焊	1	电阻焊	2	摩擦焊	42
无气体保护电弧焊	11	点焊	21	电子束焊	51
焊条电弧焊	111	缝焊	22	激光焊	52
埋弧焊	12	气焊	3	铝热焊	71
熔化极气体保护焊	13	氧-乙炔焊	311	电渣焊	72
非熔化极气体保护焊	14	压力焊	4	硬钎焊	91
等离子弧焊	15	超声波焊	41	软钎焊	94

常见焊接接头标准及说明见表 3-4。

表 3-4　常见焊接接头标注及说明

标注示例	说　　明
70° 6 111	手工电弧焊，V 形焊缝，坡口角度 70°，焊缝有效高度 6mm
4	角焊缝，焊脚高度 4mm，在现场沿工件周围焊接
5	角焊缝，焊脚高度 5mm，三面焊接
5 12×80(10)	断续双面角焊缝，焊脚高度 5mm，共 12 段焊缝，每段 80mm，间距 10mm
5	在箭头所指的另一侧焊接，连续角焊缝，焊脚高度 5mm

3.4.5　焊接接头节点图举例

1. 对接接头

结构型式参照 HG/T 20583—2011《钢制化工容器结构设计规定》。表 3-5 以几种典型的对接焊接接头型式为例。表中的接头型式，对于筒体，上表面代表筒体外表面，下表面代表筒体内表面。例如，DU4 的坡口开在筒体外侧，而 DU8 的坡口开在筒体内侧。DU8 可以用于筒体公称直径大于 600mm 的场合。DU11 中焊接接头型式适用于壁厚较大的场合。

它们的节点图画法如表 3-5 所示，在过程设备图样中需要标注详细的坡口尺寸。

表 3-5　对接焊接接头型式

<table>
<tr><th>序号</th><th>接 头 型 式</th><th>基 本 尺 寸</th><th>适用范围</th><th>标注代号</th></tr>
<tr><td>DU4</td><td>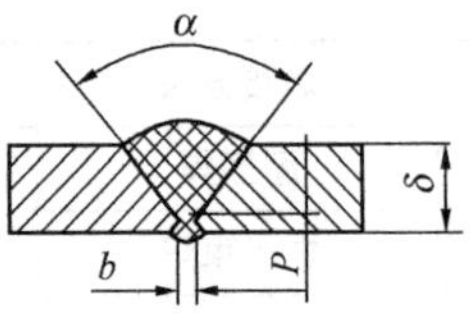
</td><td><table><tr><td>δ</td><td>5 ~ 10</td><td>12 ~ 20</td></tr><tr><td>α</td><td>60°±5°</td><td>50°±5°</td></tr><tr><td>b</td><td>1±1</td><td>2±1</td></tr><tr><td>P</td><td>1^{+1}</td><td>2^{+1}</td></tr></table></td><td>钢板拼接，筒体纵、环焊缝</td><td>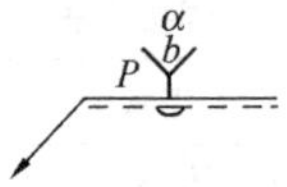
</td></tr>
<tr><td>DU8</td><td>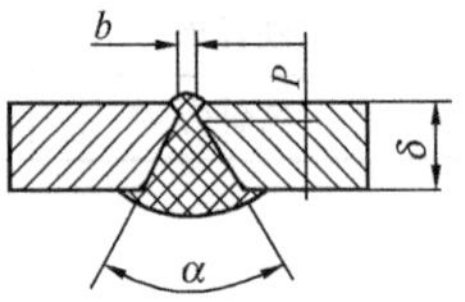
</td><td><table><tr><td>δ</td><td>4 ~ 20</td></tr><tr><td>α</td><td>65°±5°</td></tr><tr><td>b</td><td>1±1</td></tr><tr><td>P</td><td>1. 5+1</td></tr></table></td><td>筒体 DN ≥ 600m 的纵、环焊缝</td><td>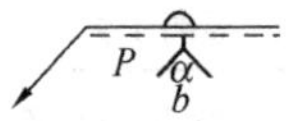
</td></tr>
<tr><td>DU11</td><td>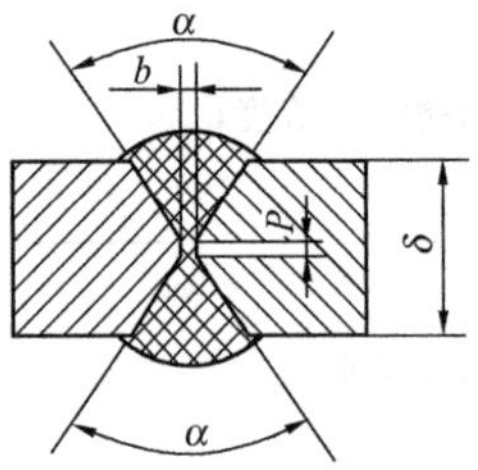
</td><td><table><tr><td>δ</td><td>16 ~ 60</td></tr><tr><td>α</td><td>55°±5°</td></tr><tr><td>b</td><td>2±1</td></tr><tr><td>P</td><td>2^{+1}</td></tr></table></td><td>钢板拼接，筒体纵焊缝</td><td>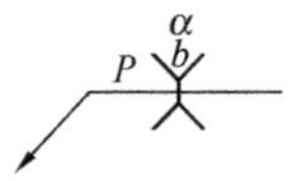
</td></tr>
</table>

2. 接管和壳体的焊接接头

接管与壳体及补强圈之间的焊接一般只能采用角焊和搭焊，具体的焊接结构还与对容器强度与安全的要求有关，有多种型式，涉及到是否开坡口、单面焊与双面焊、焊透与不焊透等问题。

典型的接管与壳体的焊接结构参照 HG/T 20583—2011《钢制化工容器结构设计规定》。应根据压力的高低、介质特性、是否低温、是否需要考虑交变载荷与疲劳问题等来合理选择焊接结构型式。表 3-6 列出了几种典型的接管与壳体的焊接接头型式。G2 接头为单面焊，用于要求较低的场合。G4 接头是主焊缝在外、双面焊、全熔透的焊接接头，接管为内伸结构。G6 接头是主焊缝在内、双面焊、全熔透的焊接接头，接管为内平齐结构。G32 和 G33 是带补强圈的平齐接管焊接接头，G32 没有全焊透，仅适用于一般要求的容器，即非低温、无交变载荷的容器。对于承受低温、疲劳和温度梯度较大工况的容器，则应选择能保证接管根部和补强圈内侧焊缝全熔透的 G33 结构。

表3-6 接管与壳体的焊接接头型式

序号	接头型式	基本尺寸	适用范围	标注代号
G2	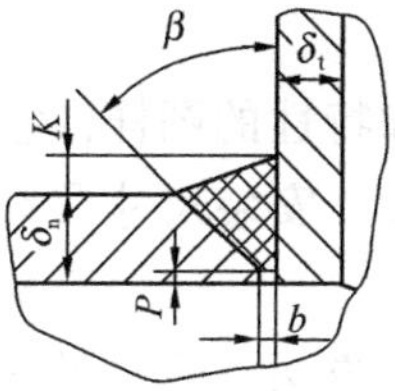	$\beta=50°\pm5°$ $b=2^{+0.5}$ $P=1\pm0.5$ $K\geqslant1/3\delta_t$，且$K\geqslant6$	一般用于下列工况： 1. 常压容器及部分低压容器 2. 无腐蚀介质的1类容器 采用保证焊透的焊接工艺时，该接头可用于下列条件： （1）δ_t $\geqslant1/2\delta_n$，$\geqslant6$ }（取较小值） （2）低温及有较大温度梯度的工况 （3）一般$\delta_n=4\sim25$	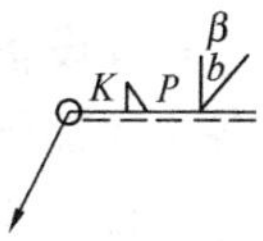
G4	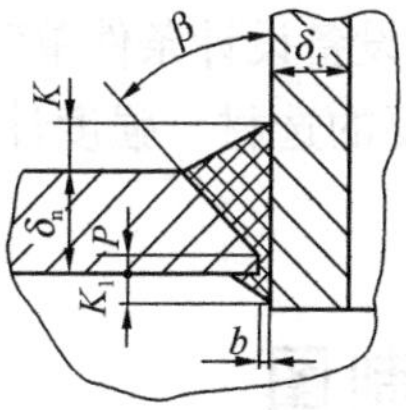	$\beta=50°\pm5°$ $b=2\pm0.5$ $P=2\pm0.5$ $K\geqslant1/3\delta_t$，且$K\geqslant6$ $K_1\geqslant4$	1. 具备从内侧清根及施焊条件 2. 全焊透情况下，可用于疲劳、低温及抗内部腐蚀要求较高的操作工况 3. 一般用于$\delta_t\geqslant1/2\delta_n$，$\delta_n=4\sim25$的条件	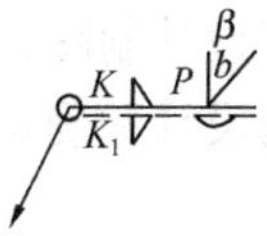
G6	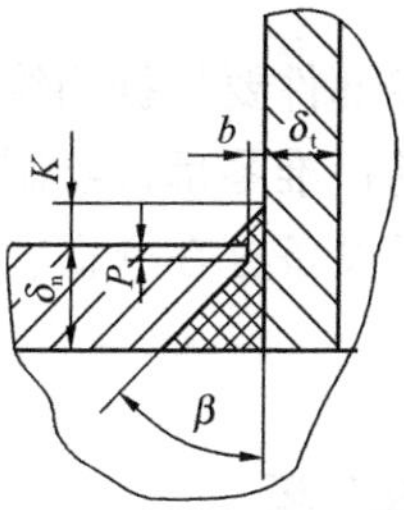	$\beta=50°\pm5°$ $b=2\pm0.5$ $P=2\pm0.5$ $K\geqslant1/3\delta_t$，且$K\geqslant6$	1、2、3条同上 4. 适用于δ_n较小，开孔直径较大或$\delta_t>\delta_n$的条件 5. 适用于接管伸出设备的长度较小，在外部施焊时焊接易碰法兰的条件	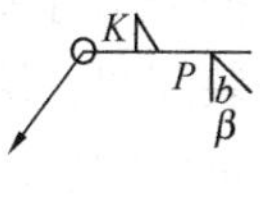
G32	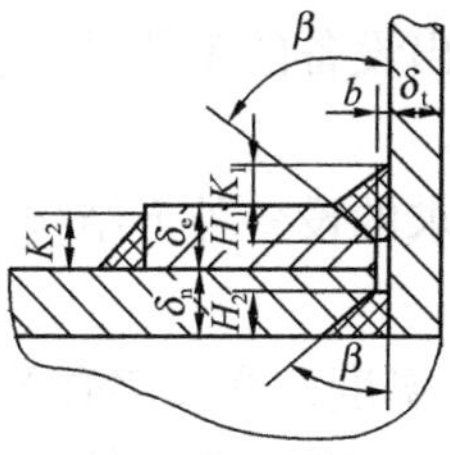	$\beta=50°\pm5°$ $b=2\pm0.5$ $K_1=\delta_1$且$K_1\geqslant6$ $K_2=\delta_e$（当$\delta_e\leqslant8$时） $K_2=0.7\delta_n$ 或$K_2=8$ }取大值（当$\delta_e>8$时） $H_1=0.7\delta_t$　$H_2=\delta_t$	1. 可用于中、低压及有内部腐蚀的工况 2. 不适用于高温、低温、大的温度梯度及承受疲劳载荷的操作条件 3. 一般$\delta_t=1/2\delta_n$	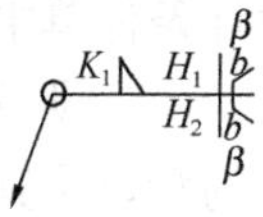
G33	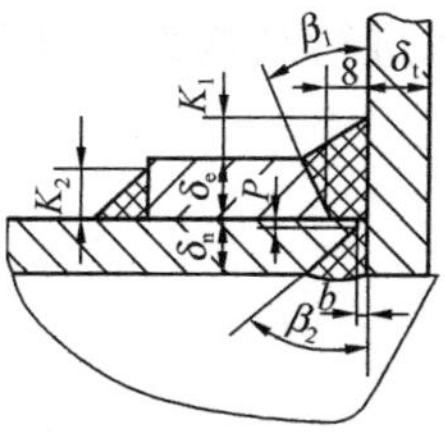	$\beta_1=20°\pm2°$ $\beta_2=50°\pm5°$ $b=2\pm0.5$ $P=2\pm0.5$ $K_1=1/3\delta_n$，且$K_1\geqslant6$ $K_2=\delta_e$（当$\delta_e\leqslant8$时） $K_2=0.7\delta_n$ 或$K_2=8$ }取大值（当$\delta_e>8$时）	1. 可用于低温、介质有毒或有腐蚀性的操作工况 2. 该全焊透结构适用于$\delta_t\geqslant1/2\delta_n$（当$\delta_n\leqslant16$时）或$\delta_t\geqslant8$（当$\delta_n>16$时）的条件	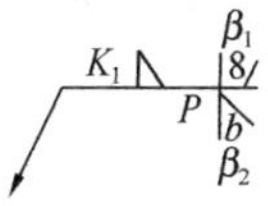

第4章　过程设备图的绘制

过程设备装配图简称过程设备图，是表示设备的全貌、组成和特性的图样，它表达设备各主要部分的结构特征、装配及连接关系、特征尺寸、外形尺寸、安装尺寸及对外连接尺寸、技术要求等，其图样如图6-1～图6-5所示。

过程设备图的绘制方法与机械制图基本相同，都是用正投影的方法，只是过程设备图应考虑标准零部件的简化画法和针对过程设备图的特殊画法。过程设备图的绘制依据为：①依据对已有过程设备进行测绘的结果制图，根据测绘的简图及数据选用通用零部件并确定尺寸，然后绘制过程设备图；②依据过程工艺设计人员提供的“设备设计条件单”进行工程设计制图，设备设计人员再依据条件单选用通用零部件进行必要的选材、强度计算、结构设计和确定尺寸，然后绘制过程设备装配图。

4.1　依据测绘简图及数据进行制图

对设备各个零部件进行测绘得到零件草图及数据，其中标准零部件要根据测绘简图及数据查阅有关标准确定其规格大小，最后根据测绘简图及已确定的标准零部件绘制过程设备装配图，绘制过程中要对测绘简图上的部分尺寸进行协调(由于设备存在磨损、腐蚀及人员的测量误差等因素，造成尺寸不够精准)。

4.2　依据设备设计条件单进行制图

设备设计条件单是设计单位设计压力容器的主要依据，应列出设备的工艺要求。设备设计条件单主要包括以下内容：

(1) 设备简图　用单线条绘制设备简图，表示工艺设计所要求的设备外形结构、设备上的管口及其初步方位、附件、总体及局部结构尺寸。

(2) 技术特性指标　列表给出工艺要求，如工作压力、工作温度、介质名称及特性。典型设备给出相应的设计参数，如换热面积、容积、搅拌器形式、搅拌功率、转速、塔板数、安装、保温要求等。

(3) 接管表　列表注明各管口符号、用途或名称、公称尺寸、公称压力等。

设备设计人员按照设备设计条件单提出的工艺要求，对设备进行结构设计和强度计算，确定结构及强度尺寸及零部件型式。

4.3　过程设备图的绘制

装配图是表示设备的结构、尺寸，各零部件之间的装配和连接关系，技术特性和技术要求等资料的图样，是设备进行装配、安装、使用及维修的主要依据。

过程设备装备图包括以下内容：

(1) 图形部分　包括主视图、俯视图(立式设备)或侧视图(卧式设备)、局部放大图、局部剖视图、尺寸标注、焊接接头标注、零部件件号、管口符号标注等。

(2) 文字部分　包括技术要求、技术特性表、管口表、明细栏、主标题栏等。近年来，随着技术引进、合作与交流，借鉴国外工程公司经验，国内各主要工程公司和设计单位大多数采用了数据表与文字条款相结合的形式表达技术要求和技术特性等内容。采用设计数据表和文字条款相结合的形式时，技术要求和技术特性表的内容全部汇集到设计数据表和文字条款中，设计数据表布置在装配图的右上角。

过程设备图的绘制步骤如下：

(1) 布图：合理确定设备中心线位置，使主视图和局部视图等处于合适的位置，做到图面整体协调美观，避免疏密不匀。

(2) 用细实线绘制视图底稿，以便于对局部结构和尺寸的修改。

(3) 标注尺寸。

(4) 编排标引零部件件号和管口符号等。

(5) 填写主标题栏、明细栏、管口表和技术特性表，编写技术要求(或填写设计数据表和编写文字条款)。

(6) 经全面审核无误后加深描重，使之成为正式的施工图。

本节将按照绘图步骤全面介绍过程设备图的绘制方法。

4.3.1　布图

1. 合理设计过程设备视图表达方案

在着手绘制过程设备图之前，首先应确定视图的表达方案，包括选择主视图、其他基本视图、确定视图数量及具体的表达方法。选择视图方案时应考虑过程设备的形状结构特征、安放位置和每个图的表达目的。下面介绍视图的选择。

1) 选择主视图

一般将设备按工作位置放正，使装配体的主要轴线、主要安装面呈水平或铅垂位置。选择最能充分表达设备工作原理、各零部件间的主要装配关系及连接方式、各主要零部件的形状特征等的视图作为主视图。主视图通常采用沿主要轴线全剖视，并用多次旋转剖的画法，将管口等零部件的轴向位置及装配关系表达出来。

2) 选择其他基本视图

主视图选定后，应根据设备的结构特点，选择其他基本视图，以补充表达主视图未表达清楚的设备的主要装配关系、结构特征等内容。其他基本视图选择的原则是：

(1) 在明确表达设备的工作原理、零件的连接方式、装配关系以及主要零件结构的原则下，使视图(包括向视图、局部视图等)数量最少。

(2) 尽量避免使用虚线表示设备及零件的轮廓及棱线。

(3) 避免不必要的重复。

过程设备分为立式和卧式两种。卧式设备(如卧式换热器、卧式储罐等)一般采用主视图和左视图(或右视图)两个基本视图，左视图用来表达封头及筒体上布管方位及支座结构形状；立式设备(如塔、立式冷凝器、反应釜、立式储罐等)一般采用主视图和俯视图两个基本视图，俯视图主要用来表达封头及筒体上接管方位的。

3）选择辅助视图及其他表达方法

无论是立式还是卧式设备，仅用两个基本视图是不能把设备的结构完全表达清楚的，还需要相应的辅助视图。过程设备上的零部件连接、接管和法兰的连接、焊缝结构以及尺寸过小的结构等无法用基本视图表达清楚的地方，常常采用局部放大图、方向视图、剖视剖面等方法表达。

2. 合理选择绘图比例、图幅大小

1）合理选择绘图比例

根据设备的总体尺寸及其他视图的复杂程度选择绘图比例。绘图比例参照 GB/T 14690—1993《技术制图比例》的规定选用，如表 4-1 所示。

表 4-1　图样的比例

原值比例	1：1					
缩小比例	(1：1.5)	1：2	(1：2.5)	(1：3)		
	(1：4)	1：5	(1：6)	1：10		
	(1：1.5×10^n)	1：2×10^n	(1：2.5×10^n)	(1：3×10^n	(1：4×10^n)	1：5×10^n
	(1：6×10^n)	1：1×10^n				
放大比例	2：1	(2.5：1)	(4：1)	5：1		
	1×10^n：1	2×10^n：1	(2.5×10^n：1)			
	(4×10^n：1)	5×10^n：1				

注：n 为整数。

为了方便看图，建议尽可能按工程形体的实际大小画图。如形体太大或太小，则采用缩小或放大比例。表中不带括号的为优先选用比例，选择时应优先选用。

同一张图上，如果有些视图(如局部视图)与基本视图比例不同时，必须注明该视图采用的比例，标注的格式为在视图名的下方注出如：$\frac{\mathrm{I}}{1:5}$、$\frac{A\text{向}}{1:10}$、$\frac{B-B}{2.5:1}$的字样，若图形没按比例，可在标注比例的地方写上“不按比例”字样。

2）确定幅面大小

过程设备图样的图幅，按 GB/T 14689—2008《技术制图　图纸幅面和格式》的规定选用。幅面大小的选择是根据视图数量、尺寸配置、明细表大小、技术要求等内容多少、所占范围，并照顾到布图均匀美观等因素来确定的。还要注意幅面大小与比例选择同时考虑。关于确定图纸幅面可以参考第 1 章第 1.2 节所述。

3. 图面布置

1）图纸中各要素的布置

过程设备图的要素主要包括：图样、标题栏、主签署栏、明细栏、设计数据表、管口表、技术要求和注。各要素在图纸中的布置如图 4-1 所示，视图布置在图纸幅面中间偏左，右侧从下往上排列标题栏、明细表、管口表等内容。

2）视图布置

将所有表的具体位置确定好后，再根据选定的视图表达方案来布置视图。根据各视图大小范围，定出各视图主要轴线(如对称中心线)和绘图基准线位置。做好这一步，必须注意除图形外，还要照顾到标注尺寸、编写件号所需位置，视图间以及视图与边框之间要留

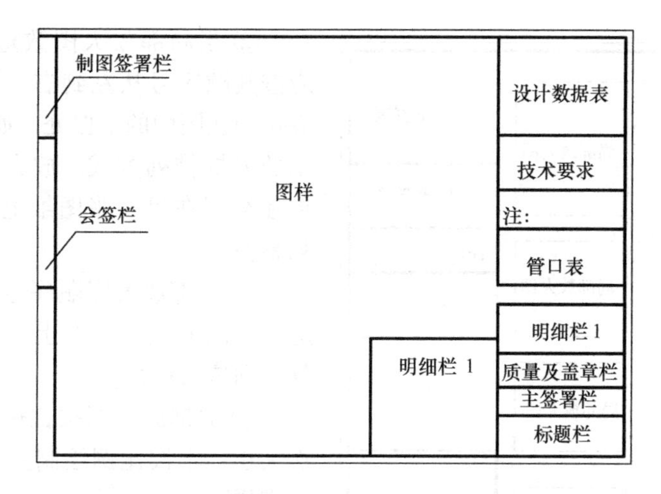

图 4-1　过程设备图中各要素在图纸中的布置图

有余地，避免出现图面疏密不均的现象。

图 4-2 所示为卧式过程设备图样在图纸中的布置情况；图 4-3 所示为立式过程设备图样在图纸中的布置情况。

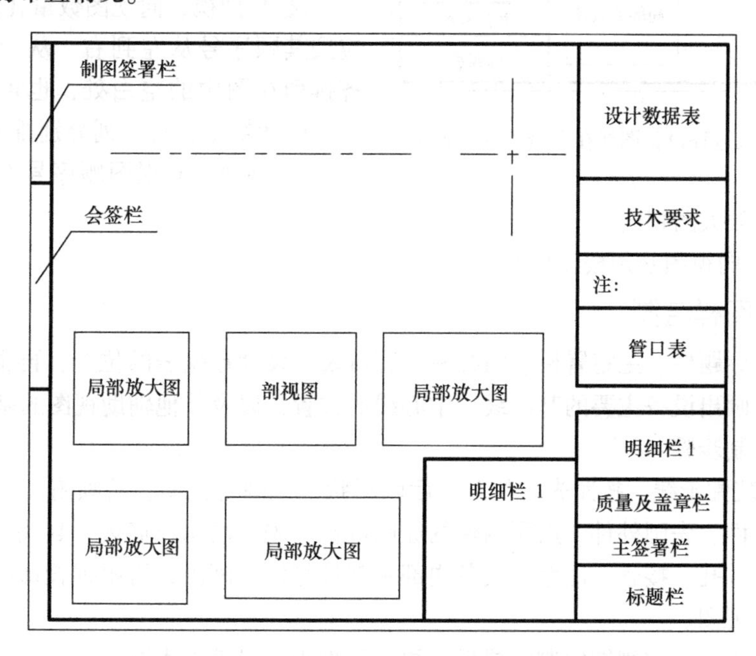

图 4-2　卧式过程设备图样在图纸中的布置图

若卧式（或立式）过程设备较长，致使左视图（或俯视图）难以在图幅内按投影关系配置时，可画于图纸空白处，但须在视图的上方标注上图名，如“*A* 向”，并在视图上用箭头注明投射方向及图名，如图 4-4 所示。同时根据需要可另确定绘图比例，但需标注所选用比例的大小。过程设备图中其他辅助视图常采用多个局部放大图、剖视图等表达方法。辅助视图在图纸中的布图原则是：

(1) 局部放大图的布图原则。

① 当只有一个局部放大图时，应放在被放大部位附近。

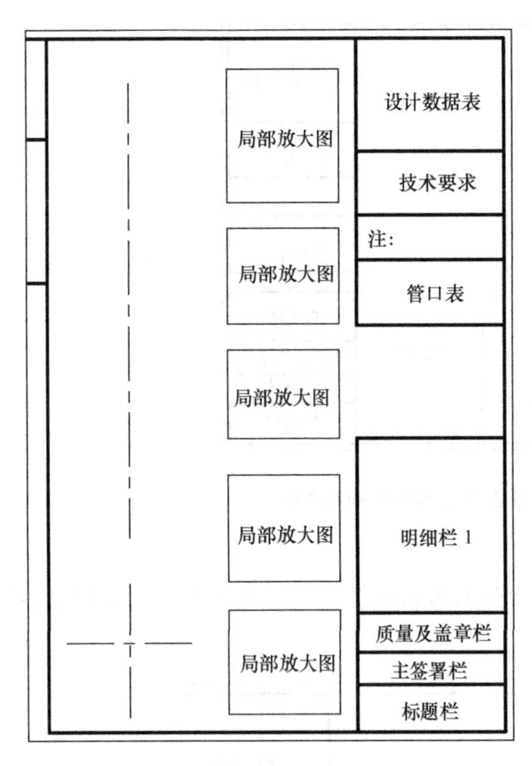

图 4-3　立式过程设备图样在图纸中的布置图

② 当局部放大图数量在两个以上时，应按其顺序号从左到右、从上到下依次整齐排列在图中的空白处。如图 4-2、4-3 所示的方框排列方式。放大图较多时，也可单独绘制在另一张图纸上，行、列分别排列整齐。

③ 局部放大图顺序号在视图中的标注应从视图的左下→左上→右上→右下顺时针方向依次排列。

④ 局部放大图按比例绘制必须注出比例大小；不按比例绘制要注有“不按比例”的字样。

(2) 剖视、向视图的布图原则。

① 当只有一个剖视、向视图时，应绘制在剖视、向视部位附近。

② 当剖视、向视图数量在两个以上时，应按其顺序号从左到右、从上到下依次整齐排列在图中的空白处，也可单独绘制在另一张图纸上，行、列分别排列整齐。

③ 剖视、向视图顺序号在视图中的标注方法与局部放大图相同。

④ 剖视、向视图必须按比例绘制。

4.3.2　图样绘制

首先确定标题栏、主签署栏、明细栏、管口表、设计数据表的位置，再根据选定的视图表达方案，画出设备主要的基准线、中心线的位置，以及其他辅助视图的基准线。

视图的绘制步骤：

(1)沿着装配干线，按照先定位置、后画形状，先画主视图、后画俯(左)视图，先画主体、后画附件，先画外件、后画内件的原则进行。先依次画出筒体、封头、支座等主要部件，然后将人孔、接管、法兰及设备内部零部件等依次画出，再根据投影关系绘制其他基本视图及向视图。

(2) 基本视图、向视图绘制完成后，再绘制剖视、局部放大图。

(3) 各视图画好后，应按照“设备设计条件单”认真校核。

(4) 最后经检查无误后加粗线条并填充剖面线。

4.3.3　过程设备图的标注

视图绘制完成后，要进行标注。应标注的主要有尺寸、局部放大图符号、管口符号、件号、焊缝符号等。

1. 尺寸标注

过程设备装配图与零件图的作用不一样，因此尺寸标注的要求也不同，零件图是加工制造零件的主要依据，要求零件图上的尺寸必须完整，而装配图主要是表达产品装配关系的图样，因此不需标注各组成部分的所有尺寸，只需标注与设备装配、安装、检验和调试有关的主要尺寸，尺寸标注除遵守国家《机械制图》标准中的规定外，还应根据过程设备的结构特点，做到正确、清晰、合理。

1）过程设备图上标注的尺寸种类

过程设备图上需标注的尺寸有以下几类：

（1）特性尺寸　表达设备主要性能、规格的尺寸。这些尺寸是根据工艺条件确定的，例如表示过程设备容积大小的尺寸——筒体的内径、筒体的长度[如图4-4(a)所示的筒体内直径ϕ2000mm、筒体长度6000mm、封头长度540mm]；表示换热器传热面积尺寸——列管长度、直径和数量等。

（2）装配尺寸　表达设备零部件间装配关系和相对位置的尺寸。例如筒体上接管的定位尺寸[如图4-4(a)所示的接管d、e、h之间的相对位置尺寸400mm、500mm、500mm等]，封头上接管的定位尺寸[如图4-4(b)所示的以细点画线圆直径ϕ1600mm为接管的径向定位尺寸，接管周向定位标注角度，一般特殊角度如0°、90°、180°、270°、360°可省略不标]，封头及筒体上接管的伸长长度[如图4-4(a)所示的左侧封头上接管伸长长度500mm]，支座与支座、筒体与支座的定位尺寸[如图4-4(a)所示的3566mm，如图4-4(b)所示的1353mm]，换热器的折流板、管板间的定位尺寸，塔容器中塔板的间距等。

（3）安装尺寸　表达设备整体与外部发生关系的尺寸，用以表示设备安装在基础或其他构件上所需要的尺寸。例如支座上地脚螺栓孔的中心距及孔径尺寸[如图4-4(a)所示，支座上地脚螺栓孔的中心距为1260mm]。

（4）外形尺寸　也叫总体尺寸，用以表明设备所占的空间，指设备总长、总宽、总高的尺寸。这类尺寸主要用于设备运输、安装、厂房设计及设备布置。例如图4-4(a)所示的尺寸~7116mm，图4-4(b)所示的总高尺寸~2834mm，总宽就是筒体直径，不需重复标注。总体尺寸一般在数字前加符号“~”，表示近似的含义。参考尺寸数字要加括弧，以示区别。

（5）其他尺寸

① 零部件的主要规格尺寸，如接管尺寸应标注的“外径×壁厚”，瓷环尺寸应标注的“直径×高度×壁厚”尺寸。

② 不另行绘制图样的零部件的结构尺寸或某些重要尺寸，如人孔的规格尺寸。

③ 由设计计算确定的尺寸，如筒体、封头壁厚及搅拌桨尺寸、搅拌轴径大小等。

④ 设备上焊缝的结构型式尺寸，如一些重要的焊缝，在焊缝局部放大图中应标注横截面的形状尺寸。

2）尺寸基准

过程设备图中标注的尺寸，既要保证设备的设计要求，又要满足在制造和安装时便于测量和检验，因此需要合理地选择尺寸基准。尺寸标注基准一般从设计要求的结构基准面开始。

过程设备常用的尺寸基准有：

（1）设备筒体和封头的轴线或对称中心线；

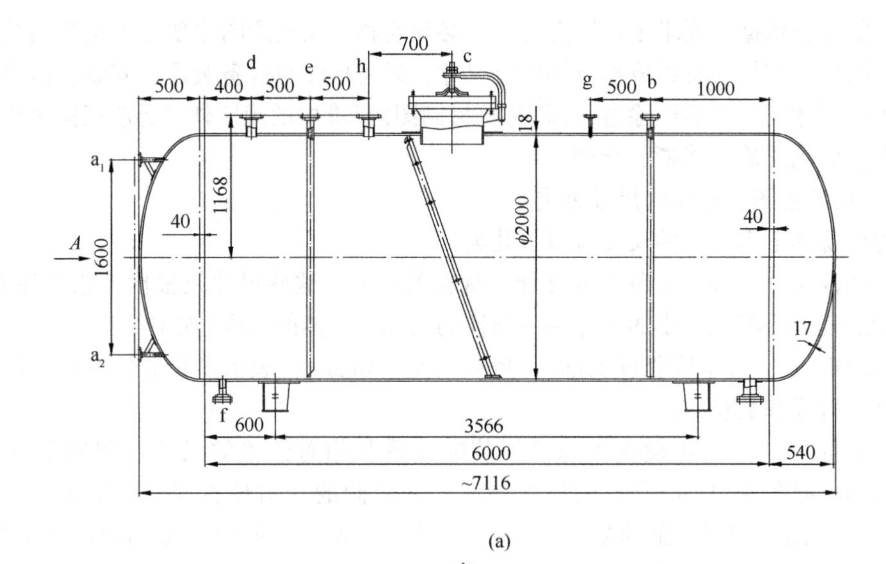

(a)

*A*向

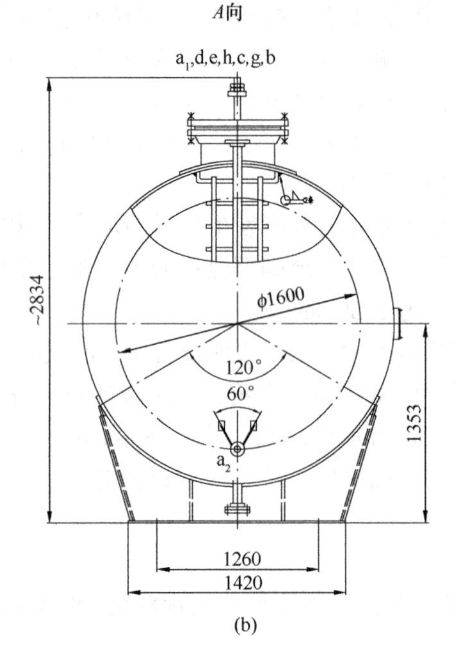

(b)

图 4-4　储罐部分尺寸标注示例

（2）设备筒体和封头焊接时所用的环焊缝；

（3）设备法兰的密封面；

（4）设备安装时所使用的支座底面。

根据上述的四条尺寸基准，在图 4-5 中指明了卧式容器和立式设备的尺寸基准。

尺寸基准面选择的规定：

（1）厚度尺寸的标注如图 4-6 所示，其中图(b)表示单线条图。

（2）接管伸出长度，一般标注接管法兰密封面至容器中心线之间的距离，在管口表中已注明的除外，均应在图样中注明外伸长度。一般接管轴线与筒体轴线同向时，封头上接管外伸长度以封头切线为基准，标注封头切线至法兰密封面的距离，按如图 4-7 所示标注方法标注；而当封头上的接管与筒体轴线相对倾斜位置时，其伸长长度以封头切线为基准（切线求法：先找出接管轴线与封头轮廓线交点，再作出该点处封头的切线）标注出切线至接管法兰密封面之间的距离，即为接管的伸出长度。

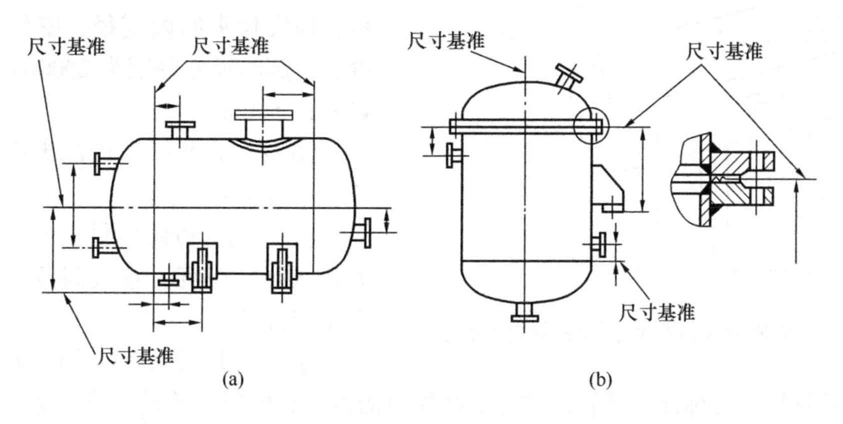

图 4-5　过程设备常用的尺寸基准

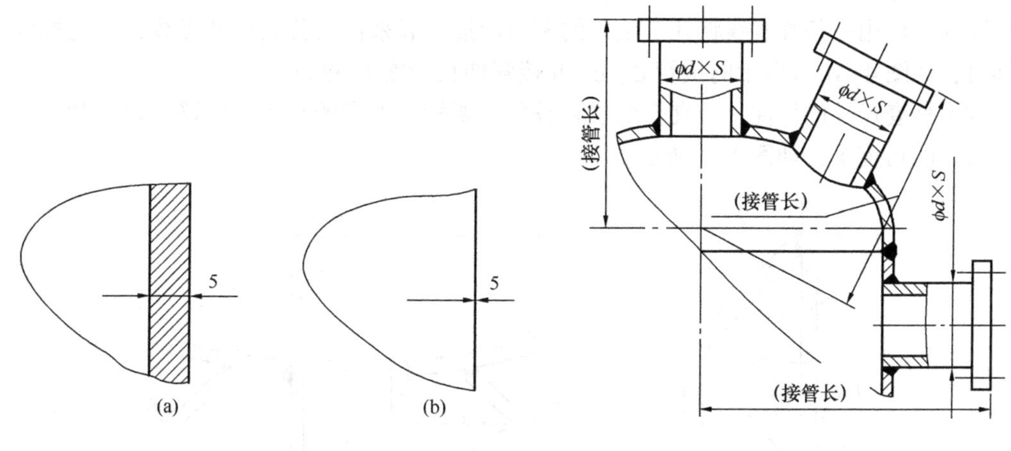

图 4-6　厚度标注法

图 4-7　接管伸出长度标注

（3）过程设备图尺寸标注主要以设备和筒体的轴线、设备容器法兰的密封端面、两端封头长轴轴线及封头与筒体连接处为基准，如图 4-5 所示。

（4）塔盘尺寸标注的基准面为塔盘支撑圈上表面。

（5）封头尺寸标注以封头切线为基准面。

（6）支座尺寸标注以支座底面为基准。

（7）一般不允许封闭尺寸，当需要标注时，封闭尺寸链中某一个不重要的尺寸数字应用(　)表示，如(150)，作为参考尺寸。

（8）倾斜放置的卧式容器尺寸标注，其尺寸基准如图 4-8 所示。

3）典型结构的尺寸标注举例和注意事项

（1）筒体尺寸的标注　对于钢板卷焊成型的筒体，一般标注内径、壁厚和筒体长度，如图 4-4（a）所示的尺寸 ϕ2000mm、18mm、6000mm。当使用无缝钢管作筒体时，应标注外径、壁厚和筒体长度。

(2) 封头尺寸的标注

① 椭圆封头一般应注出内直径、壁厚、直边高度、总高，如图 4-4(a)所示，椭圆封头的内直径、壁厚、直边高度、总高的尺寸分别为 2000mm、17mm、40mm、540mm。

② 碟形封头一般应注出内直径、壁厚、直边高度、总高。

③ 大端折边锥形封头，应标注锥壳大端直径、厚度、直边高度、总高、锥壳小端直径。

④ 半球形封头应标注内直径和厚度。

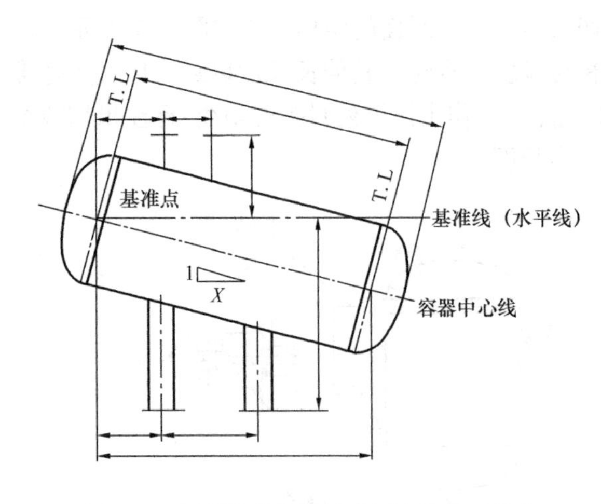

图 4-8　倾斜卧式容器尺寸标注基准面规定

(3) 接管尺寸的标注　接管尺寸应标注管口的直径和壁厚。若是无缝钢管，在图上一般不予以标注，而在管口表的名称栏中注明公称直径×壁厚；若是卷制钢管则标注内径和壁厚，还应标注出接管的外伸长度。若设备上多个接管外伸长度相等，接管间又没有其他结构隔开，可用一条细实线将几个法兰的密封面连接起来作为公共尺寸界线，只需标注一次即可，如图 4-4(a)所示的接管 d、e、h 接管伸长长度 1168mm。

(4) 夹套尺寸的标注　带夹套的过程设备，要标注夹套的直径、壁厚、弯边的圆角半径、弯边的角度等，如图 4-9 所示。

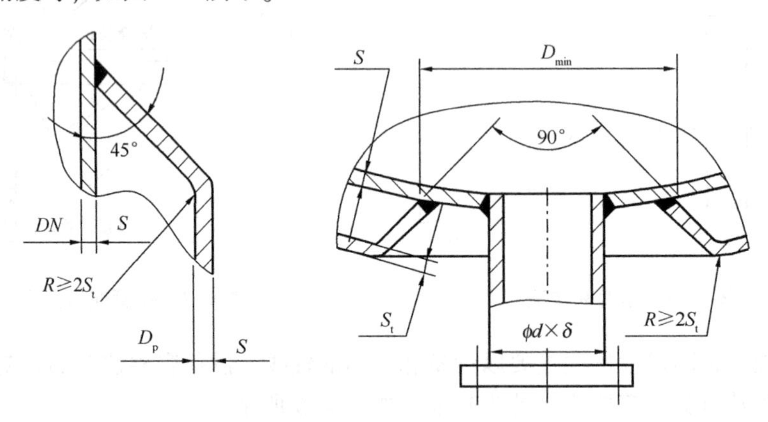

图 4-9　夹套的尺寸标注

(5) 鞍座尺寸的标注　过程设备图中鞍座的尺寸标注，主视图中标注两鞍座底板上安装孔的中心距离[如图 4-4(a)所示的尺寸 3566mm]，在左视图中标注出鞍座底板距筒体中心的距离[如图 4-4(b)所示]，装有腹板的要标注出腹板周向包角的大小及同一鞍座上两安装孔的间距；通常在过程设备图的空白处绘出两鞍座底板的局部放大图，如图 4-10 所示，以便标注出鞍座的具体尺寸，方便设备的安装。

(6) 设备中填料等填充物尺寸的标注　应标注出填充物的总体尺寸和填充物的规格尺寸，如图 4-11 所示。“50×50×5”表示瓷环的“直径×高度×壁厚”尺寸。

（7）过程设备图的尺寸标注顺序　一般为特征尺寸、装配尺寸、安装尺寸、其他尺寸，最后为外形尺寸。有些尺寸可能同时具有多个尺寸功能。

（8）尺寸线位置　尺寸线应尽量安排在视图的右侧和下方。

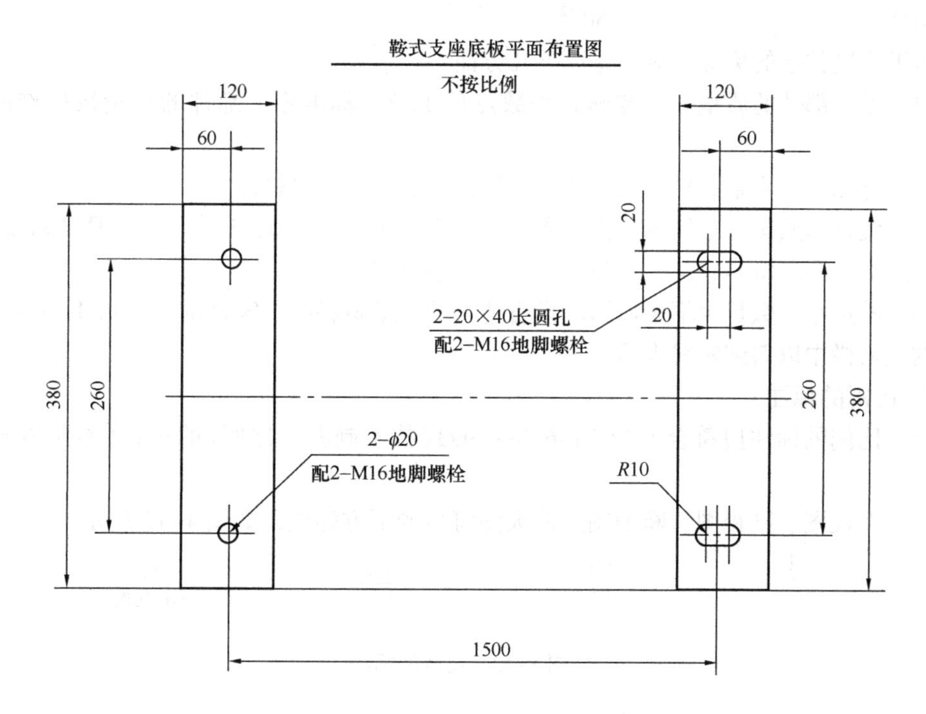

图 4–10　鞍座的局部放大图中尺寸的标注

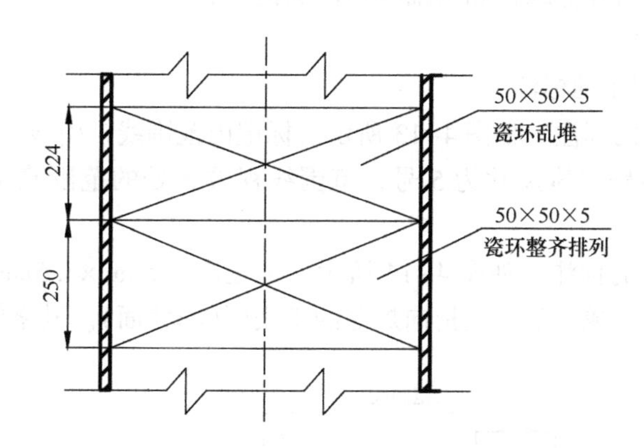

图 4–11　填料等填充物的尺寸标注

2. 文字的标注

文字的标注应字迹清晰，语言简洁，标点符号合适，句子通顺，意思准确。

3. 数字的标注

数字的标准号为尺寸数字标注、计量数字标注及质量数字标注三种。

对于计量数字的标注，应注意其规范用法，例如：

下列数字应写为：	不应写为：
20±2℃	20℃±2℃
0. 65±0. 05	0. 65±. 05
50_{0}^{+2}	50_{-0}^{+2}

对于质量数字的标准，应注意以下几方面：

（1）零、部件的质量一般准确到小数点后 1 位。标准零、部件的质量按标准的要求填写。

（2）特殊的贵重金属材料表示小数点的位数，视材料价格确定。

（3）设备净质量、空质量、操作质量、充水质量等均以 0、5 结尾。一般以>1 进为 5，>6 进为 10 表示，如 111 表示为 115，116 表示为 120 等。

（4）质量小、数量少不足以影响设备造价的普通材料的小零件的质量可不填写，在明细栏的质量栏中以斜细实线表示。

4. 比例的标注

（1）比例的标注应符合 GB/T 14690—1993《技术制图　比例》的规定（参照表 4-1 所示）。

（2）在视图、剖视图、断面图及放大图符号的下方标注，如图 4-12 所示。

I	*A*向	*A-A*	*B-B*
1:5	1:5	1:5	不按比例

图 4-12　比例的标注

（3）与主视图比例相同的视图、剖视图、断面图可以不标注比例数字和标记线。

（4）比例直接填写在标题栏和明细栏的比例栏中。

5. 放大图的标注

1）放大图在视图中的标注

（1）局部放大图的标注　如图 4-13 所示。标记由范围线、引线、序号及序号线组成，线型均为细实线，序号字体尺寸为 5 号，范围线视放大处的范围确定，可以为圆形、方形、长方形等。

（2）焊接放大图的标注　如图 4-14 所示。标记由 3. 5mm×3. 5mm 方框线注数字焊缝序号和有箭头的引线组成。箭头应指向焊缝的正表面（非背面）。其字体尺寸为 3 号。

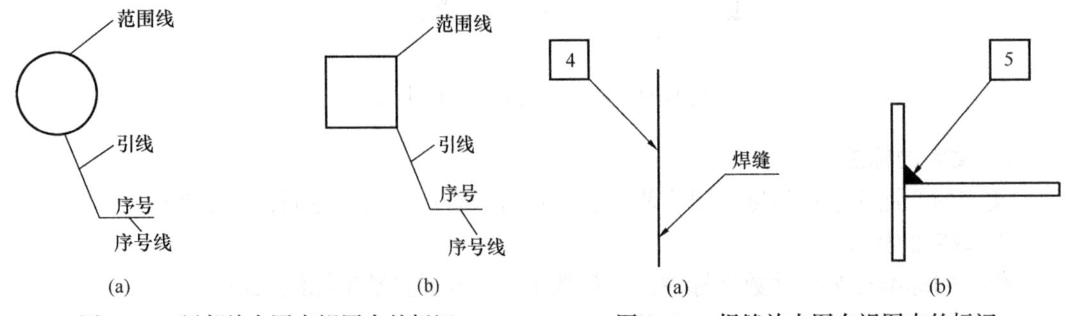

图 4-13　局部放大图在视图中的标记

图 4-14　焊缝放大图在视图中的标记

2）放大图在图样中的标注

（1）放大图在图样中的标注如图 4-15 所示，由放大图序号(焊缝代号、文字标题)、标记线和比例数字三部分组成。标记线的长短应与上下排字宽相适应。

（2）标注放在放大图上方的中央。

（3）标题放大图的标注：当放大图仅用于一个部位的放大时，表示如图 4-15(c)所示。当放大图用于数个(公用)部位时，此时应将放大部位表示出如图 4-15(d)所示图中ⒶⒷ(管口符号)。

（4）标注中放大图的序号、焊缝代号、汉字标题字体的尺寸均为 5 号。比例数字的尺寸为 3.5 号。

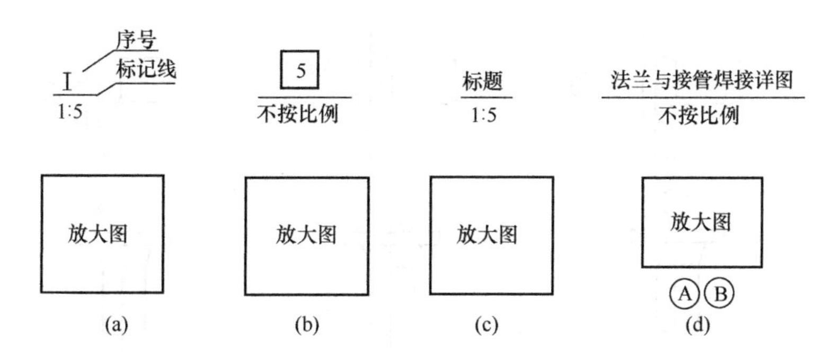

图 4-15　放大图在图样中的标注

6. 视图(向视图、剖视图等)符号的标注

（1）视图符号在视图中的标注应符合 GB/T 4458.1—2002 的规定，箭头、粗线、细线长短比例应合适，线型字迹应清楚。

（2）视图的标记如图 4-16(a)、(b)所示。由视图符号、标记线和比例数字三部分组成。标记线的长短应与上下排字宽相适应。

（3）标记在视图上方的中央。

（4）标注中视图符号字体的尺寸为 5 号，比例数字的尺寸为 3.5 号。

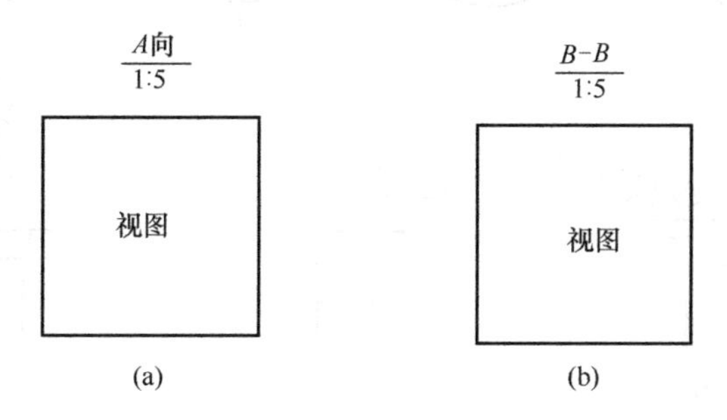

图 4-16　视图符号的标注

7. 管口符号的编排和标注

规格、用途、连接面形式不同的管口都要编写管口符号。

（1）管口符号的标注如图 4-17 所示，由带圈的管口符号组成，圈径为 $\phi8$，符号字体尺寸为 5 号。

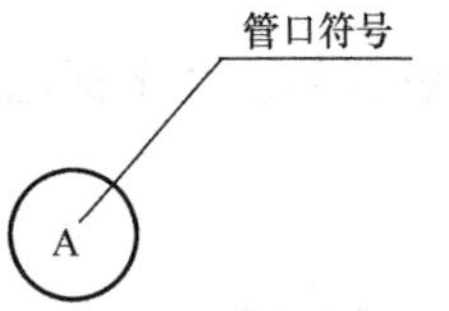

管口符号

A

图4-17　管口符号

（2）管口符号应标注在图中管口图形附近，或管口中心线上，以不引起管口相混淆为原则。在各视图中均应标注，如图4-18所示，其他位置可不标注。

（3）管口符号在图中以字母的顺序由主视图左下方起，按顺时针沿垂直和水平方向依次标注。其他视图上的管口符号则应根据主视图中对应的符号进行编写。

（4）规格、用途及连接面形式不同的管口，均应单独编写管口符号；规格、规格、用途及连接面形式相同的管口，则应编同一符号，但应在符号的右下角加阿拉伯数字角标，以示区别，如 A_1、A_2、A_3。

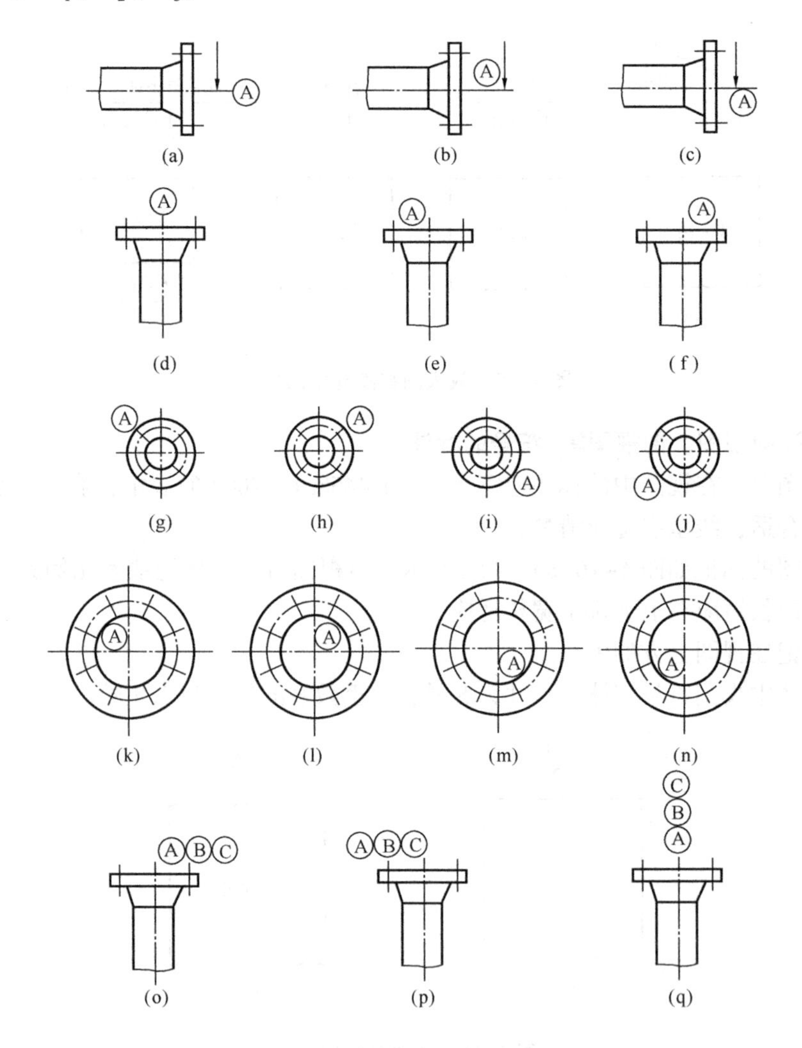

图4-18　管口符号在视图中的标注

8. 件号的编排和标注

1）编件号的原则

（1）组成设备的所有零件、部件和外购件，无论有无零部件图，均需编写件号。

（2）设备中结构、形状、材料和尺寸完全相同的零件，无论数量多少，均应编成同一件号，部件编成同一件号，组合件编为同一件号。

(3) 直属零件与部件中零件相同，或不同部件中的零件相同时，应将其分别编不同的件号。

(4) 一个图样中的对称零件应编不同件号。

2) 件号的标注

(1) 件号的标注应符合 GB/T 4458.2—2003 的规定。件号表示方法如图 4-19 所示，由件号数字、件号线、引线三部分组成。件号线长短应与件号数字宽相适应，引线应自所表示零件或部件的轮廓线内引出。

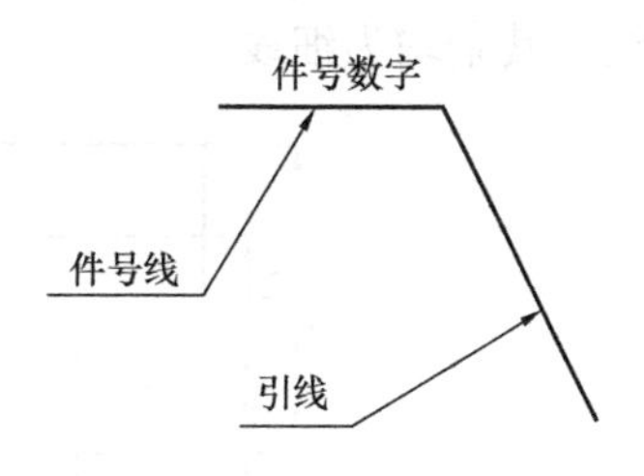

图 4-19 件号的表示方法

(2) 件号数字字体尺寸为 5 号，件号线、引线均为细实线。

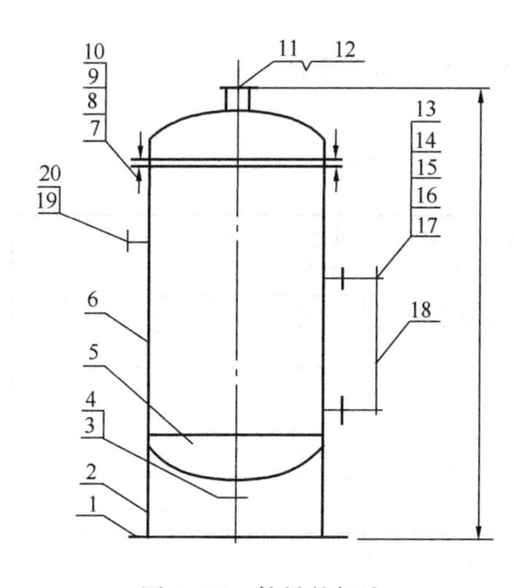

图 4-20 件号的标注

(3) 件号应尽量编排在主视图上，并由其左下方开始，按件号顺序顺时针整齐地沿垂直方向或水平排列；可布满四周，但应尽量编排在图形的左上方和上方，并安排在外形尺寸线的内侧，如图 4-20 所示。若有遗漏或增添的件号应在外圈编排补足，如件 19、件 20。

(4) 一组紧固件(如螺栓、螺母、垫片，等)以及装配关系清楚的一组零件或另外绘制局部放大图的一组零、部件，允许在一个引出线上同时引出若干件号，但在放大图上应将其件号分开标注。

3) 编件号的方法

(1) 在一个设备内将直接组成设备的部件、直属零件和外购件以 1、2、3……顺序表示。

(2) 组成一个部件的零件或二级部件的件号由两部分组成，中间用连字符号隔开，例如：

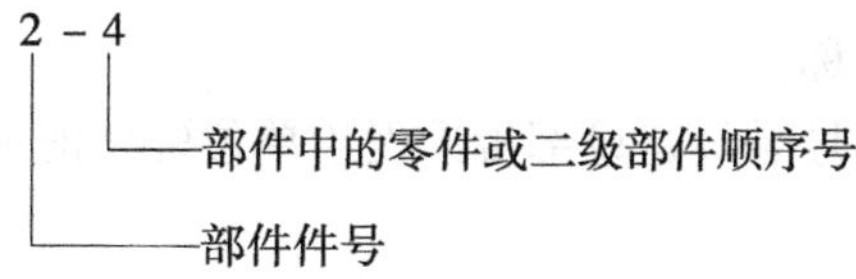

组成二级部件的零件的件号由二级部件件号及零件顺序号组成，中间用连字符号隔开，例如：

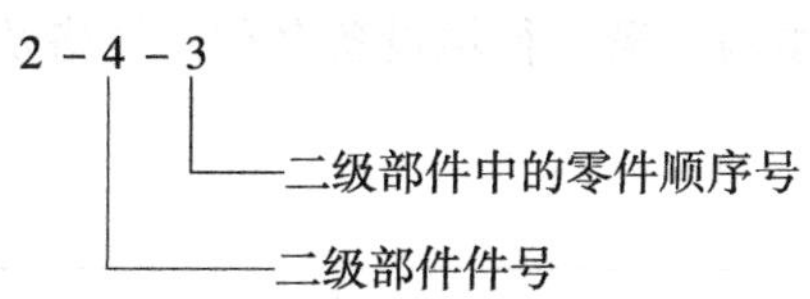

(3) 三级或三级以上部件的零件件号按上述原则类推。

4.3.4 标题栏、明细栏和管口表等的填写

1. 标题栏

一般情况下，每张图的右下角都有标题栏，用于说明设备的名称、设备规格、设计单

位等内容。

1）标题栏的内容、格式及尺寸

标题栏的内容、格式及尺寸、字体大小如图 4-21、图 4-22 所示。图中线型边框为粗线，其余均为细线。

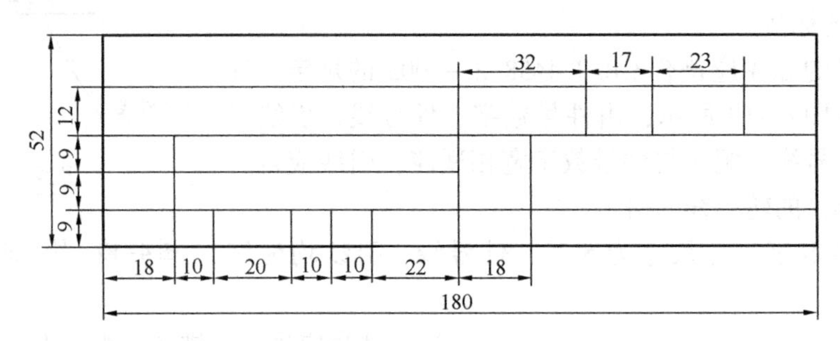

图 4-21　标题栏格式及尺寸(用于 A0、A1 ~ A4 幅面)

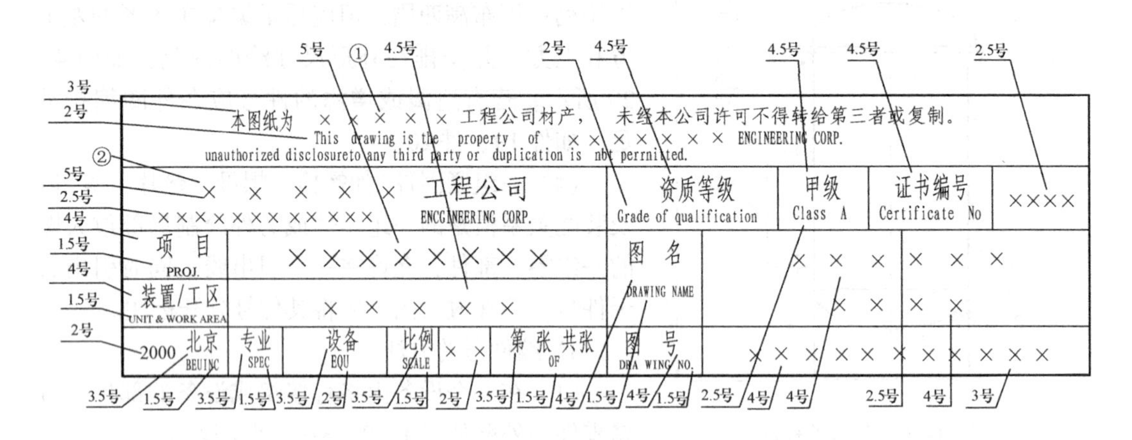

图 4-22　标题栏填写内容及字体大小

2）标题栏的填写

（1）①、②栏填单位名称。

（2）资质等级及证书编号是经建设部批准发给单位资格证书规定的等级和编号，有则填，没有则不填。

（3）项目栏：填本设备所在项目名称。

（4）装置/工区：设备一般不填。

（5）图名：一般分两行填写。第一行填设备名称、规格及图样名称(装配图、零件图等)，第二行填设备位号。

图名表示如下：

反应器中间冷却器 $F=71.5\mathrm{m}^2$ 装配图 E-101A，B，C，D	反应器中间冷却器零部件图 E-101A，B，C，D

设备名称：由过程名称和设备结构特点组成，如乙烯塔氮气冷却器、聚乙烯反应釜等。

设备主要规格：塔类设备的规格为 $DN \times H$（即公称直径×高）；若有压力要求，应冠以“PN××”。当塔由两段不同直径的筒体组成时，应注 $DNA/DNB \times H$（DNA 和 DNB 分别为塔上、下短公称直径）。而换热器可只注换热面积，$F = \times\times m^2$。

（6）图号：由各单位自行确定，但图号中应包含有设备分类号。设备分类号参照 HG/T 20668—2000 附录 C“设备设计文件分类办法”，该标准将所有的过程工艺设备、机械及其他专业施工图设计文件分成 0～9 十大类，每类分为 0～9 十种。这里摘录常用的三个类别文件号如下：

1 类　容器（包括储槽、受槽、高位槽、计量槽、气瓶、液氨瓶、槽车上的容器等）

10 压力<0.1MPa（G），V<100m³钢制容器

11 压力<0.1MPa（G），V≥100m³钢制容器

12 压力 0.1～1.6 MPa（G）钢制容器

13 压力 1.6 MPa（G）<压力<10.0MPa（G）钢制容器

14 铸铁铸钢容器及加热浓缩用锅

15 不锈钢（复合钢板制）容器

16 有色金属制容器

17 带衬里容器

18 非金属制容器

19 其他（例如水封）

2 类　换热设备

20 列管式热交换器、U 形管热交换器

21 套管式、淋洒式、蛇管式、浸流式热交换器

22 螺旋式、板式、翅片式和其他热交换器

23 废热锅炉及载热体锅炉

24 蒸发器（包括蒸汽缓冲器及蒸馏器）

25 不锈钢（复合钢板）换热设备

26 有色金属换热设备

27 带衬里换热设备

28 非金属换热设备

29 其他（例如大气冷凝器及各种特殊加热器）

3 类　塔设备

30 泡罩塔、浮阀塔

31 填充和乳化塔

32 筛板、泡沫和膜式塔

33 空塔

34 铸铁（钢）塔

35 不锈钢（复合钢板）塔

36 有色金属塔

37 带衬里塔

38 非金属塔

39 其他(例如排气筒)

2. 明细栏

明细栏用于装配图和零部件图中，用于说明设备上所有零部件的名称、材料、数量、重量等内容，它是工程技术人员看图及图样管理的重要依据。

根据图 4-1、图 4-2、图 4-3 所示，可知过程设备装配图中有明细栏 1

1）明细栏 1 的内容、格式及尺寸

明细栏 1 的内容、格式及尺寸、字体大小如图 4-23、图 4-24 所示，线型边框为粗线，其余均为细线。

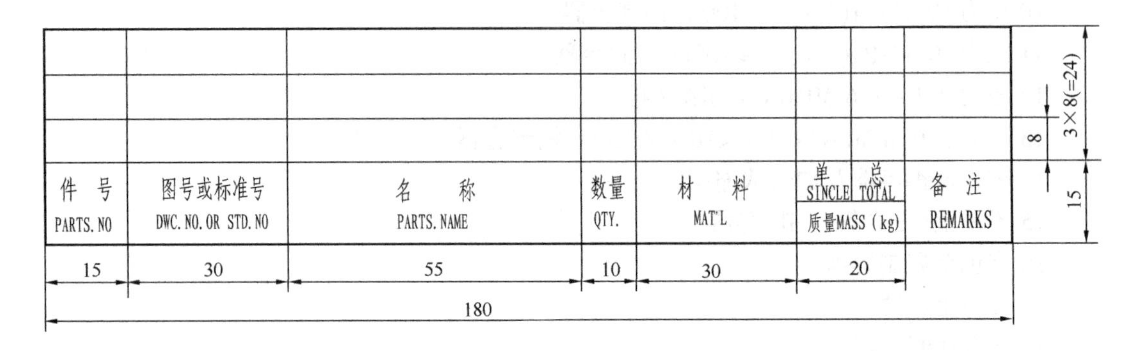

图 4-23　明细栏 1 格式及尺寸

3	GB6170-92	螺母　M20	24	6级	0.052	8.74	
2	JB4707-92	螺柱　M20×150-A	12	35	0.312	26.2	
1	25-EF0201-4	管箱（1）	1			140	
件　号 PARTS.NO	图号或标准号 DWC.NO.OR.STD.NO	名　称 PARTS，NAME	数量 QTY.	材　料 MAT' L	单 SINGLE	总 TOTAL	备　注 RWMARKS
					质量MASS（kg）		

图 4-24　明细栏 1 内容及字体大小

2）明细栏 1 的填写

（1）件号栏　与图中件号一致，按图形上件号的顺序由下而上逐一填写。

（2）图号或标准号栏　应填写零部件所在图纸的图号(不绘零部件图的零件，此栏不填)；如果零部件是标准件，则应填写标准零部件的标准号(当材料不同于标准零部件时，此栏不填，在备注栏中填“尺寸按××标准号”)。

（3）名称栏　填写零部件或外购件的名称和规格。零部件的名称应尽可能简短，并采用公认的术语，例如人孔、管板、筒体等。

标准零部件按标准规定的标注方法填写，如填料箱 $PN6$、$DN50$；椭圆封头 $DN1000\times10$；

对于不绘图的零件，在名称后应列出规格或实际尺寸。例如：

筒体 $DN1000$　　　$\delta=10$　$H=2000$(指以内径标注时)

筒体 $\phi1020\times10$　　　$H=2000$(指以外径标注时)

接管 $\phi57\times3.5$　　　$L=160$(当用英制管时填 2" Sch. 40)

垫片 $\phi1140/\phi1030$　　$\delta=3$

角钢∠$50\times50\times5$　　　$L=500$

外购件按有关部门规定的名称填写，如减速机“BLD-3-23-F”。

(4) 数量栏

① 装配图、部件图中填写设备中同一件号所属零部件及外购件的全部件数；

② 对于大量使用的木材、标准胶合剂、填充物等以 m^3 计；

③ 对于标准耐火砖、标准耐酸砖、特殊砖等以块或 m^3 计；

④ 对于大面积的衬里材料，如橡胶板、石棉板、铝板、金属网等以 m^3 计。

(5) 材料栏

① 填写零件的材料名称时，应按国家或部颁标准规定标出材料的标号或名称；

② 对于国内某生产厂的或国外的标准材料，应同时标出材料的名称或代号，必要时，尚需在“技术要求”中作一些补充说明；

③ 标准规定的材料，应按材料的习惯名称标出；

④ 对于部件和外购件，此栏不填(用斜细实线表示)，但对需注明材料的外购件，此栏仍需填写。

(6) 质量栏　分单重和总重填写，以 kg 为单位，准确到小数点后 1 位。对于质量小于准确度的零件，质量可不填，设备净重应写在明细表右上方。

(7) 备注栏　仅对需要说明的零部件加以说明，如填“外购”“尺寸按××标准号”“现场配制”等字样。

(8) 当件号较多位置不够时，可按顺序将一部分放在标题栏的左边。此时该处明细栏 1 的表头中各项字样可不重复。

3. 质量及盖章栏(装配图用)

1) 质量及盖章栏的内容、格式及尺寸

质量及盖章栏的内容、格式及尺寸、字体大小如图 4-25 所示。

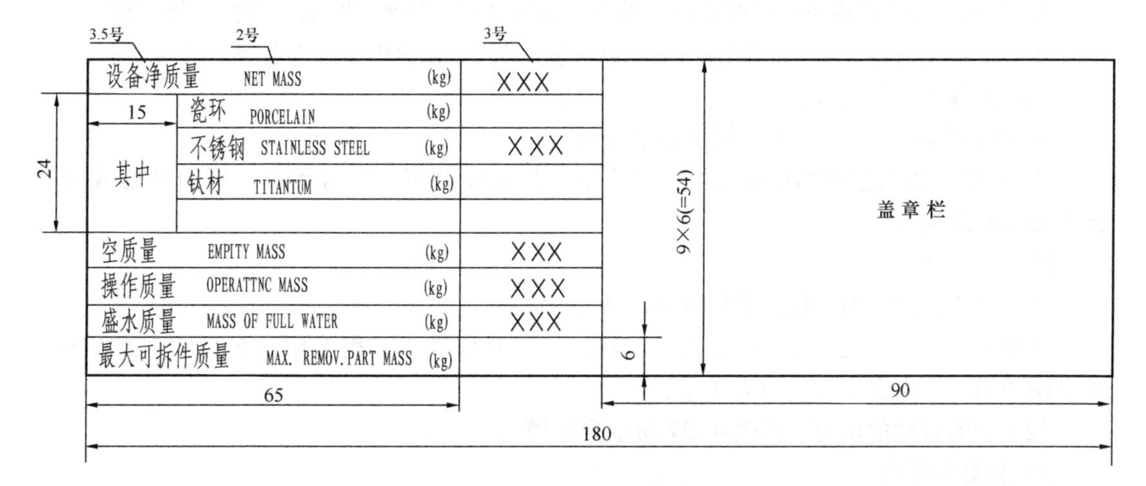

图 4-25　质量及盖章栏

(1) 设备净质量中的“其中”栏可以按需增加或减少。

(2) 质量及盖章栏的线型：边框为粗线，其余均为细线。

2) 质量及盖章栏的填写

(1) 设备净质量　表示设备所有零、部件，金属和非金属材料质量的总和。当设备中有特殊材料如不锈钢、贵金属、触媒、填料等时，应分别列出。

(2) 设备空质量　为设备净质量、保温材料质量、防火材料质量、预焊件质量、梯子平台质量的总和。

(3) 操作质量　设备空质量与操作介质质量之和。

(4) 充水质量　设备空质量与充水质量之和。

(5) 最大可拆件质量　是指拆卸后最大件的质量，如U形管管束或浮头换热器浮头管束质量等。

(6) 盖章栏　按有关规定盖单位的压力容器设计资格印章。

4. 签署栏

1) 主签署栏

(1) 主签署栏的内容格式及尺寸如图4-26所示。

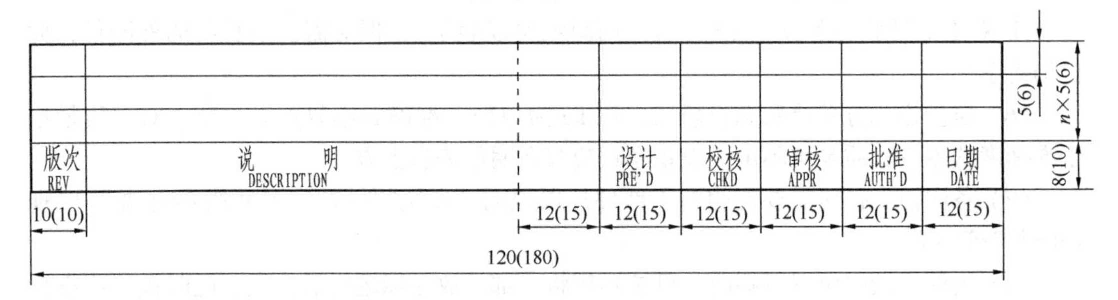

图4-26　主签署栏

① 主签署栏中前位数字为工程图用，括弧内尺寸为施工图(包含装配图)用，n示需要确定，一般$n=3$。

② 当其他人员需签署时可在设计栏前添加如图4-26中虚线所示，此栏一般不设。

③ 主签署栏中字体尺寸，对施工图(包含装配图)一律为中文3.5号字，英文2号。

(2) 主签署栏的填写：

① 版次栏以0、1、2、3阿拉伯数字表示。

② 说明栏表示此版图的用途，如询价用、基础设计用、制造用等。当图纸修改时，此栏填写修改内容。

2) 会签署栏

(1) 会签署栏的内容格式及尺寸如图4-27所示。

会签署栏中右方尺寸有括弧者为装配图用，无括弧者为工程图用；下方尺寸工程图、装配图均用。栏中文字尺寸均为3号。

(2) 会签署栏的填写：按图4-27所示要求填写。

3) 制图签署栏

(1) 制图签署栏的内容、格式及尺寸如图4-28所示。

专业						5(8)
签字						5(8)
日期						5(9)
15	15	15	15	15	15	

图 4-27 会签署栏

栏中右方尺寸有括弧者为装配图用，无括弧者为工程图用；下方尺寸工程图、装配图均用。表中文字均为 3 号。

(2) 制图签署栏的填写：按图 4-28 所示要求填写。

资料号		5(8)
制图		5(8)
日期		5(9)
20	30	

图 4-28 制图签署栏

5. 管口表

1) 管口表的内容、格式及尺寸

(1) 管口表的内容、格式及尺寸如图 4-29 所示。表中尺寸前者为工程图用，括弧内尺寸为施工图(包含装配图)用，n 按需确定。

(2) 表格线型：边框为粗线，其余均为细线。

2) 管口表的填写

(1) 符号栏

管口表中的“符号”应与视图中的管口符号一致，按管口符号的规定用法标注管口符号，按英文字母的顺序由上而下填写，当管口规格、连接标准、用途完全相同时，可合并成一项填写，如 F_{1-3}。

管口表								
符号	公称尺寸	公称压力	连接标准	法兰型式	连接面型式	用途或名称	设备中心线至法兰面距离	
A	250	2	HG 20615	WN	平面	气体进口	660	
B	600	2	HG 20615	—	—	人孔	见图	
C	150	2	HG 20615	WN	平面	液体进口	660	
D	50×50	—	—	—	平面	加料口	见图	
E	椭300×200	—	—	—	—	手孔	见图	
F_{1-3}	15	2	HG 20615	WN	平面	取样口	见图	
G	20		M20		内螺纹	放净口	见图	
H	20/50	2	HG 20615	WN	平面	回流口	见图	
10(15)	10(15)	10(15)	15(25)	8(20)	8(20)	20(40)		

尺寸标注：表头行高 5；栏目行高 8(10)；数据行高 4(8)；总高 n×4(8)+8(10)；总宽 95(180)

图 4-29 管口表格式

(2) 管口公称尺寸

① 按公称直径填写，对于无公称直径的接管，按实形尺寸填写(矩形孔填“长×宽”，椭圆孔填“椭圆长轴×短轴”，对于螺纹连接的管口，公称尺寸栏按实际内径填写)。

② 对于带衬管的接管，公称直径按衬管的实际内径填写；对于带薄衬里的钢接管，按钢接管的公称直径填写。

(3) 连接标准栏

填写对外连接的管口、法兰的有关尺寸标准。

不对外连接的管口：如人孔、手孔不填此项，在连接尺寸标准栏内用斜细实线表示。

螺纹连接的管口：连接标准栏内填写螺纹规格，如 M24、G2"、ZG1/2"等。

盲板接口接管以分数表示，分子为接管尺寸，分母为盲板接口尺寸。

(4) 连接面形式

填写法兰的密封面形式，如：“平面”“凹面”“槽面”等；螺纹连接填写“内螺纹或外螺纹”；不对外连接的管口：如人孔、手孔不填此项，在连接面型式栏内用斜细实线表示。

(5) 用途和名称栏

填写标准名称、习惯用名称或简明的用途术语，如：“进料口”“放净口”

(6) 设备中心线至法兰面距离栏

设备中心线至法兰面距离已在此栏内填写，在图中不需注出。如需在图中标注则需填写“见图”的字样。

4.3.5 填写设计数据表、编写技术要求

设备图样除了图形和尺寸外，还必须有制造、检验、运输和安装时应达到的一些质量要求，一般称为技术要求。图面技术要求是施工图的一个重要内容，大致包括设计、制造和装配、试验和验收标准、焊接要求、检测要求、检验要求、表面处理、保管和运输等特殊要求。要求既不能过低也不必过高，应综合考虑设备设计条件、标准规范要求和经验。在总图、装配图、部件图和零件图上都要分别写明各自的技术要求。

近年来随着技术引进及合作、交流的不断扩大，借鉴国外工程公司经验，采用了“设计数据表”和“文字条款”相结合的形式表述设计、制造与检验应遵循的标准、数据及技术要求等图面内容，通用性技术要求尽量数据表格化，使图样表达更加清晰明确。文字条款对数据表作补充，并对特殊的技术要求作全面、准确的表达。

4.3.5.1 设计数据表

它表示了设备的设计数据与技术要求。数据表的基本形式和内容划分为几个大类。设计数据表格式是举例推荐性的，使用时可根据实际需要作适当修改。

(1) 设计数据表基本格式及尺寸　如图 4-30 所示。

(2) 内容及填写　设计数据表是表示设备设计依据及特性参数的一览表，一般应包括设计压力(指表压)、最大工作压力、设计温度、工作温度、焊接接头系数、无损检测比例、全容积、容器类别等。还应根据设备类型不同填写各自的特有内容。例如：对容器类产品，应填写容器的全容积，必要时填写操作容积；对换热器类产品，应按管、壳程分别填写，还应填写换热面积；对搅拌类产品，应填写全容积、搅拌轴转速、电动机功率等；对塔器类产品，应填写设计风压值、地震烈度等；对专用化工、石油化工设备应填写主要物料名称，特别是有毒或腐蚀性介质名称、特性和厚度。

以下列举压力容器、搅拌器、塔器、换热器、夹套容器、球形储罐的设计数据表需填写的内容及填写方法，设计者可按需要增减，其余类型的压力容器及过程设备的设计数据表可

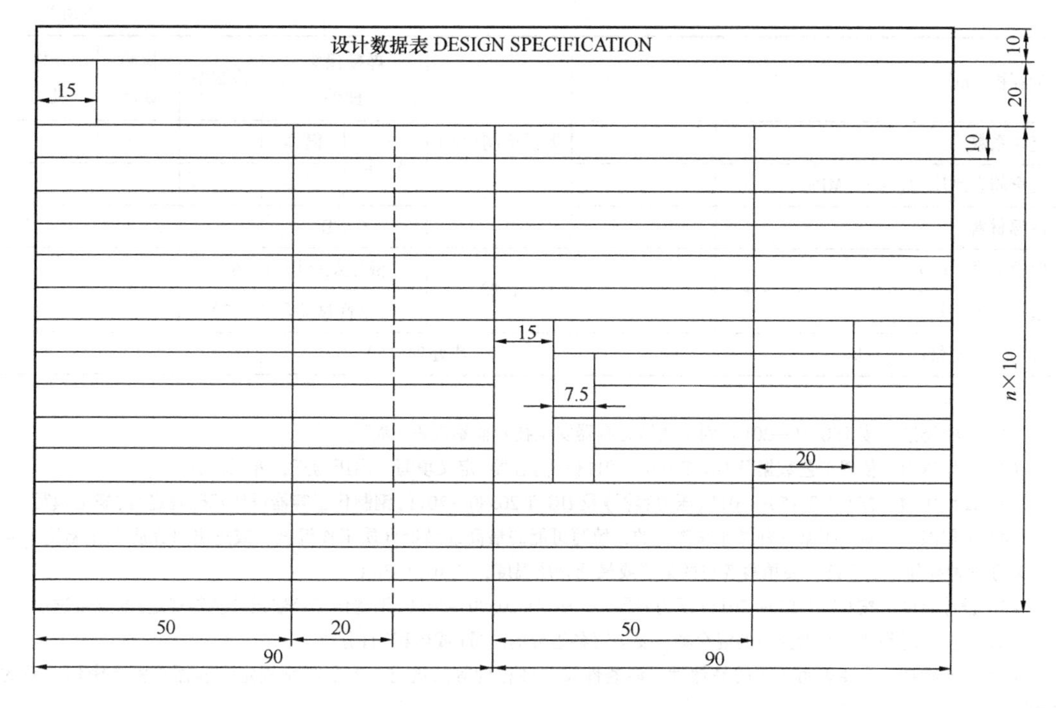

图 4-30　设计数据表基本格式

注：1. 表中虚线按需设置。
　　2. 表中字体尺寸：汉字 3.5 号，英文 2 号，数字 3 号。
　　3. 表中 n 按需确定。

以由设计者适当增减其中的项目内容。各项数据与内容的含义和填写方法在表注中列出。

1. 压力容器设计数据表(表 4-2)

表 4-2　压力容器设计数据表

设计数据表				
设计参数		设计、制造与检验标准(12)		
容器类别(1)				
工作压力(2)　MPa				
设计压力(3)　MPa				
工作温度(4)　℃		制造与检验要求		
设计温度(5)　℃		接头型式(13)		
介质(6)				
介质特性(7)				
介质密度　kg/m^3				
主要受压元件材料(8)				
腐蚀余量　mm		焊条(14)	××与××间的焊接	焊条牌号
焊接接头系数 筒体/封头(9)				
设计使用年限				

续表

<table>
<tr><td>全容积 m³</td><td></td><td rowspan="4">无损检测(15)</td><td colspan="2">焊接接头种类</td><td>检测率</td><td>检测标准</td><td>合格级别</td></tr>
<tr><td>充装系数</td><td></td><td rowspan="2">A B</td><td>筒体</td><td></td><td></td><td></td></tr>
<tr><td>安全阀启跳压力(10) MPa</td><td></td><td>封头</td><td></td><td></td><td></td></tr>
<tr><td>保温材料</td><td></td><td colspan="2">C D</td><td></td><td></td><td></td></tr>
<tr><td>保温厚度 mm</td><td></td><td rowspan="2">试验</td><td colspan="3">液压试验压力(16)</td><td colspan="2"></td></tr>
<tr><td>最大吊装质量 kg</td><td></td><td colspan="3">气密性试验压力(17)</td><td colspan="2"></td></tr>
<tr><td>设备最大质量(11) kg</td><td></td><td colspan="3">热处理(18)</td><td colspan="3"></td></tr>
</table>

注：

(1) 容器类别　按 TSG 21—2016《固定式压力容器安全技术监察规程》确定。

(2) 工作压力　依据工艺数据及 GB/T 150—2011《压力容器》定义填写，内压为正，外压为负。

(3) 设计压力　按 GB/T 150—2011《压力容器》及 HG/T 20580—2011《钢制化工容器设计基础规定》的规定填写。

(4) 工作温度　对用于某一种操作状态下的，填写可能的最高或最低介质工作温度，或进出口介质工作温度 t_1 ~ t_2；对于两种操作状态下的，要填写各自的最高或最低介质温度，如 100/-30℃。

(5) 设计温度　按 GB/T 150—2011《压力容器》及 HG/T 20580—2011《钢制化工容器设计基础规定》的规定选取。

(6) 介质　对易燃及有毒介质的混合物，要填写各组分的质量(或体积)百分比。

(7) 介质特性　主要表明介质的易燃性、渗透性及毒性程度等与选材、容器类别划定和容器检验有密切关系的特性。

(8) 主要受压元件材料　对容器是指受压壳体(筒体、封头)的材料。若采用的材料有特殊要求，则需在文字中作特别规定，比如 Q345 正火。

(9) 焊接接头系数　该系数用于确定壳体厚度。对受压筒体，取纵向焊缝的焊接接头系数，其值按 GB/T 150—2011《压力容器》规定填写。

(10) 安全阀启跳压力　安全阀启跳压力或爆破片爆破压力，依据工艺数据及 GB/T 150—2011 确定。

(11) 设备最大质量　设备最大质量应取在压力试验或操作(当 $\gamma_{物料}>\gamma_{水}$)状态下，设备质量和内充介质质量相加的最大值。设备质量应包括保温(保冷)材料和安装在设备上的所有附件及其他设备的质量。

(12) 设计、制造与检验标准　应根据容器型式、材料类别等实际情况，按表 4-3 选择填写。

(13) 焊接接头型式① 如按 HG/T 20583—2011《钢制化工容器结构设计规定》推荐选择焊接接头型式时，按如下内容填写：除图中注明外，焊接接头型式及尺寸按 HG/T 20583—2011 中的规定；对接接头为______；接管与筒体(封头)的焊接接头为______；带补强圈的接管与筒体(封头)的焊接接头为______；角焊缝的焊角尺寸按较薄板厚度；法兰焊接按相应法兰标准中的规定；其余按 GB/T 985—2008 中规定。

② 采用其他方式表达的焊接接头型式，需按相应标准规定，正确地标注符号和数字。

表 4-3　压力容器标准选用表

<table>
<tr><td colspan="2">压力容器型式及材料</td><td colspan="2">设计制造与检验标准</td></tr>
<tr><td rowspan="5">钢制压力容器</td><td>一般压力容器</td><td rowspan="5">TSG21—2016《固定式压力容器安全监察条例》(无类别容器不填写此项规程)</td><td>GB/T 150—2011《压力容器》
HG/T 20584—2011《钢制化工容器制造技术规定》</td></tr>
<tr><td>卧式容器</td><td>NB/T 47042—2014《卧式容器》</td></tr>
<tr><td>钢制衬里压力容器</td><td>GB/T 150—2011《压力容器》
HG/T 20678—2000《衬里钢壳设计技术规定》</td></tr>
<tr><td>复合钢板焊接容器</td><td>GB/T 150—2011《压力容器》
CD130A3—1984《不锈复合钢板焊制压力容器技术条件》</td></tr>
<tr><td>低温容器</td><td>GB/T 150—2011《压力容器》
HG/T 20585—2011《钢制低温压力容器设计规定》</td></tr>
</table>

续表

压力容器型式及材料		设计制造与检验标准	
非钢制压力容器	钛制焊接容器	TSG21—2016《固定式压力容器安全监察条例》(无类别容器不填写此项规程)	GB/T 150—2011《压力容器》 JB/T 4745—2002《钛制焊接容器》
	铝制焊接容器		GB/T 150—2011《压力容器》 JB/T 4734—2002《铝制焊接容器》
	铜制压力容器		GB/T150—2011《压力容器》 JB/T 4755—2006《铜制压力容器》
	镍及镍合金制压力容器		GB/T 150—2011《压力容器》 JB/T 4756—2006《镍及镍合金制压力容器》
	锆制压力容器		GB/T 150—2011《压力容器》 NB/T 47011—2010《锆制压力容器》

③ 特殊焊接接头可参照 GB/T 150—2011 的附录 J 选用，或采用已有工程中的成熟经验，绘制出焊接接头详图。

④ 压力容器对接接头(A 类和 B 类)，若必须采用全焊透结构，且容器直径过小、手工双面焊确有困难时，可采用：

a. 自动焊；

b. 氩弧焊封底，双面焊透工艺的单面对接焊；

c. 带垫板的单面对接焊。

⑤ 接管和凸缘(包括人、手孔等)与筒体或封头的连接焊缝，符合下列条件之一者，一般需采用全焊透结构：

a. 储存或处理极度和高度危害或易燃介质的压力容器；

b. 低温压力容器；

c. 开孔要求整体补强的压力容器；

d. 第三类压力容器；

e. 做气压试验的压力容器。

⑥ 对于低温压力容器、按疲劳准则设计的压力容器以及有应力腐蚀的容器，其主要焊接接头除了采用全焊透结构外，对所有接管(凸缘)与筒体(封头)的角焊缝应打磨光滑，并圆滑过渡；接管端部应打磨圆滑，圆角半径为 $R3 \sim R5$，并需在文字条款中明确规定。

(14) 焊条　一般按手工电弧焊要求填写。如果设计要求必须采用自动焊、电渣焊及其他焊接方法时，应在文字条款中特别说明并标注相应的焊丝、焊剂牌号。焊条、焊丝、焊剂的牌号按 HG/T 20581—2011 中规定或按其他焊接规程选用。

(15) 无损检测　无损检测要求按 TCED 41002—2012《化工设备图样技术要求》中 2. 1. 3 中 9 的各项说明选择确定。填写方法：如采用 NB/T 47013—2015 标准，在合格级别前应冠以 RT(射线检测)、UT(超声检测)、MT(磁粉检测)或 PT(渗透检测)，以区别检测方法。例如：NB/T 47013—2015 RT-Ⅱ表示按 NB/T 47013—2015 射线检测Ⅱ级合格；NB/T 47013—2015 MT-Ⅰ表示按 NB/T 47013—2015 磁粉检测Ⅰ级合格。

(16) 液压试验压力　容器的压力试验一般采用液压试验，并首选水压试验，其试验压力按 GB/T 150—2011 要求确定，试验方法和要求超出 GB/T 150—2011 规定的应在文字条款中另作说明。

(17) 气密性试验　一般采用压缩空气进行气密性试验，试验压力按 GB/T 150—2011 要求确定，何种情况需做气密性试验可按下列情况考虑：

① 按 HG/T 20584—2011 规定，符合下列情况时，容器应考虑进行气密性试验：

a. 介质的毒性程度为极度或高度危害的容器；

b. 介质为易燃、易爆的容器；

c. 对真空度有较严格要求的容器；

d. 如有泄漏将危及容器的安全性(如衬里等)和正常操作者。

② 工艺条件有指定要求或工程项目有统一规定的。

(18) 热处理。

① 主要填写容器整体或部件焊后消除应力热处理，或固熔化处理等要求，一般按 TSG 21—2016《固定式压力容器安全技术监察规程》、GB/T 150—2011 和其他相关标准中规定填写。

② 对于采用高强度或厚钢板制造的压力容器壳体，其焊接预热、保温、消氢及焊后热处理的要求，应通过焊接评定试验，作出详细规定。具体要求应在文字条款中说明。

2. 夹套容器设计数据表(表4-4)

表4-4　夹套容器设计数据表

<table>
<tr><td colspan="9">设计数据表(1)</td></tr>
<tr><td colspan="3">设计参数</td><td colspan="6">设计、制造与检验标准(12)</td></tr>
<tr><td>容器类别(2)</td><td colspan="2"></td><td colspan="6" rowspan="3"></td></tr>
<tr><td>参数名称</td><td>容器内</td><td>夹套/盘管</td></tr>
<tr><td>工作压力　MPa</td><td></td><td></td></tr>
<tr><td>设计压力(3)　MPa</td><td></td><td></td><td colspan="6">制造与检验要求</td></tr>
<tr><td>工作温度　℃</td><td></td><td></td><td rowspan="3">接头型式</td><td colspan="5" rowspan="3"></td></tr>
<tr><td>设计温度　℃</td><td></td><td></td></tr>
<tr><td>介质</td><td></td><td></td></tr>
<tr><td>介质特性</td><td></td><td></td><td rowspan="4">焊条</td><td colspan="3">××与××间的焊接</td><td colspan="2">焊条牌号</td></tr>
<tr><td>介质密度　kg/m³</td><td></td><td></td><td colspan="3"></td><td colspan="2"></td></tr>
<tr><td>主要受压元件材料</td><td></td><td></td><td colspan="3"></td><td colspan="2"></td></tr>
<tr><td>腐蚀余量　mm</td><td></td><td></td><td colspan="3"></td><td colspan="2"></td></tr>
<tr><td>焊接接头系数　筒体/封头</td><td></td><td></td><td rowspan="5">无损检测(4)</td><td colspan="2">焊接接头种类</td><td>检测率</td><td>检测标准</td><td>合格级别</td></tr>
<tr><td>全容积　m³</td><td></td><td></td><td rowspan="3">A　B</td><td>筒体</td><td></td><td></td><td></td></tr>
<tr><td>安全阀启跳压力　MPa</td><td></td><td></td><td>夹套</td><td></td><td></td><td></td></tr>
<tr><td>充装系数</td><td></td><td></td><td>封头</td><td></td><td></td><td></td></tr>
<tr><td>传热面积　m²</td><td colspan="2"></td><td colspan="2">C　D</td><td></td><td></td><td></td></tr>
<tr><td>设计使用年限</td><td colspan="2"></td><td rowspan="4">试验(5)</td><td colspan="3" rowspan="2">试验种类</td><td rowspan="2">容器内</td><td rowspan="2">夹套/盘管</td></tr>
<tr><td>保温材料</td><td colspan="2"></td></tr>
<tr><td>保温厚度　mm</td><td colspan="2"></td><td colspan="3">液压试验压力</td><td></td><td></td></tr>
<tr><td>最大吊装质量(3)　kg</td><td colspan="2"></td><td colspan="3">气密性试验压力</td><td></td><td></td></tr>
<tr><td>设备最大质量　kg</td><td colspan="2"></td><td colspan="3">热处理(6)</td><td colspan="3"></td></tr>
</table>

注：

(1) 表4-2 注(1)～注(18)适用于本表。

(2) 容器类别

① 夹套容器的类别是以容器内和夹套内两侧的操作和设计条件分别考虑，以类别较高侧确定其容器类别。

② 容器内部或外部有加热或冷却盘管或焊接半管的容器可类比使用本表，其容器类别一般按容器内条件确定。当盘管或焊接半管的内直径≥150mm，且其容积≥0.025m³时，其容器类别按①确定。

(3) 设计压力　容器和夹套两侧的设计压力，应分别按GB/T 150—2011及HG/T 20580—2011规定确定和填写，应避免将两侧可能产生的最大压力差视作某一侧的设计压力。

(4) 无损检测　容器筒体、封头和夹套的无损检测需分别根据两侧的设计条件按相应的标准规定要求。

(5) 试验　夹套容器的水压试验和气密试验的顺序和要求必须在文字条款中明确规定，防止由于试验不当造成容器变形失效。

(6) 热处理　当容器壳体需要进行热处理时，应在夹套与容器全部焊接完毕后进行，并须在文字条款中明确规定。

3. 塔器设计数据表(表 4–5)

表 4–5 塔器设计数据表

<table>
<tr><td colspan="8">设计数据表(1)</td></tr>
<tr><td colspan="2">设计参数</td><td colspan="6">设计、制造与检验标准(2)</td></tr>
<tr><td>容器类别</td><td></td><td colspan="6" rowspan="3"></td></tr>
<tr><td>工作压力 MPa</td><td></td></tr>
<tr><td>设计压力 MPa</td><td></td></tr>
<tr><td>工作温度 ℃</td><td></td><td colspan="6">制造与检验要求</td></tr>
<tr><td>设计温度 ℃</td><td></td><td rowspan="4">接头型式</td><td colspan="5" rowspan="4"></td></tr>
<tr><td>介质</td><td></td></tr>
<tr><td>介质特性</td><td></td></tr>
<tr><td>主要受压元件材料</td><td></td></tr>
<tr><td>腐蚀余量 mm</td><td></td><td rowspan="5">焊条</td><td colspan="3">××与××间的焊接</td><td colspan="2">焊条牌号</td></tr>
<tr><td>焊接接头系数 筒体/封头</td><td></td><td colspan="3"></td><td colspan="2"></td></tr>
<tr><td>全容积 m^3</td><td></td><td colspan="3"></td><td colspan="2"></td></tr>
<tr><td>安全阀启跳压力 MPa</td><td></td><td colspan="3"></td><td colspan="2"></td></tr>
<tr><td>塔板类型/塔板数</td><td></td><td colspan="5"></td></tr>
<tr><td>填料高度 mm</td><td></td><td rowspan="5">无损检测</td><td colspan="2" rowspan="2">焊接接头种类</td><td rowspan="2">检测率</td><td rowspan="2">检测标准</td><td rowspan="2">合格级别</td></tr>
<tr><td>风压</td><td></td></tr>
<tr><td>地震烈度</td><td></td><td rowspan="2">A B</td><td>筒体</td><td></td><td></td><td></td></tr>
<tr><td>设计使用年限</td><td></td><td>封头</td><td></td><td></td><td></td></tr>
<tr><td>保温材料</td><td></td><td colspan="2">C D</td><td></td><td></td><td></td></tr>
<tr><td>保温厚度 mm</td><td></td><td rowspan="2">试验</td><td colspan="3">液压试验压力(3)</td><td>立试:</td><td>卧试:</td></tr>
<tr><td>最大吊装质量 kg</td><td></td><td colspan="3">气密性试验压力</td><td></td><td></td></tr>
<tr><td>设备最大质量 kg</td><td></td><td colspan="3">热处理</td><td colspan="3"></td></tr>
</table>

注:

(1) 表 4–2 注(1) ~ 注(11)、注(13) ~ 注(18)适用于本表。

(2) 设计、制造与检验标准

① 划有类别的钢制塔式容器应填写:NB/T 47041—2014《塔式容器》和 TSG 21—2016《固定式压力容器安全技术监察规程》;需要时增加填写 HG 20652—1998《塔器设计技术规定》。

② 当为低温塔时,还应填写 GB/T 150—2011 附录 C;必要时还应填写 HG 20652—1998《塔器设计技术规定》。

③ 无类别的钢制塔式容器应填写 NB/T 47041—2014《塔式容器》。

④ 非钢制塔式容器,应填写:

a. 相应材料的容器材料;

b. 参照 NB/T 47041—2014《塔式容器》和 HG 20652—1998《塔器设计技术规定》。

(3) 液压试验压力

① 立置状态下液压试验压力按 GB/T 150—2011 规定。

② 卧置状态下液压试验压力取立置状态下液压试验压力与最高液柱静压力之和。

4. 换热器设计数据表(表4–6)

表4–6 换热器设计数据表

<table>
<tr><td colspan="9">设计数据表(1)</td></tr>
<tr><td colspan="3">设计参数</td><td colspan="6">设计、制造与检验标准(4)</td></tr>
<tr><td>容器类别(2)</td><td colspan="2"></td><td colspan="6" rowspan="3"></td></tr>
<tr><td>参数类别</td><td>壳程</td><td>管程</td></tr>
<tr><td>工作压力 MPa</td><td></td><td></td></tr>
<tr><td>设计压力 MPa</td><td></td><td></td><td colspan="6">制造与检验要求</td></tr>
<tr><td>工作温度进/出 ℃</td><td></td><td></td><td rowspan="3">接头型式</td><td colspan="5" rowspan="3"></td></tr>
<tr><td>设计温度 ℃</td><td></td><td></td></tr>
<tr><td>壁温(3) ℃</td><td></td><td></td></tr>
<tr><td>介质</td><td></td><td></td><td rowspan="5">焊条</td><td colspan="3">××与××间的焊接</td><td colspan="2">焊条牌号</td></tr>
<tr><td>介质特性</td><td></td><td></td><td colspan="3"></td><td colspan="2"></td></tr>
<tr><td>主要受压元件材料</td><td></td><td></td><td colspan="3"></td><td colspan="2"></td></tr>
<tr><td>腐蚀余量 mm</td><td></td><td></td><td colspan="3"></td><td colspan="2"></td></tr>
<tr><td>焊接接头系数</td><td colspan="2"></td><td colspan="3"></td><td colspan="2"></td></tr>
<tr><td>程数</td><td colspan="2"></td><td rowspan="5">无损检测(5)</td><td colspan="2" rowspan="2">焊接接头种类</td><td rowspan="2">检测率</td><td rowspan="2">检测标准</td><td rowspan="2">合格级别</td></tr>
<tr><td>设计使用年限</td><td colspan="2"></td></tr>
<tr><td>保温材料</td><td colspan="2"></td><td rowspan="2">A B</td><td>筒体</td><td></td><td></td><td></td></tr>
<tr><td>保温厚度 mm</td><td colspan="2"></td><td>封头</td><td></td><td></td><td></td></tr>
<tr><td>传热面积 m²</td><td colspan="2"></td><td colspan="2">C D</td><td></td><td></td><td></td></tr>
<tr><td>换热管规格 φ×t×1mm</td><td colspan="2"></td><td rowspan="3">试验(6)</td><td colspan="3">试验种类</td><td>壳程</td><td>管程</td></tr>
<tr><td>管子与管板连接方式</td><td colspan="2"></td><td colspan="3">液压试验压力</td><td></td><td></td></tr>
<tr><td>最大吊装质量 kg</td><td colspan="2"></td><td colspan="3">气密性试验压力</td><td></td><td></td></tr>
<tr><td>设备最大质量 kg</td><td colspan="2"></td><td colspan="3">热处理</td><td colspan="3"></td></tr>
</table>

注:

(1) 表4-2注(1)~注(11)、注(13)~注(18)适用于本表。

(2) 容器类别 换热器的容器类别,应分别按管程和壳程设计条件划定,且按类别较高侧确定容器类别。

(3) 壁温 指操作状态下管壁及壳壁沿轴向长度平均壁温度,一般由工艺专业提供或按GB/T 151—2014《热交换器》附录G方法计算确定。如果缺少必要的计算参数也可以采取工程设计中较成熟的估算法确定。

(4) 设计、制造与检验标准 应根据换热器结构型式、材料、容器类别参照表4-7选择填写。

表4–7 换热器标准选用表

<table>
<tr><td>换热器的结构形式及材料</td><td colspan="2">设计、制造与检验标准</td></tr>
<tr><td>钢、铅、铜、钛制管壳式换热器</td><td rowspan="5">TSG 21—2016《固定式压力容器安全技术监察规程》(无类别容器不填写此项规程)</td><td>GB 151—2014《管壳式换热器》</td></tr>
<tr><td>排管式(喷淋管式)换热器套管式换热器</td><td>HG/T 2650—2011《水冷管式换热器》</td></tr>
<tr><td>螺旋板式热交换器</td><td>NB/T 47046—2015《螺旋板式热交换器》</td></tr>
<tr><td>绕管式换热器</td><td>专用技术条件或制造厂标准</td></tr>
<tr><td>其他形式换热器</td><td>专用技术条件或制造厂标准</td></tr>
</table>

(5) 无损检测 管程和壳程无损检测要求应分别按两侧的设计条件和材料按GB/T 150—2011、GB/T 151—2014及TSG 21—2016中规定。

(6) 试验　管程和壳程液压和气密性试验要求应分别按两侧设计条件确定。

① 当 $P_s<P_t$ 时，为达到对管子与管板连接接头试验的效果，需考虑如下措施：

a. 适当提高壳程液压和气密试验压力，并以最高试验压力校核壳程各受压元件强度是否满足 GB/T 151—2014 要求，不足时需增加壁厚；

b. 参照 HG/T 20584—2011 附录 A“压力容器氨渗透试验方法”对壳程进行氨渗透气密试验。

② 换热器的液压试验一般采用水压试验，试验方法和要求按 GB/T 150—2011 中规定，试验顺序按 GB/T 151—2014 规定；对液压试验和气密性试验的顺序、介质、方法和环境有特别要求的，应在文字条款中详细规定。

5. 搅拌容器设计数据表(表 4–8)

表 4–8　搅拌容器设计数据表

<table>
<tr><td colspan="9">设计数据表(1)</td></tr>
<tr><td colspan="3">设计参数</td><td colspan="6">设计、制造与检验标准(12)</td></tr>
<tr><td>容器类别(2)</td><td colspan="2"></td><td colspan="6" rowspan="3"></td></tr>
<tr><td>参数名称</td><td>容器内</td><td>夹套/盘管</td></tr>
<tr><td>工作压力　MPa</td><td></td><td></td></tr>
<tr><td>设计压力　MPa</td><td></td><td></td><td colspan="6">制造与检验要求</td></tr>
<tr><td>工作温度　℃</td><td></td><td></td><td rowspan="5">接头型式</td><td colspan="5" rowspan="5"></td></tr>
<tr><td>设计温度　℃</td><td></td><td></td></tr>
<tr><td>介质</td><td></td><td></td></tr>
<tr><td>介质特性</td><td></td><td></td></tr>
<tr><td>介质密度　kg/m³</td><td></td><td></td></tr>
<tr><td>主要受压元件材料</td><td></td><td></td><td rowspan="4">焊条</td><td colspan="3">××与××间的焊接</td><td colspan="2">焊条牌号</td></tr>
<tr><td>腐蚀余量　mm</td><td></td><td></td><td colspan="3"></td><td colspan="2"></td></tr>
<tr><td>焊接接头系数　筒体/封头</td><td></td><td></td><td colspan="3"></td><td colspan="2"></td></tr>
<tr><td>全容积　m³</td><td></td><td></td><td colspan="3"></td><td colspan="2"></td></tr>
<tr><td>充装系数</td><td></td><td></td><td rowspan="6">无损检测</td><td colspan="2" rowspan="2">焊接接头种类</td><td rowspan="2">检测率</td><td rowspan="2">检测标准</td><td rowspan="2">合格级别</td></tr>
<tr><td>安全阀启跳压力　MPa</td><td></td><td></td></tr>
<tr><td>电机型号及功率　kW</td><td colspan="2"></td><td rowspan="3">A　B</td><td>筒体</td><td></td><td></td><td></td></tr>
<tr><td>搅拌转速　r/min</td><td colspan="2"></td><td>夹套</td><td></td><td></td><td></td></tr>
<tr><td>传热面积　m²</td><td colspan="2"></td><td>封头</td><td></td><td></td><td></td></tr>
<tr><td>设计使用年限</td><td colspan="2"></td><td colspan="2">C　D</td><td></td><td></td><td></td></tr>
<tr><td>保温材料</td><td colspan="2"></td><td rowspan="3">试验</td><td colspan="3">试验种类</td><td>容器内</td><td>夹套/盘管</td></tr>
<tr><td>保温厚度　mm</td><td colspan="2"></td><td colspan="3">液压试验压力</td><td></td><td></td></tr>
<tr><td>最大吊装质量(3)　kg</td><td colspan="2"></td><td colspan="3">气密性试验压力</td><td></td><td></td></tr>
<tr><td>设备最大质量　kg</td><td colspan="2"></td><td colspan="3">热处理</td><td colspan="2"></td><td></td></tr>
</table>

注：

(1) 表 4–2 注(1) ~ 注(18)适用于本表。

(2) 设计、制造与检验标准按表 4–2 注(12)填写，并填写 HG/T 20569—2013《机械搅拌设备》。HG/T 20569—2013《机械搅拌设备》适用于化工、石油化工装置的搅拌设备的设计、制造、检验和验收，该标准中所指搅拌设备包括搅拌容器和搅拌机两大部分。

(3) 设备最大质量　容器的最大质量和搅拌装置质量之和。

6. 球形储罐设计数据表(表4-9)

表4-9　球形储罐设计数据表

设计数据表(1)						
设计参数		设计、制造与检验标准(2)				
容器类别						
工作压力　MPa						
设计压力　MPa						
工作温度　℃		制造与检验要求				
设计温度　℃		接头型式(3)				
介质						
介质特性						
介质密度　kg/m^3						
球壳材料		焊条	××与××间的焊接		焊条牌号	
腐蚀余量　mm						
焊接接头系数　筒体/封头						
全容积　m^3						
充装系数		无损检测	焊接接头种类	检测率	检测标准	合格级别
安全阀启跳压力　MPa						
设计使用年限			A　B			
风压　kPa			C　D			
雪压　kPa						
地震烈度		试验	液压试验压力			
保温材料			气压试验压力			
保温厚度　mm			气密性试验压力			
最大吊装质量　kg		消氢处理				
设备最大质量　kg		热处理				

注：

(1) 表4-2 注(1)、注(6)、注(7)、注(10)、注(11)和注(14)适用于本表；其余设计参数按 GB/T 12337—2014《钢制球形储罐》中规定。

(2) 设计、制造与检验标准

① TSG 21—2016《固定式压力容器安全技术监察规程》；

② GB/T 12337—2014《钢制球形储罐》，设计温度≤-20℃时，需增加填写附录 A“低温球形储罐”；

③ GB 50094—2010《球形储罐施工及验收规范》。

(3) 接头型式

① 球壳对接接头型式及尺寸，按 GB/T 12337—2014 附录 C 推荐，在图样中绘制节点放大图，数据表中不再填写。

② 接管与球壳对接或角接焊缝，按表4-2 注(13)要求。

4.3.5.2　图面技术要求

1. 图面技术要求格式

在图中规定的空白处用长仿宋体汉字书写，以阿拉伯字 1、2、3……顺序依次编号书写。

2. 图面技术要求内容

一般来说，图面的技术要求应包括对于材料、制造和装配、试验和验收、表面处理、保管和运输等特殊要求。

(1) 凡是"数据表"中所列的标准中已有明确规定的技术要求，原则上"文字条款"不再重复。凡标准中写明"按图样规定"的，在设计数据表中未列出的技术要求需在"文字条款"中予以明确规定。

(2) 除"数据表"之外，"文字条款"中技术要求内容包括：一般要求和特殊要求。

a. 一般要求　是指不能用数据表说明的通用性制造、检验程序和方法等技术要求，如管口及支座方位说明、夹套容器试验顺序、球罐和大型储罐类特殊容器通用的安装、检验和试验技术要求等。

b. 特殊要求　各类设备在不同条件下，由于材料特性、介质特性、使用要求等条件所决定，需要提出、选择和附加的技术要求。特殊要求的条款内容力求做到紧扣标准、简明准确、便于执行。特殊要求有些已超出标准规范的范围，或具有一定的特殊性，对工程设计、制造与检验有借鉴和指导作用。

3. 图面技术要求举例

1) 板式塔装配图技术要求

(1) 一般要求

① 塔体直线度公差为______ mm。塔体安装垂直度公差为______ mm。[塔体直线度公差为任意 3000mm 长圆筒段，偏差不得大于 3mm；圆筒长小于等于 15000mm 时，偏差不得大于($0.5L/1000+8$)，塔体安装垂直度公差为 1/1000 塔高，且不超过 30mm。]

② 裙座(或支座)螺栓孔中心圆直径以及相邻两孔和任意两孔间弦长极限偏差为 2mm。

③ 塔盘的制造、安装按 JB/T 1205—2001《塔盘技术条件》进行。

④ 管口及支座方位按本图或见工艺管口方位图(图号见工艺选用表)。

(2) 特殊要求

① 对于 $DN<800$mm 的塔器，塔盘制造或装配成整体后再装入塔内的塔，对塔体有如下要求：

a. 塔体在同一横断面上的最大直径与最小直径之差$\leqslant 1\% D_i$(D_i为塔体内直径，下同)，且不大于 25mm；

b. 塔体内表面焊缝应修磨平齐，接管与塔体焊后应与塔体内表面平齐；

c. 塔节两端法兰与塔体焊接后一起加工，其法兰密封面与筒体轴线垂直度公差为 1mm。

② 筒体与裙座连接的焊接接头需进行磁粉(MT)或渗透(PT)检测，符 NB/T 47013—2015 中 MT-Ⅰ级或 NB/T 47013—2015 中 PT-Ⅰ级为合格。

③ 塔的裙座螺栓采用模板定位、一次浇灌基础的做法，施工图中应提供地脚螺栓模板图。

④ 塔体应按图中标注分段制造，现场组焊和热处理。

⑤ 当保温圈与塔体的附件(如接管、人手孔等)相碰时，应将保温圈移开或断开。

2) 填料塔装配图技术要求

(1) 一般要求

① 塔体直线度公差为______ mm。塔体安装垂直度公差为______ mm。[塔体直线度公差为任意 3000mm 长圆筒段，偏差不得大于 3mm；圆筒长小于等于 15000mm 时，偏差不

得大于(0.5L/1000 + 8)，塔体安装垂直度公差为1/1000塔高，且不超过30mm。对于丝网波纹式填料塔应不超过20mm。]

② 裙座(或支座)螺栓孔中心圆直径以及相邻两孔和任意两孔间弦长极限偏差为2mm。

③ 支承栅板应平整，安装后的平面度公差≤2‰D_i，且不大于4mm。(对于填料只有一层，或者多层填料的最底层的栅板，可不提平面度要求。)

④ 喷淋装置的平面度公差为3mm，标高极限偏差为3mm，其中心线同轴度公差为3mm。

⑤ 管口及支座方位按本图或工艺管口方位图(图号见工艺选用表)确定。

(2) 特殊要求

对于规整填料(如丝网波纹填料、孔板波纹填料等)塔，需增加如下要求：

① 塔体在同一断面上的最大直径与最小直径之差≤1%D_i，且不大于25mm。

② 接管、人孔、视镜等与筒体焊接时，应与塔体内壁面平齐。

③ 塔体内表面焊缝应磨平，焊疤、焊渣应清除干净。

④ 塔节两端法兰与塔体焊后一起加工，其法兰密封面与筒体轴线垂直度公差为1mm。

⑤ 填料应采用______材料制作，其特性参数应符合设计要求的指标或制造厂标准填料的特性参数和技术要求。

⑥ 填料盘名义外径 $D=D_i-4$，填料盘高度极限偏差为3mm。

⑦ 大直径塔的规整填料需分块制作时，应在塔外平台上预组装，横断面的平面度公差为3mm。

⑧ 制作完的填料盘或组件应进行严格的净化脱脂或其他特殊处理。

3) 换热器装配图技术要求

(1) 一般要求

① 换热管的标准为______，其外径偏差为______ mm，其壁厚偏差为______ mm。(注1)

② 管板密封面与壳体轴线垂直，其公差为1mm。

③ 管口及支座方位按本图或见工艺管口方位图(图号见工艺选用表)确定。

(2) 特殊要求

① 管箱及浮头盖带有分程隔板或带有较大开孔时，组焊完毕后须进行消除应力热处理。密封面应在热处理后精加工。(注2)

② 当膨胀节有预压缩或预拉伸要求时，应增加如下要求：在管子和管板胀接(或焊接)前，补偿器预压缩(或预拉伸) ______ mm。

③ 冷弯U形管应进行消除应力热处理。(注3)

注1：换热管标准及外径和壁厚尺寸精度要求按GB/T 151—2014中表10填写。若采用该表所列以外的管子，其外径和壁厚尺寸精度要求可参照该表提出，但不应低于HG/T 20581—2011中表5-3“换热管精度要求”中的规定。

注2：带隔板的管箱焊后热处理：

(1) 碳钢及低合金钢带隔板的管箱和浮头盖以及管箱的侧向开孔超过1/3圆筒内径的管箱，焊后须进行消除应力热处理。

(2) 奥氏体不锈钢带隔板的管箱，一般不做焊后热处理。当有较高防腐蚀要求或在高温下使用时，可另行规定具体热处理方法。

注3：冷弯U形管的消除应力热处理：

(1) 对于碳钢和低合金钢冷弯 U 形管，介质有应力腐蚀倾向的，应进行消除应力热处理。

(2) 对于奥氏体不锈钢冷弯 U 形管，一般不进行热处理。如冷弯成型后，不能满足应力腐蚀倾向试验要求的，须进行固溶化处理。

(3) 用于低温换热器，若弯曲半径<10*DN* 时，应进行消除应力热处理。

4) 搅拌设备装配图技术要求

搅拌设备壳体部分技术要求按照相应类别的容器规定，并增加其他要求：

(1) 减速机的机架凸缘和轴封底座凸缘与设备封头组焊后一起加工，要求：____________________。(注 1)

(2) 搅拌器与轴的组件应进行静平衡或动平衡试验。(注 2)

(3) 设备试验合格、全部组装完毕后，按下列两种情况试运转：

① 搅拌轴为刚性轴　先进行空运转，时间不小于 30min；然后以水代料进行负荷运转。设备内充水至工作液位高度、充压至设计压力进行试运转，达到机械密封跑合时间，直到机械密封运转正常为止，时间不少于 4h。在试运转过程中，不得有不正常的噪声[≤85dB(A)]和振动等不良现象。

② 搅拌轴为挠性轴　严禁空载运转。先以设备容积 70% 的水进行试运转，时间不少于 2h，应无异常现象。然后设备内充水至工作液位高度、充压至设计压力进行负荷试运转，达到机械密封跑合时间，直到机械密封运转正常为止，时间不少于 4h。在试运转过程中，不得有不正常的噪声[≤85dB(A)]和振动等不良现象。

(4) 搅拌设备组装后，应在试运转中检验搅拌轴密封处的旋转精度，在轴端密封处测定轴的径向摆动量不得大于______ mm；轴的轴向窜动量不得大于______ mm；搅拌轴的下端摆动量不得大于______ mm。(注 3)

(5) 搅拌轴旋转方向应和图示相符合。

(6) 搅拌轴的密封要求：______。(注 4)

(7) 管口及支座方位按本图或见工艺管口方位图(图号见工艺选用表)确定。

注 1：凸缘的焊接与加工要求如下：

① 减速机机架和轴封底两凸缘的轴线同轴度公差不大于封头公称直径的 1‰。

② 凸缘上减速机机架结合面和轴封底座紧密面应与容器轴线垂直，其垂直度公差不大于凸缘外径的 1‰。

③ 减速机机架凸缘和轴封底座凸缘为分装式时，两凸缘的轴线同轴度公差为 0.3mm。

注 2：搅拌器与轴组件的静平衡和动平衡试验要求：

① 当搅拌机转速<100r/min、轴长<2.5m 时，可以不做组装后的静平衡试验。

② 当搅拌机转速≥150r/min、轴长≥3.6m 时，需做组装后的动平衡试验。

③ 对于柔性轴的组件均应做动平衡试验。

④ 许用不平衡力矩选用应按 HG/T 20569—2013 中 2.3.3 的规定。

注 3：轴封处的径向摆动量、轴向窜动量和轴下端摆动量的要求，应按 HG/T 20569—2013《机械搅拌设备》中 4.3.2.1 ~4.3.2.3 的规定。或参照以下要求填写：

① 上端轴封处径向摆动量：

a. 一般要求的设备　填料密封径向摆动量≤0.3mm；机械密封径向摆动量<0.5mm。

b. 对密封要求高的设备　采用填料密封时按表 4-10 选取；采用机械密封时按表 4-11 选取。

表 4-10　填料密封搅拌设备径向摆动量

操作压力/MPa	静止时径向摆动量(<1500r/min)/mm
0.34	<0.15
0.35～0.69	<0.12
0.7～1.37	<0.08
1.38～6.68	<0.06

表 4-11　机械密封搅拌设备径向摆动量

轴转速/(r/min)	1000	1500	2000	2500	3000
径向摆动量/mm	<0.1	<0.08	<0.05	<0.03	<0.025

② 轴向窜动量：±0.2mm。

③ 搅拌轴下端摆动量参考表 4-12 选取，表列数据为静态测量值；有底轴承时，不提此项要求。

表 4-12　搅拌设备下端摆动量

轴转速/(r/min)	下端摆动量/mm
<32	≤1.5
≥32	≤1.0
100～400	0.75

注 4：搅拌轴轴封处的密封要求，应按 HG/T 20569—2013《机械搅拌设备》中 4.3.2.3 的规定；或参照以下要求填写：

① 对于单端面机械密封，在设备水压试验时，要求密封处泄漏量：轴或轴套外径 D≤50mm 时，≤3mL/h；D>50mm 时，≤5mL/h。

② 对于双端面机械密封，端面密封以 PT(PT 为设备水压试验压力)进行压力试验，泄漏量要求同单端面机械密封。

③ 机械密封端面开有油槽时，要求在试运转条件下，密封端面的油槽不产生连续小气泡为合格。

5）球形储罐装配图技术要求

（1）一般要求

① 每块球壳板不得有拼接焊缝；沿壳板周边 100mm 范围内应按 NB/T 47013—2015 的规定进行超声检测，质量等级按 GB/T 12337—2014 中 4.2.6 的有关规定。

② 支柱上段与赤道板的组焊及人孔、接管与极板的组焊应在制造厂内进行，并应进行消除应力热处理。

③ 支柱的直线度公差为 L/1000，且不大于 10mm。支柱与底板的组焊应垂直，其垂直度公差为 2mm。

④ 球罐基础应进行安装前尺寸检查和沉降试验，其方法和要求应符合 GB/T 12337—2014 和 GB 50094—2010 中规定。

⑤ 由于安装需要在球壳上焊接吊耳、工卡具及垫板等，应进行焊后热处理，其要求按 GB 50094—2010 中规定。球壳上的垫板及附件均不得覆盖焊缝，且应离开球壳焊缝 150mm 以上。

⑥ 底板与基础以及拉杆与支柱的固定连接应在压力试验合格后进行。

⑦ 极板纵焊缝方位按本图。极板上管口、梯子、支柱方位按本图或工艺管口方位图，

图号见工艺选用表。

(2) 特殊要求

① 球壳板和受压元件采用进口或新材料(未制定出相应国家标准的新型材料)均需按HG/T 20581—2011《钢制化工容器材料选用规定》中“新材料的鉴定与使用”和“按国外标准生产的钢材使用”的规定，进行鉴定或确认。

② 对材料的化学成分、机械性能有要求时，需明确规定。

③ 球壳用钢板超声检测要求：

a. 按 GB/T 12337—2014 规定，符合下列条件的球壳用钢板，须逐张进行超声检测，检测方法和质量指标按 NB/T 47013—2015 中规定，热轧和正火状态供货的钢板质量等级应不低于 UT-Ⅲ级，调质状态供货的钢板质量等级应不低于 UT-Ⅱ级：

a)厚度>30mm 的 Q245R 和 Q345R 钢板；

b)厚度>25mm 的 15MnVR 和 15MnVNR 钢板；

c)厚度>20mm 的 16MnDR 和 09Mn2VDR 钢板；

d)调质状态供货的钢板；

e)上下极板和与支柱连接的赤道板。

b. 凡图样中规定按 GB/T 12337—2014 和附录 A 设计、制造与检验的钢制球形储罐，按③中规定的球壳板超声检测要求时，在图样技术要求中可以省略填写，但在钢板定货技术条件中须特别注明。

c. 超出上述标准规定有特殊要求的，须特别注明。

④ 钢材供货、使用状态要求：

a. 符合下列条件的钢板，要求正火状态供货、使用：

a)球壳用钢板：

- 厚度>30mm 的 Q245R、Q345R 钢板；
- 厚度>16mm 的 15MnVR 钢板；
- 任意厚度的 15MnVNR 钢板。

b)其他受压元件(法兰、平盖等)用厚度>50mm 的 Q245R、Q345R 钢板。

b. 设计温度≤-20℃时，低温球罐用钢材的供货、使用状态需符合下列要求：

a)钢板：按 GB/T 12337—2014 中表 4 的规定；

b)钢管：按 GB/T 12337—2014 中表 6 的规定；

c)锻件：按 GB/T 12337—2014 中表 8 的规定。

c. 螺柱使用状态，按 GB 12337—2014 中表 9 的规定。

⑤ 锻件要求：

锻件的化学组成及热处理后机械性能应符合 JB 4726～4728—2000《压力容器用钢锻件》中的要求。锻件的级别应按 HG/T 20581—2011 中 5.4 的规定，并参照下列要求确定：

a. 截面尺寸大于 300mm，或质量大于 300kg 的锻件，应不低于Ⅲ级；

b. 满足上述尺寸或质量的重要锻件，按Ⅵ级要求；

c. 人孔锻件的级别应不低于Ⅲ级。

⑥ 冲击试验要求：

a. 符合下列条件的球壳用钢板，须逐张进行夏比(V 型缺口)常温或低温冲击试验：

a) 调质状态供货的钢板；

b) 厚度大于 60mm 的钢板。

b. 符合下列条件的球壳用钢板，应每批取一张钢板进行夏比(V 型缺口)低温冲击试验，试验温度为球罐设计温度或按图样规定：

a) 设计温度低于 0℃时：

- 厚度大于 25mm 的 Q245R 钢板；
- 厚度大于 38mm 的 Q345R、15MnVR 和 15MnVNR 钢板。

b) 设计温度低于-10℃时：

- 厚度大于 12mm 的 Q245R 钢板；
- 厚度大于 38mm 的 Q345R、15MnVR 和 15MnVNR 钢板。

⑦ 氢处理：

符合下列条件之一的焊接接头，焊后须立即进行后热消氢处理，后热温度和时间按 GB/T 12337—2014 中的规定或参照相关焊接规程确定：

a. 厚度大于 32mm，且材料标准下限值 σ_b>540MPa 的球壳；

b. 厚度大于 38mm 的低合金钢球壳；

c. 嵌入式接管与球壳的对接焊接接头；

d. 焊接试验确定需消氢处理者。

⑧ 热处理：

符合下列情况之一的球罐，须要求在压力试验之前进行焊后整体热处理，并在数据表中注明：

a. 厚度>32mm(若焊前预热 100℃以上时，厚度>38mm)的碳钢和 07CrMoVR 钢制球壳；

b. 厚度>30mm(若焊前预热 100℃以上时，厚度>34mm)的 Q345R 钢制球壳；

c. 厚度>28mm(若焊前预热 100℃以上时，厚度>32mm)的 15MnVR 钢制球壳；

d. 任意厚度的其他低合金钢制球壳；

e. 图中注明有应力腐蚀的球罐，如盛装液化石油气、液氨等介质的球罐：

f. 图中注明盛装毒性为极度或高度危害物料的球罐；

g. 超出上述标准规定有特殊需要的球罐。

⑨ 无损检测：

a. 100%射线(RT)或超声(UT)检测：

按 GB/T 12337—2014 中规定，凡符合下列条件之一的对接接头，须进行 100%射线(RT)或超声(UT)检测，合格级别按 NB/T 47013—2015 中 RT-Ⅱ级或 UT-Ⅰ级，可标注在数据表中。

a) 符合 GB/T 12337—2014 中规定的下列球壳对接接头：

- 厚度大于 30mm 的碳素钢和 Q345R 钢制球罐；
- 厚度大于 25mm 的 15MnVR 和任意厚度的 15MnVNR 钢制球罐；
- 材料标准抗拉强度下限值 σ_b>540MPa 的钢制球罐；
- 进行气压试验的球罐；
- 图样注明盛装易燃和毒性为极度危害或高度危害物料的球罐。

b)除 a)中规定之外，允许做局部射线或超声检测的球罐，其下列特别部位的焊接接头，须进行 100%射线(RT)或超声(UT)检测，合格级别按 NB/T 47013—2015 中 RT-Ⅱ级或 UT-Ⅰ级，其检测长度可计入局部检测长度之内：

• 焊缝的交叉部位；

• 嵌入式接管与球壳的对接焊接接头；

• 以开孔中心为圆心，以 1.5 倍开孔直径为半径的圆内所包容的焊接接头；

• 公称直径不小于 250mm 的接管与长颈法兰、接管与接管对接连接的焊接接头；

• 凡被补强圈、支柱、垫板、内件等覆盖的焊接接头。

b. 对于 100%射线或超声检测的对接接头，如需要调换方法，采用超声或射线进行复查，以及复查的长度，应在文字条款中明确规定。

c. 局部射线(RT)或超声(UT)检测：

按 GB/T 12337—2014 中规定，除①中 a)规定之外的对接接头，允许做局部射线或超声检测，合格级别按 NB/T 47013—2015 中 RT-Ⅲ级或 UT-Ⅱ级，其检测长度不得少于焊接接头长度的 20%，且不少于 250mm。

d. 超出 GB/T 12337—2014 中规定的球壳对接接头射线或超声检测要求，须特别注明。

e. 磁粉(MT)或渗透(FT)检测：

a)符合 GB/T 12337—2014 中规定的下列焊接接头表面，须进行磁粉(MT)或渗透(PT)检测，合格级别按 NB/T 47013—2015 中 MT-Ⅰ级或 PT-Ⅰ级：

• 图样注明有应力腐蚀的球罐、材料标准抗拉强度下限值 σ_b>540MPa 的钢制球罐以及采用有延迟裂纹倾向的钢材制造的球罐的所有焊接接头表面；

• 嵌入式接管与球壳连接的对接接头表面；

• 焊补处的表面；

• 工卡具拆除处的焊迹表面和缺陷修磨处的表面；

• 支柱与球壳连接处的角焊缝表面；

• 凡进行 100%射线或超声检测的球罐上公称直径小于 250mm 的接管与长颈法兰、接管与接管对接连接的焊接接头表面。

b)超出上述标准规定有特殊需要的球壳上的焊接接头表面。

c)磁粉(MT)或渗透(FT)检测之前应打磨受检表面至露出金属光泽，并应使焊缝与母材平滑过渡。

f. 采用有延迟裂纹倾向的钢材制造的球罐，须在焊接结束至少经过 36h 后，方可进行焊接接头的无损检测。

第5章　过程设备常用零部件图样及结构选用

过程设备的零部件种类和规格较多，工艺要求不同，结构形状也各有差异，但总体可分为两类：一类是通用零部件，另一类是各种典型过程设备的常用零部件。为了便于设计、制造和检修，把这些零部件的结构形状统一成若干种规格，相互通用，称为通用零部件。符合标准规格的零部件称为标准件。

5.1　过程设备的标准化通用零部件

过程设备的零部件大都已经标准化，如筒体、封头、法兰、支座等，这些零部件都有相应的标准，并在各种过程设备上通用。如图5-1所示的压力容器，由筒体、封头、人孔、法兰、支座、液面计、补强圈等零部件组成。下面介绍几种常用的标准件。

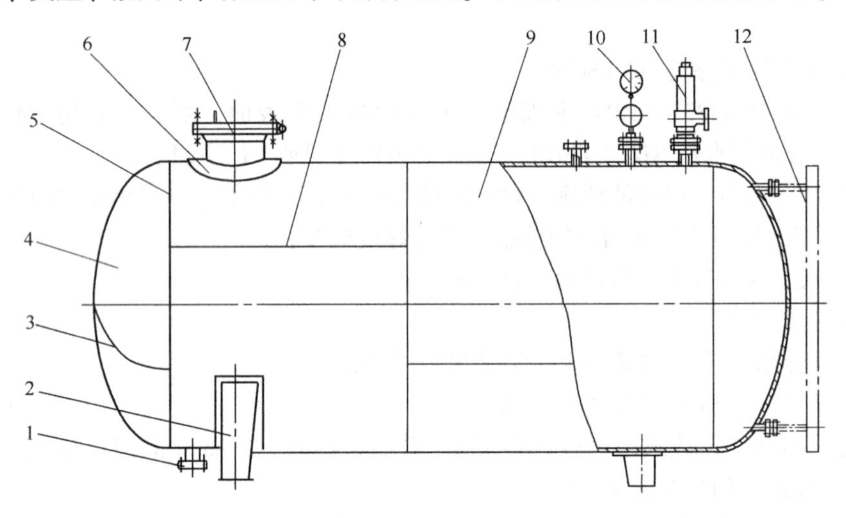

图5-1　压力容器的组成

1—法兰；2—支座；3—封头拼接焊缝；4—封头；5—环焊缝；6—补强圈；7—人孔；8—纵焊缝；9—筒体；10—压力表；11—安全阀；12—液面计

5.1.1　筒体

筒体是过程设备的主体部分，以圆柱形筒体应用最广。筒体一般由钢板卷焊而成，其大小由工艺要求确定。筒体的主要尺寸是公称直径、高度(或长度)和壁厚。当直径小于500mm时，可用无缝钢管作筒体。直径和高度(或长度)根据工艺要求确定，壁厚由强度计算决定，筒体直径应在GB/T 9019—2015《压力容器公称直径》所规定的尺寸系列中选取，见表5-1。

卷焊而成的筒体，其公称直径是指筒体的内径。采用无缝钢管作筒体时，其公称直径是指钢管的外径。

【标记示例 1】 圆筒内径 2800mm 的压力容器，标记为：

筒体 *DN*2800 GB/T 9019—2015

【标记示例 2】 公称直径为 250，外径为 273mm 的管子作筒体的压力容器，标记为：

筒体 *DN*250 GB/T 9019—2015

表 5-1 压力容器公称直径 mm

钢板卷焊(内径为基准)									
300	350	400	450	500	550	600	650	700	750
800	850	900	950	1000	1100	1200	1300	1400	1500
1600	1700	1800	1900	2000	2100	2200	2300	2400	2500
2600	2700	2800	2900	3000	3100	3200	3300	3400	3500
3600	3700	3800	3900	4000	4100	4200	4300	4400	4500
4600	4700	4800	4900	5000	5100	5200	5300	5400	5500
5600	5700	5800	5900	6000					

无缝钢管(外径为基准)					
150(168)	200(219)	250(273)	300(325)	350(356)	400(406)

5.1.2 封头

封头是过程设备的重要组成部分，它安装在筒体的两端，与筒体一起构成设备的壳体。封头与筒体的连接方式有两种：一种是封头与筒体焊接，形成不可拆卸的连接；另一种是封头与筒体上分别焊上法兰，用螺栓和螺母连接，形成可拆卸的连接，如图 5-2 所示。封头的型式多种多样，常见的有球形、椭圆形、碟形、锥形及平板形，如表 5-2 所示。封头的公称直径与筒体相同，因此图中封头的尺寸一般不单独标注。当筒体由钢板卷制时，封头的公称直径为内径；由无缝钢管作筒体时，封头的公称直径为外径。

封头标记按如下规定：

① ②×③(④) - ⑤⑥

其中：①——按表 5-2 规定的封头类型代号；

②——数字，为封头公称直径，mm；

③——封头名义厚度，mm；

④——设计图样上标注的封头最小成形厚度[注]，mm；

⑤——封头的材料牌号；

⑥——标准号：GB/T 25198—2010。

注：如设计图样未标注封头最小成形厚度，则④按如下规定标注：

(1)对于按规则设计的钢制封头及铝制封头，④标注为封头名义厚度减去板材厚度负偏差；

(2)对于按分析设计的钢制封头及钛、铜、镍及镍合金制封头，④标注为设计厚度。

【标记示例 1】 公称直径 1600、名义厚度 12mm、封头最小成形厚度 10.4mm、材质为 Q345R、以内径为基准的椭圆形封头，标记为：

EHA 1600×12(10.4)-Q345R GB/T 25198—2010

【标记示例 2】 公称直径 2400、名义厚度为 20mm、封头最小成形厚度 18.2mm、$R_i=1.0D_i$、$r=0.15D_i$、材质为 0Cr18Ni9 的碟形封头，标记为：

DHA　2400×20(18.2)-0Cr18Ni9　GB/T 25198—2010

表 5-2　封头的名称、断面形状、类型代号及型式参数关系表

名称		断面形状	类型代号	型式参数关系
椭圆形封头	以内径为基准	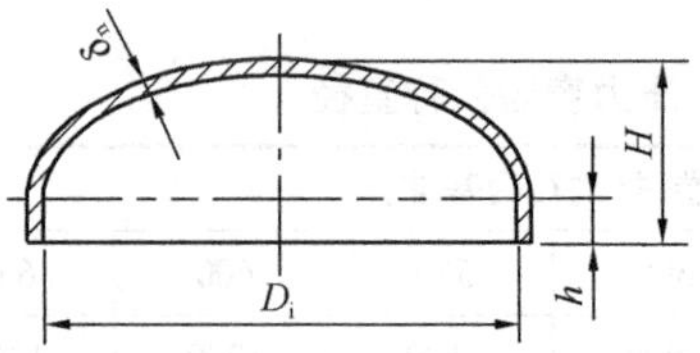	EHA	$\frac{D_i}{2(H-h)}=2$ $DN=D_i$
	以外径为基准	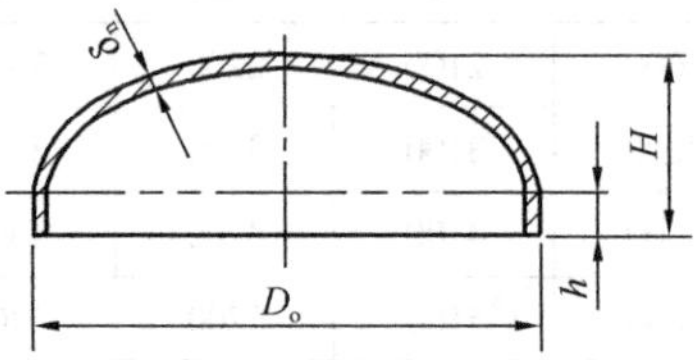	EHB	$\frac{D_o}{2(H-h)}=2$ $DN=D_o$
碟形封头		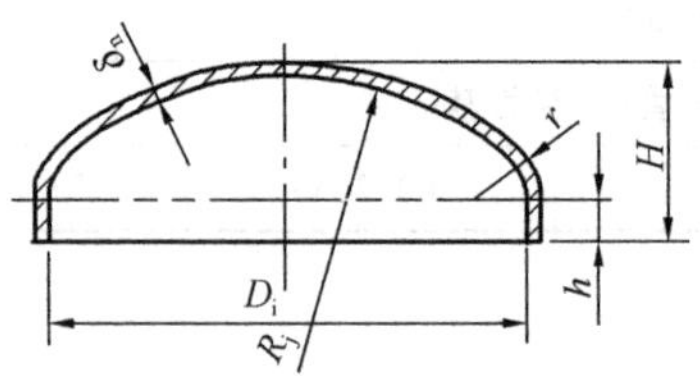	DHA	$R_i=1.0D_i$ $r=0.15D_i$ $DN=D_i$
			DHB	$R_i=1.0D_i$ $r=0.10D_i$ $DN=D_i$
折边锥形封头		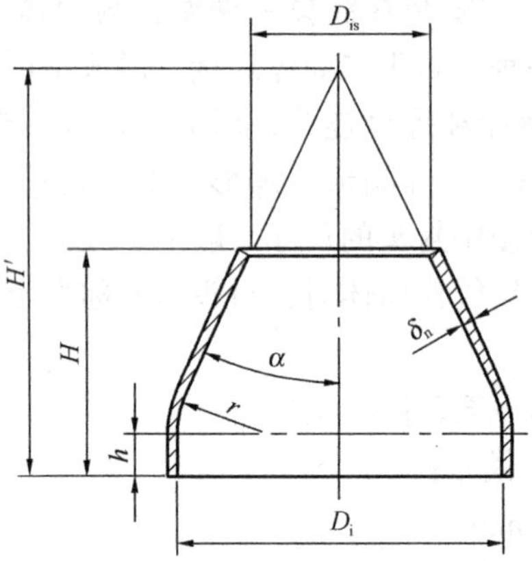	CHA	$r=0.15D_i$ $\alpha=30°$ $DN=D_i$
			CHB	$r=0.15D_i$ $\alpha=45°$ $DN=D_i$
折边锥形封头		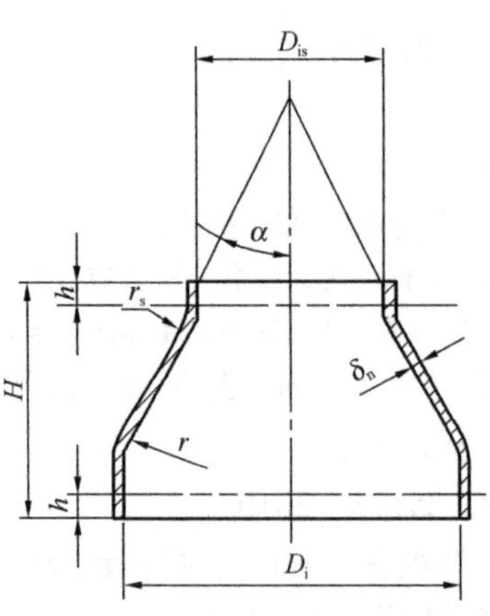	CHC	$r=0.15D_i$ $\alpha=60°$ $r_s=0.10D_{is}$ $DN=D_i$

续表

名　称	断面形状	类型代号	型式参数关系
球冠形封头		PSH	$R_i=1.0D_i$ $DN=D_o$

5.1.3 法兰

法兰是法兰连接中的一种主要零件。法兰连接是由一对法兰、密封垫片和螺栓、螺母、垫圈等零件组成的一种可拆卸连接，如图5-2所示。

过程设备用的标准法兰有两类：管法兰和压力容器法兰(又称设备法兰)。标准法兰的主要参数是公称直径、公称压力和密封面型式，管法兰的公称直径为所连接管子的外径，压力容器法兰的公称直径为所连接筒体(或封头)的内径。

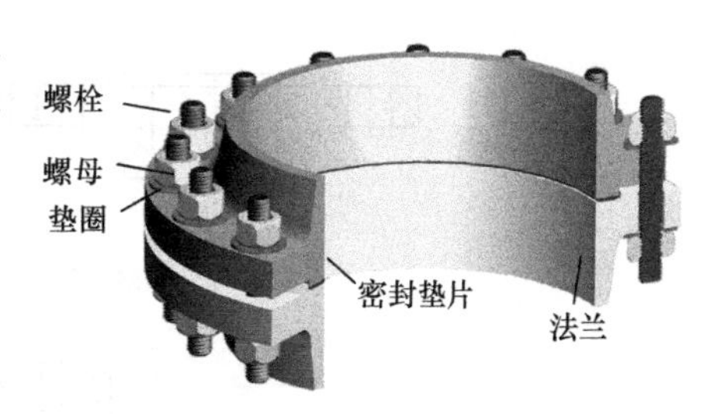

图5-2　法兰连接结构

1. 管法兰

管法兰主要用于管道之间或设备上的接管与管道之间的连接。根据法兰与管子的连接方式管法兰分为七种类型：平焊法兰、对焊法兰、插焊法兰、螺纹法兰、活动法兰、整体法兰和法兰盖等，如图5-3所示。管法兰的密封面型式则分为平面、突面、凹凸面、榫槽面和环连接面五种，如图5-4所示。突面和平面型的密封面上制有若干圈三角形小沟(俗称水线)，以增加密封效果；凹凸型的密封面由一凸面和一凹面配对，凹面内放置垫片，密封效果比平面型好；榫槽面型的密封面由一榫形面和一

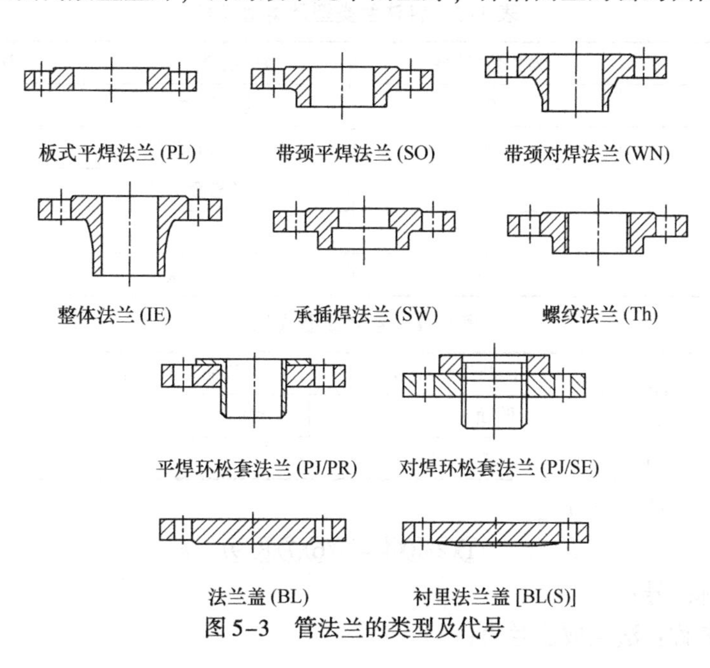

图5-3　管法兰的类型及代号

槽形面配对，垫片放置在榫槽中，密封效果最好。管法兰的规格和尺寸系列可参见 HG/T 20592—2009。该标准适用的钢管外径包括 A、B 两个系列，A 系列为国际通用系列(俗称英制管)，B 系列为国内沿用系列(俗称公制管)。

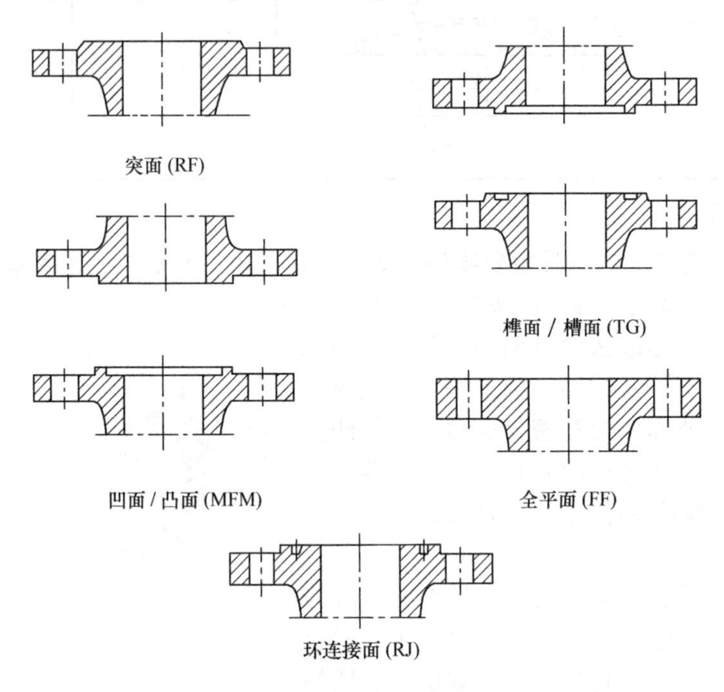

图 5-4　管法兰的密封面型式

采用化工部标准的管法兰按以下方法标记，各类管法兰的标准均标注 HG /T 20592，管法兰类型代号、密封面型式代号分别见表 5-3 和表 5-4。

表 5-3　管法兰类型及类型代号

法 兰 类 型	法兰类型代号	法 兰 类 型	法兰类型代号
板式平焊法兰	PL	螺纹法兰	Th
带颈平焊法兰	SO	对焊环松套法兰	PJ/SE
带颈对焊法兰	WN	平焊环松套法兰	PJ/PR
整体法兰	IF	法兰盖	BL
承插焊法兰	SW	衬里法兰盖	BL(S)

表 5-4　密封面型式代号

密封面型式	突面密封	凹凸面密封(MFM)		榫槽面密封(TG)		平面密封	环连接面
		凹面	凸面	榫面	槽面		
代号	RF	FM	M	T	G	FF	RJ

管法兰的标记按如下规定：

①②③④-⑤⑥⑦⑧⑨

其中：①——标准号；

②——名称：法兰或法兰盖；

③——法兰类型代号，查表5-3，螺纹法兰采用按GB/T 7306规定的锥管螺纹时，标记为“Th(Rc)”或“Th(Rp)”，螺纹法兰采用按GB/T 12716规定的锥管螺纹时，标记为“Th(NPT)”；

④——法兰公称直径*DN*与适用钢管系列，对于整体法兰、法兰盖、衬里法兰盖、螺纹法兰，适用钢管外径系列的标记可省略；适用于A标准系列钢管的法兰，适用钢管外径系列的标记可省略；适用于B标准系列钢管的法兰，标记为“*DN*×××(B)，mm；

⑤——公称压力等级*PN*，MPa；

⑥——密封面型式代号，查表5-4；

⑦——应由用户提供的钢管壁厚；

⑧——法兰材料牌号，对于带颈对焊法兰、对焊环(松套法兰)应标注钢管壁厚；

⑨——其他与标准不一致的要求。

【标记示例1】 公称直径1200mm、公称压力0.25MPa、材料为20钢、配用公制管的突面板式平焊管法兰，标记为：

HG/T 20592　法兰　PL1200(B)-0.25　RF　20

【标记示例2】 公称直径100mm、公称压力10.0MPa、材料为16Mn、采用凹面带颈对焊钢制管法兰，钢管壁厚为8mm，标记为：

HG/T 20592　法兰　WN100-10.0 FM S=8mm　16Mn

【标记示例3】 公称直径400mm、公称压力1.6MPa的突面衬里钢制管法兰盖，材料为衬里321、法兰盖体20钢，标记为：

HG/T 20592　法兰盖　BL(S)400-1.6　RF　20/321

2. 压力容器法兰

压力容器法兰用于设备筒体与封头的连接，分为甲型平焊法兰、乙型平焊法兰和长颈对焊法兰三种，如图5-5所示。压力容器法兰密封面的型式有平面、凹凸面和榫槽面三种，如图5-6所示。法兰的规格和尺寸系列可参见NB/T 47020～47027—2012《压力容器法兰》。

容器法兰按以下方法标记。若法兰的厚度与总高度采用标准值时，这两项可省略不予标注；如果需要修改法兰的厚度与总高度，则均应在法兰的标注中加以标记。

容器法兰类型分为一般法兰和衬环法兰(满足法兰的防腐要求)，一般法兰的法兰类型代号为“法兰”，衬环法兰的代号为“法兰 C”。法兰密封面的型式代号见表5-5。

表5-5　法兰密封面的型式代号

密封面的型式		代号
平密封面	密封面上不开水线	PI
	密封面上开两条同心圆水线	PⅡ
	密封面上开同心圆或螺旋线的密纹水线	PⅢ
凹凸密封面	凹密封面	A
	凸密封面	T
榫槽密封面	榫密封面	S
	槽密封面	C

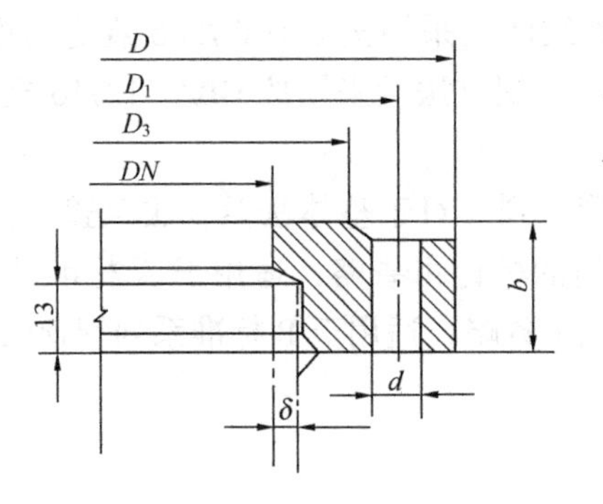

(a) 甲型平焊法兰NB/T 47021—2012

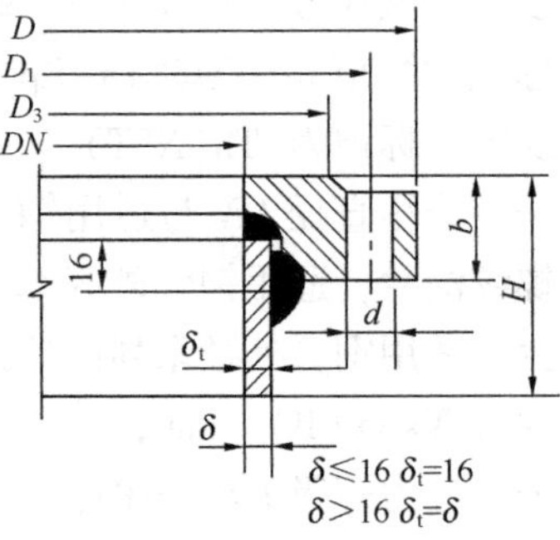

(b) 乙型平焊法兰NB/T 47022—2012

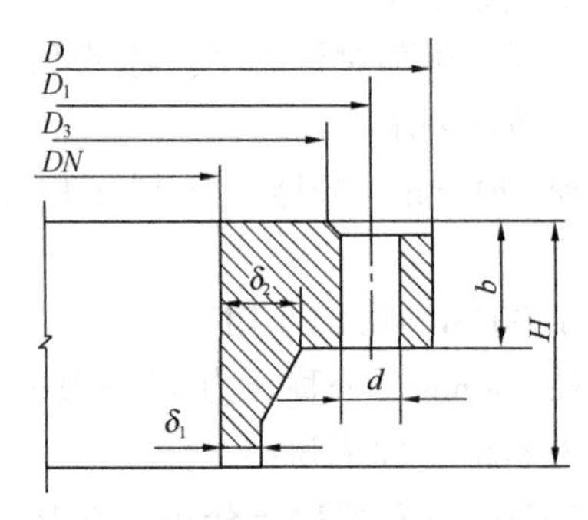

(c) 长颈对焊法兰NB/T 47023—2012

图 5-5　压力容器法兰的结构

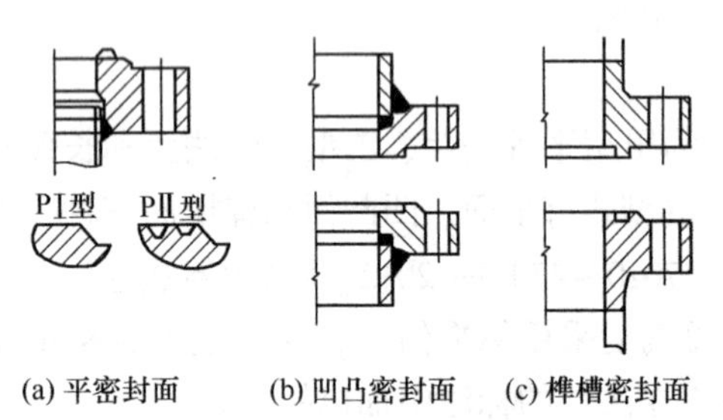

(a) 平密封面　(b) 凹凸密封面　(c) 榫槽密封面

图 5-6　压力容器法兰的密封面型式

压力容器法兰的标记按如下规定：

①-②③-④/⑤-⑥⑦

其中：①——法兰名称及代号；

②——密封面型式代号；

③——公称直径 DN，mm；

④——公称压力 PN，MPa；

⑤——法兰厚度，mm；

⑥——法兰总高度，mm；

⑦——标准编号。

当法兰厚度及法兰总高度采用标准值时，⑤-⑥标记可省略。

【标记示例 1】 公称压力 1.6MPa、公称直径 800mm 的衬环榫槽面密封面乙型平焊法兰的榫面法兰，标记为：

法兰 C-T　800-1.6　NB/T 47022—2012

【标记示例 2】 公称压力 2.5MPa、公称直径 1000mm 的 PI 型平面密封面长颈对焊法兰，其中法兰厚度改为 78mm，法兰总高度仍为 155mm，标记为：

法兰-PI　1000-2.5/78-155　NB/T 47023—2012

5.1.4　手孔与人孔

容器需定期进行内部整理或检查时应设置专门的供出入或观察用的手孔和人孔。人孔和手孔宜优先按照 HG/T 21514～21535《钢制人孔和手孔》和 HG 21594～21602《不锈钢人手孔》的规定选用。小直径立式容器的人孔、手孔宜设置于顶盖上，大直径立式容器的人孔、手孔宜设置于筒体上。手孔和人孔的结构基本相同，如图 5-7 所示，在容器上接一短筒节，并盖上一盲板构成。手孔直径大小应考虑使工人戴上手套，并握有工具的手能顺利通过，标准中有 *DN*150 与 *DN*250 两种。当设备公称直径大于等于 1000mm 时，应开设人孔。人孔的形状有圆形和椭圆形两种，圆形孔制造方便，应用较为广泛；椭圆形人孔制造较困难，但对壳体强度削弱较小。人孔的开孔尺寸尽量要小，以减少密封面和减小对壳体强度的削弱。人孔的开孔位置和大小应以工作人员进出设备方便为原则。人孔和手孔标准及适用范围可参见本书附表 6。

人(手)孔的标记按以下方法：若短管高度采用标准值时，可省略不予标注；如果需要修改高度，则应在法兰的标注中加以标记。

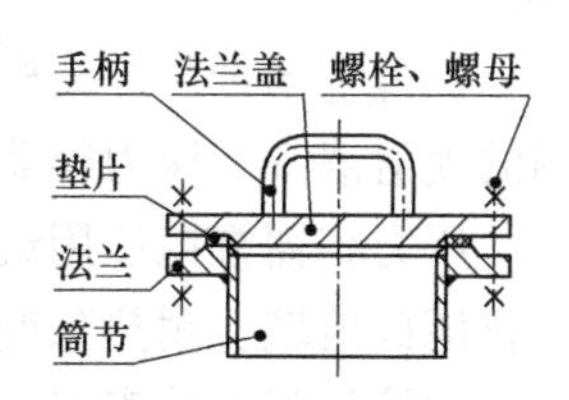

图 5-7　人孔的基本结构

①②③④(⑤)⑥　⑦-⑧⑨⑩⑪

其中：①——名称，人孔或手孔。

②——密封面代号，按表 5-4 填写，一个标准中仅有一种密封面者，不填写。

③——材料类别代号，按人孔和手孔标准明细表中规定的材料类别代号填写，明细栏中仅一类材料，无材料类别代号时不填。常用的人孔材料类别代号见表 5-6。

④——紧固螺栓(柱)代号，8.8 级六角头螺栓填写“b”，35CrMoA 全螺纹螺柱填写“t”；采用其他性能等级或材料牌号，可按 HG/T 20613—2009 中表 10.0.2-1～2 中的标志代号替代。

⑤——垫片(圈)代号，按 HG/T 21514—2014 附录 B 表 B.0.1 中垫片(圈)代号栏内容填写。

⑥——非快开回转盖人孔和手孔盖轴耳型式代号，按回转盖人孔和手孔标准中规定，填“A”或“B”，其他人孔和手孔本项不填写。

⑦——公称直径(mm)，仅填写数字。

⑧——公称压力(MPa)，仅填写数字，对常压人孔和手孔本项不填写。

⑨——非标准高度 H_1(mm)，应填写“H_1=×××”，当 H_1 尺寸采用各人孔和手孔标准中规定的数值时，本项不填写。

⑩——非标准厚度 *s*(mm)，应填写“*s*=×××”，当 H_1 尺寸采用各人孔和手孔标准中规定的数值时，本项不填写。

⑪——标准编号，应完整填写标准顺序号，即 HG/T 21515～21535—2014。

表 5-6　人(手)孔材料代号

零件名称	材料类别及代号										
	Ⅰ	Ⅱ	Ⅲ	Ⅳ	Ⅴ	Ⅵ	Ⅶ	Ⅷ	Ⅸ	Ⅹ	Ⅺ
筒节	Q235-B	Q245R	Q345R	15CrMoR	16MnDR	09MnNiDR	S30403	S30403	S32168	S31603	S31608
	20 钢管			15CrMo 钢管	Q345E 钢管	09MnNiD 钢管	S30403 钢管	S30403 钢管	S32168 钢管	S31603 钢管	S31608 钢管

【标记示例 1】 公称直径 $DN450$、$H_1=160$、Ⅰ类材料、采用石棉橡胶板垫片的常压人孔，标记为：

人孔 Ⅰ b （A-XB350） 450 HG/T 21515—2014

【标记示例 2】 $H_1=190$(非标准尺寸)的示例 1 人孔，标记为：

人孔 Ⅰ b （A-XB350） 450 $H_1=190$ HG/T 21515—2014

5.1.5 视镜

视镜主要用来观察设备内部的操作工况，其基本结构是供观察用的视镜玻璃被夹在特别设计的接缘和压紧环之间，并用双头螺栓紧固，使之连接在一起构成视镜装置，如图 5-8 所示。

视镜包括带射灯结构和不带射灯结构；根据需要可以选配冲洗装置，用于视镜玻璃内测的喷射清洗。压力容器视镜的规格及系列见表 5-7。

压力容器视镜适用最高压力为 2.5MPa、温度为 0～250℃的场合。视镜玻璃的材质为钢化硼硅玻璃，耐热急变温度为 230℃。视镜的标准为 NB/T 47017—2011。

视镜材料为碳素钢或低合金钢用代号Ⅰ表示，不锈钢用代号Ⅱ表示。射灯代号有三种：SB—非防爆型，SF_1—防爆型(EExdIICT3)，SF_2—防爆型(EExdIICT4)。

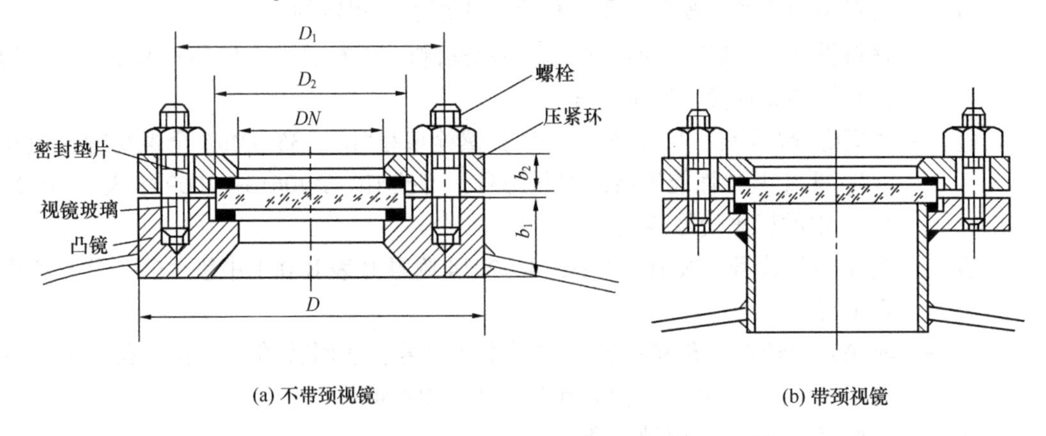

(a) 不带颈视镜　　(b) 带颈视镜

图 5-8 视镜的基本结构

表 5-7 压力容器视镜的规格及系列

<table>
<tr><th rowspan="2">公称直径
DN/mm</th><th colspan="4">公称压力 PN/MPa</th><th rowspan="2">射灯组合形式</th><th rowspan="2">冲洗装置</th></tr>
<tr><th>0.6</th><th>1.0</th><th>1.6</th><th>2.5</th></tr>
<tr><td>50</td><td rowspan="3">—</td><td>√</td><td>√</td><td>√</td><td rowspan="2">不带射灯结构
非防爆型射灯结构</td><td rowspan="3">不带冲洗装置</td></tr>
<tr><td>80</td><td>√</td><td>√</td><td>√</td></tr>
<tr><td>100</td><td>√</td><td>√</td><td>√</td><td>不带射灯结构</td></tr>
<tr><td>125</td><td>√</td><td>√</td><td>√</td><td rowspan="3">—</td><td rowspan="3">防爆型射灯结构</td><td rowspan="3">带冲洗装置</td></tr>
<tr><td>150</td><td>√</td><td>√</td><td>√</td></tr>
<tr><td>200</td><td>√</td><td>√</td><td></td></tr>
</table>

视镜的标记按如下规定：

$$PN①DN②③-④-⑤$$

其中：①——公称压力 *PN*，MPa；

②——公称直径 *DN*，mm；

③——视镜材料代号，Ⅰ、Ⅱ；

④——射灯代号；

⑤——冲洗代号，W 表示带冲洗装置。

【标记示例 1】 公称压力 2.5MPa、公称直径 50mm、材料为不锈钢 S30408、不带射灯、带冲洗装置的标准视镜，标记为：

视镜 *PN*2.5 *DN*50 Ⅱ-W

【标记示例 2】 公称压力 1.6MPa、公称直径 80mm、材料为不锈钢 S30403、带防爆型射灯组合、不带冲洗装置的视镜，标记为：

视镜 *PN*1.6 *DN*80 Ⅱ-SB

并在备注栏处注明材料为 S30403。

5.1.6 液面计

液面计是用来观察设备内部液面位置的装置。液面计结构有多种型式，其中部分已经标准化，现有标准中，分为玻璃板式液面计、玻璃管式液面计（HG 21588～21592—1995）、磁性液位计（HG/T 21584—1995）和用于低温设备的防霜液面计（HG/T 21550—1993）。液面计与设备的连接形式见图 5-9。

法兰连接处的密封面型式为：A—平面型，B—凹凸型；主体零部件用材料类别为：Ⅰ—碳钢，Ⅱ—不锈钢，它决定着液面计的最大工作压力；结构型式为：D—不保温型，W—保温型。

【标记示例】 碳钢制保温型具有凹凸密封面、公称压力 1.6MPa、长度为 1000mm 的玻璃板液面计，标记为：

液面计 B Ⅰ W *PN*2.5，*L*=1000 HG 21588—1995

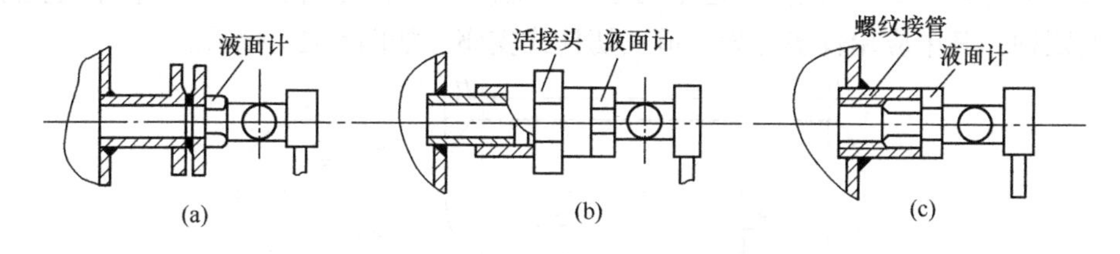

图 5-9 液面计与设备的连接

5.1.7 补强圈

补强圈用来弥补设备壳体因开孔过大而造成的强度损失。补强圈结构如图 5-10 所示，其形状应与被补强部分相符，使之与设备壳体密切贴合，焊接后能与壳体同时受力。补强圈上有一小螺纹孔，焊后通入压缩空气，以检查焊接缝的气密性。补强圈厚度随设备厚度不同而异，由设计者决定，一般要求补强圈的厚度和材料均与设备壳体相同。按照补强圈焊接接头结构的要求，补强圈坡口型式有 A～E 五种，设计者也可根据结构要求自行设计坡口型式。补强

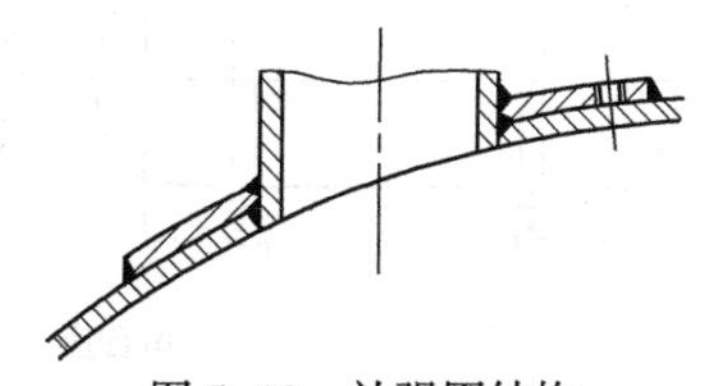

图 5-10 补强圈结构

圈的标准为 JB/T 4736—2002。

【标记示例】 接口公称直径 100mm、厚度 8mm、坡口型式为 B 型的补强圈，标记为：

补强圈 *DN*100×8-B JB/T 4736—2002

5.1.8 支座

支座用于支承设备的重量和固定设备的位置。支座分为立式设备支座、卧式设备支座和球形容器支座三大类。每类又按支座的结构形状、安放位置、载荷情况而有多种型式，如立式设备有耳式支座、支承式支座和支脚，如图 5-11 所示，其中应用较多的为耳式支座。

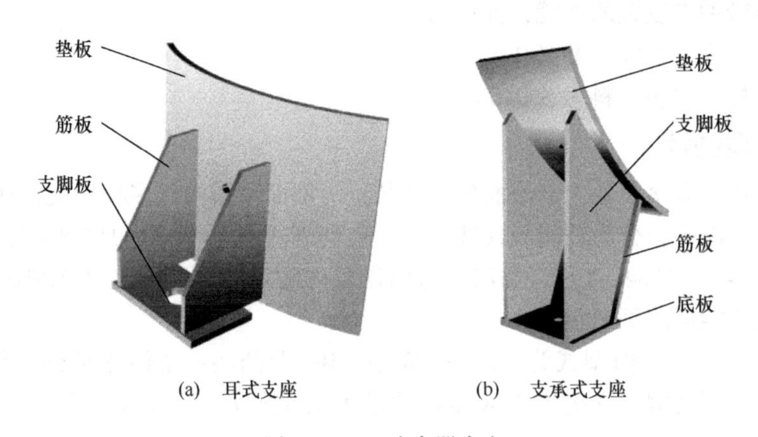

图 5-11 立式容器支座

卧式设备有鞍式支座、圈式支座和支脚三种，如图 5-12 所示，其中应用较多的为鞍式支座。

球形容器有柱式支座(包括赤道正切型、V 型、三柱型)、裙式支座、半埋式支座、高架式支座四种，其中应用较多的为赤道正切柱式支座，如图 5-13 所示。

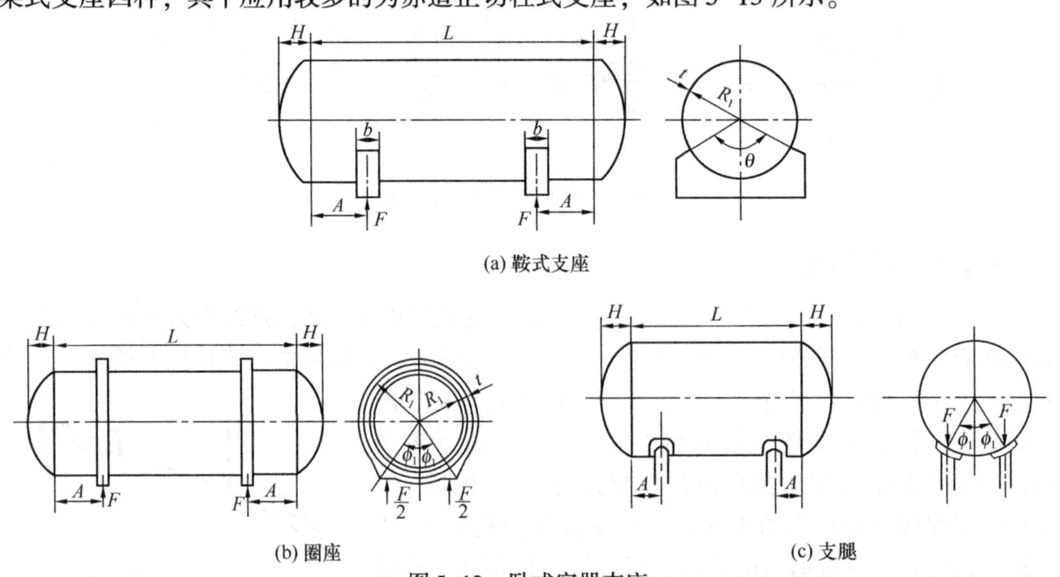

图 5-12 卧式容器支座

下面介绍两种典型的标准化支座：耳式支座和鞍式支座。

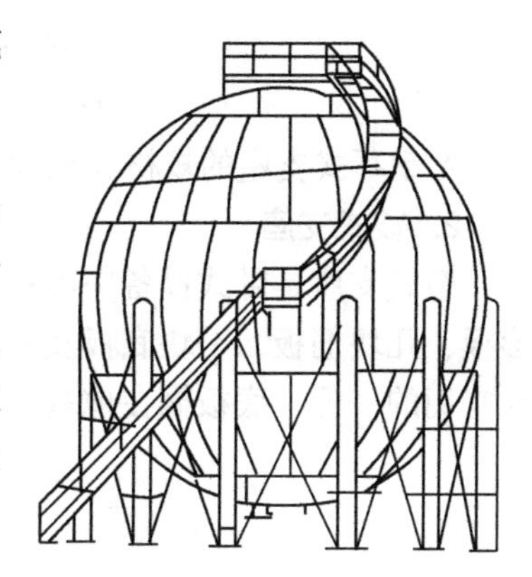

图 5-13　赤道正切式球形容器支座

1. 耳式支座

耳式支座广泛用于立式设备。它的结构是由两块筋板、一块支脚板焊接而成，如图 5-11 所示，在筋板与筒体之间加一垫板以改善支承的局部应力情况，支脚板搁在楼板或钢梁等基础上，支脚板上有螺栓孔用螺栓固定设备。在设备周围一般均匀分布四个耳式支座，安装后使设备成悬挂状。小型设备也可用三个或两个支座。

耳式支座的标记方法如下：

NB/T 47065. 3—2018，耳式支座 ① ②-③

其中：①——耳式支座的型号：A、B、C；

②——支座号：1～8；

③——材料代号：Ⅰ、Ⅱ、Ⅲ。

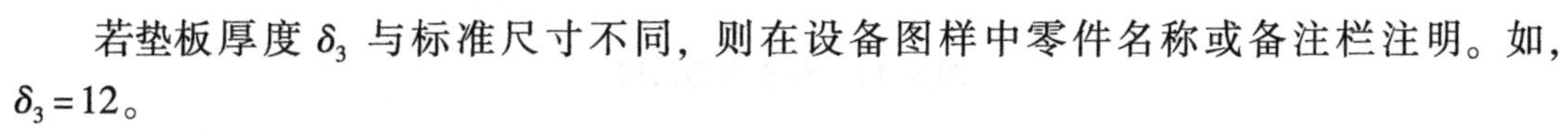

若垫板厚度 δ_3 与标准尺寸不同，则在设备图样中零件名称或备注栏注明。如，$\delta_3=12$。

支座及垫板的材料在设备图样的材料栏内标注，表示方法如下：支座材料/垫板材料。

耳式支座有 A 型、B 型、C 型三种结构。支座号表示支座本体允许的荷载及适用设备的公称直径。耳式支座的型式特征见表 5-8，材料代号见表 5-9。

表 5-8　耳式支座的型式特征

型式		支座号	垫板	盖板	适用公称直径 *DN*/mm
短臂	A	1～5	有	无	300～2600
		6～8		有	1500～4000
长臂	B	1～5	有	无	300～2600
		6～8		有	1500～4000
加长臂	C	1～3	有	无	300～1400
		4～8		有	1000～4000

表 5-9　材料代号

材料代号	Ⅰ	Ⅱ	Ⅲ
支座的筋板和底板材料	Q235B	S30408	15CrMoR
允许使用温度/℃	-20～200	-100～200	-20～300

【标记示例 1】　A 型带垫板、3 号耳式支座，支座材料为 Q235B，垫板材料为 Q245R，标记为：

NB/T 47065. 3—2018，耳座 A3-Ⅰ

材料：Q235B/Q245R

【标记示例 2】　B 型带垫板、3 号耳式支座，支座材料为 Q235B，垫板材料为 S30408，垫板厚 12mm，标记为：

NB/T 47065.3—2018，耳座 B3-Ⅱ，$\delta_3=12$

材料：Q235B/S30408

A 型耳式支座的规格和尺寸系列可参见附表 5。

2. 鞍式支座

鞍式支座是卧式设备中应用最广的一种支座。其具体结构如图 5-14 所示，由一块鞍形板、几块筋板、一块底板及一块竖板组成。支承板焊于鞍形板和底板之间，竖板被焊接在它们的一侧，底板搁在地基上，并用地脚螺栓加以固定。

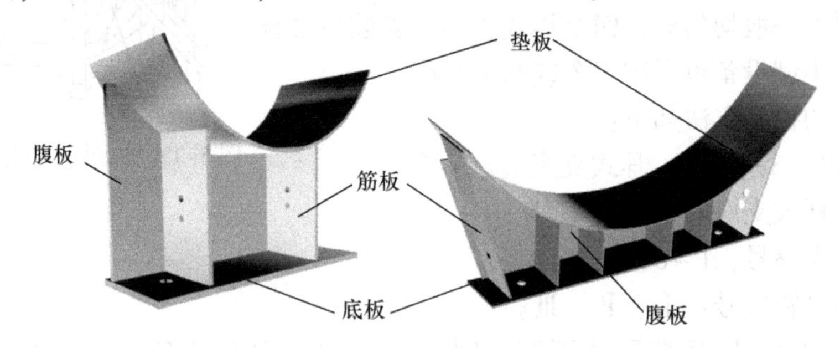

图 5-14　鞍式支座结构

卧式设备一般用两个鞍式支座支承，当设备过长，超过两个支座允许的支承范围时，应增加支座数目。

鞍式支座分为 A 型(轻型)和 B 型(重型，按包角、制作方式及附带垫板情况分五种型号，其代号为 BⅠ~BⅤ)两种，每种类型又分为固定式(代号为 F)和活动式(代号为 S)。固定式与活动式的主要区别在底板的螺栓孔，固定式为圆孔，活动式为长圆孔，其目的是在容器因温差膨胀或收缩时，可以滑动调节两支座间距，而不致使容器受附加应力作用，F 型和 S 型常配对使用。*DN*1000~2000mm，120°包角轻型带垫板鞍式支座的规格和尺寸系列可参见本书附表 4。

鞍式支座的标记方法如下：

NB/T 47065.1—2018　鞍式支座① ②-③

其中：①——鞍式支座的型号：A、BⅠ、BⅡ、BⅢ、BⅣ、BⅤ；

②——公称直径；

③——固定鞍座 F，活动鞍座 S。

注 1：若鞍座高度 h，垫板宽度 b_4，垫板厚度 δ_4，底板滑动长孔长度 l 与标准尺寸不同，则应在设备图样中零件名称或备注栏注明。例如：$h=450$，$b_4=200$，$\delta_4=12$，$l=30$。

注 2：鞍座材料在设备图样的材料栏内填写，表示方法为：支座材料/垫板材料。无垫板时只注支座材料。

【标记示例 1】 公称直径 325mm、120°包角、重型不带垫板的标准尺寸的弯矩固定鞍式支座，鞍座材料为 Q235A；标记为：

NB/T 47065.1—2018　鞍式支座 BⅤ　325-F

材料栏内注：Q345R

【标记示例 2】 公称直径 1600mm、150°包角、重型活动式鞍座，鞍座材料为 Q235B，垫板材料为 S30408，鞍座高度为 400mm，垫板厚 12mm，滑动长孔长度为 60mm，标记为：

NB/T 47065.1—2018　鞍式支座　BⅡ　1600-S，$h=400$，$\delta_4=12$，$l=60$

材料栏内注：Q235B/S30408

5.2　典型过程设备的常用零部件

在过程设备中，除前面介绍的通用零件外，还有一些在反应釜、换热器和塔设备中常用的零部件。

1. 反应釜中常用零部件

反应釜是化学工业中典型设备之一，它用来供物料间进行化学反应。如图5-15所示，搅拌反应釜通常由以下几部分组成：

(1)罐体部分　为物料提供反应空间，由筒体和上下封头组成。

(2) 传热装置　用以提供化学反应所需的热量或带走化学反应生成的热量，其结构通常有夹套和蛇管两种。

(3) 搅拌装置　为使参与化学反应的各种物料混合均匀，加速反应进行，需要在容器内设置搅拌装置，搅拌装置由搅拌轴和搅拌器组成。

(4) 传动装置　用来带动搅拌装置，由电机和减速器(带联轴器)组成。

(5) 轴封装置　由于搅拌轴是旋转件，而反应釜容器的封头是静止的，在搅拌轴伸出封头处必须进行密封，以阻止罐内介质泄漏，常用的轴密封有填料箱密封和机械密封两种。

(6) 其他结构　各种接管、人孔、支座等附件。

下面介绍反应釜中两种常用零部件——搅拌器和轴封装置。

1) 搅拌器

搅拌器用于提高传热、传质及增加化学反应速率。常用的有桨式、涡轮式、推进式、框式与锚式、螺带式等搅拌器。搅拌器大部分已经标准化，搅拌器系列标准为HG/T 3796.1～3796.12。搅拌器主要性能参数有搅拌装置直径和轴径。

【标记示例】　搅拌装置直径600mm、轴径40mm的桨式搅拌器，标记为：

搅拌器 600-40，HG/T 3796.3—2005

2) 轴封装置

密封装置按密封面间有无相对运动，分为静密封和动密封两大类。搅拌反应釜上法兰面之间是相对静止的，它们之间的密封属于静密封。静止的反应釜顶盖(上封头)和旋转的搅拌轴之间存在相对运动，它们之间的密封属于动密封。为了防止介质从转动轴与封头之间的间隙泄漏而设置的动密封

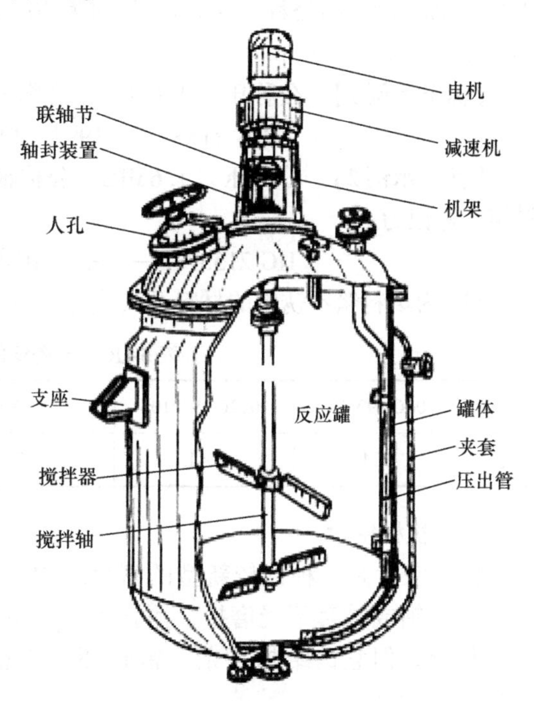

图5-15　搅拌反应釜

装置，简称为轴封装置。

反应釜中使用的轴封装置主要有填料密封和机械密封两种。

（1）填料箱密封

填料箱密封的结构简单，制造、安装、检修均较方便，因此应用较为普遍。填料箱密封的种类很多，例如有带衬套的、带油环的和带冷却水夹套的等多种结构。填料箱密封的典型结构如图5-16所示。

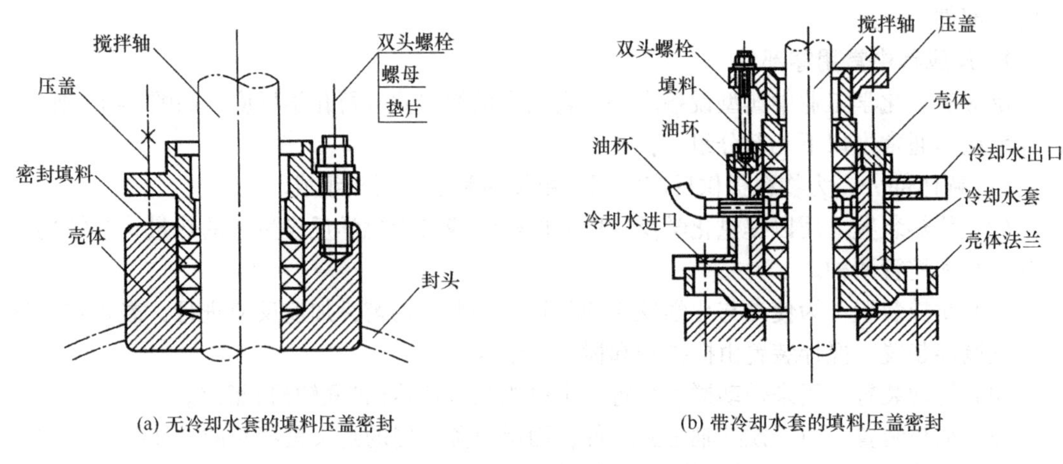

(a) 无冷却水套的填料压盖密封　　(b) 带冷却水套的填料压盖密封

图5-16　填料箱密封典型结构

标准填料箱的主体材料有碳钢和不锈钢两种，填料箱的主要性能参数有压力等级(0.6MPa和1.6MPa两种)和公称轴径(*DN*系列为30、40、50、60、70、80、90、100、110、120、130、140和160等)。

【标记示例1】 公称压力1.6MPa、公称轴径50mm的碳钢填料箱，标记为：

HG 21537.7—1992　填料箱　*PN*1.6，*DN*50

【标记示例2】 公称压力1.6MPa、公称轴径80mm、材料为06Cr18Ni11Ti的不锈钢填料箱，标记为：

HG 21537.8—1992　填料箱　*PN*1.6，*DN*80/321

321为填料箱不锈钢的材料及其代号，按表5-10的规定。

表5-10　不锈钢的材料及其代号

材料	06Cr19Ni10	022Cr19Ni10	06Cr18Ni11Ti	06Cr17Ni12Mo2	022Cr17Ni12Mo2
代号	304	304L	321	316	316L

（2）机械密封

机械密封是一种比较新型的密封结构。因具有泄漏量少、使用寿命长、摩擦功率损耗小、轴或轴套不受磨损、耐振性能好等特点，常用于高低温、易燃易爆及有毒介质的场合。但它的结构复杂，密封环加工精度及安装技术要求高，装拆不方便且成本高。

机械密封的基本结构型式如图5-17所示。机械密封一般有四个密封处：A处是静环座与设备间的密封，属静密封，通常采用凹凸密封面加垫片的方法处理；B处是静环与静环座间的密封，属静密封，通常采用各种形状的弹性密封圈来防止泄漏；C 处是动环与静环的密封，是机械密封的关键部位，为动密封，动静环接触面靠弹簧给予一合适的压紧力，使这两个磨合端面紧密贴合，达到密封效果，这样可以将原来极易泄漏的轴向密封，改变为不易泄漏的端面密封；D 处是动环与轴(或轴套)的密封，为静密封，常用的密封元件是 O 形环。机械密封的详细尺寸及结构参见 HG 21571—1995《搅拌传动装置-机械密封》。

为适应不同条件的需要，机械密封有多种结构型式，但其主要元件和工作原理基本相同。机械密封的主要性能参数有压力等级(0.6MPa 和 1.6MPa)、介质情况(一般介质和易燃、易爆、有毒介质)、介质温度(≤80℃和>80℃)及公称轴径(*DN* 系列为 30、40、50、60、70、80、90、100、110、120、130、140 和 160 等)。

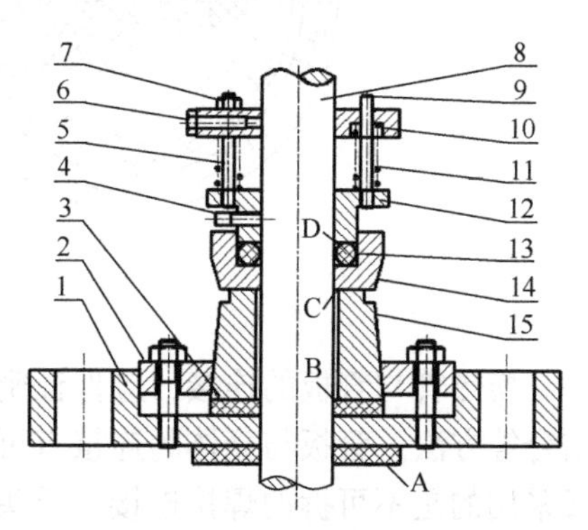

图 5-17 机械密封基本结构

1—静环座；2—静环压板；3—垫圈；4—固定螺钉；5—双头螺钉；6—固螺钉；7—弹簧；8—搅拌轴；9—固定柱；10—紧圈；11—弹簧；12—弹簧压板；13—密封圈；14—动环；15—静环

2. 换热器中常用零部件

换热器是石油化工生产中重要的设备之一，它用来完成各种不同的换热过程。按照传热方式不同，换热器可分为混合换热器、蓄热换热器和间壁式换热器三类。间壁式换热器中的管壳式换热器因具有承受高温高压、易于制造、生产成本低和清洗方便等优点被广泛使用。管壳式换热器有固定管板式、浮头式、填料函式、U 形管式等多种形式，它们主要由管箱、壳体、管板、管束、折流板、拉杆和定距管等零件组成。图 5-18 为固定管板式换热器结构图。

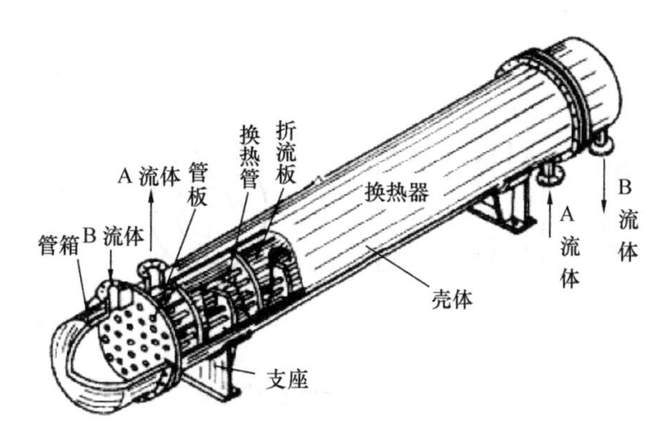

图 5-18 固定管板式换热器

下面对管壳式换热器中的管板、折流板以及膨胀节作一简单介绍。

1）管板

管板是管壳式换热器的主要零件，绝大多数管板是圆形平板，如图 5-19 所示，板上开很多管孔，每个孔固定连接着换热管，管的周边与壳体的管箱相连。板上管孔的排列形式有正三角形、转角三角形、正方形、转角正方形四种。

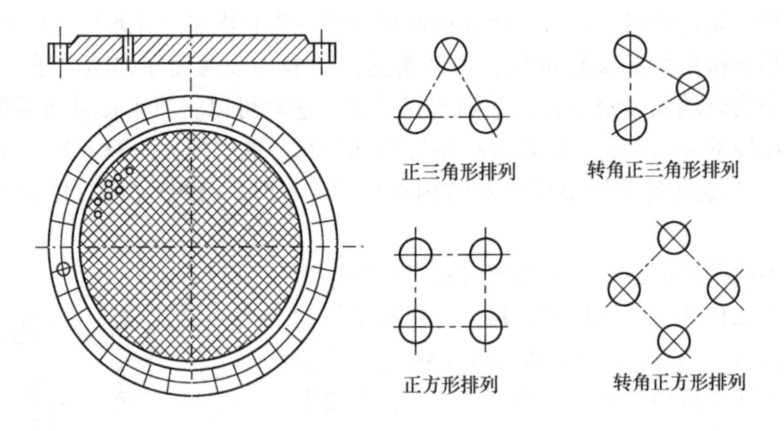

图 5-19　管板结构

换热管与管板的连接，应保证密封性能和足够的紧固强度，常采用胀接、焊接或胀焊结合等方法。管板与壳体的连接有可拆式和不可拆式两类。例如，固定管板式换热器的管板采用的是不可拆的焊接连接，浮头式、填函式、U 形管式换热器的管板采用的是可拆连接。另外，管板上有多个螺纹孔，是拉杆的旋入孔。

2）折流板

折流板设置在壳程，它既可以提高传热效果，还起到支撑管束的作用。折流板有弓形和圆盘-圆环形两类，其结构如图 5-20 所示。

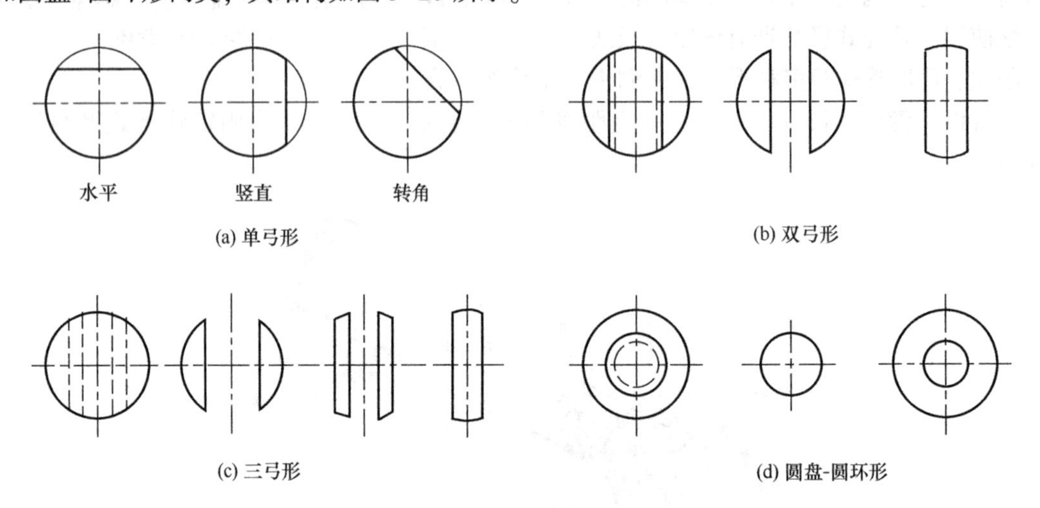

图 5-20　折流板结构

3）膨胀节

膨胀节是装在固定管板式换热器壳体上的挠性部件，以补偿由于温差引起的变形。最常用的为波形膨胀节。波形膨胀节分为立式(L 型)和卧式(W 型)两类，若带内衬套又分别有 LⅠ和 WⅠ型。对于卧式波形膨胀节又有带堵丝(A 型)和不带堵丝(B 型)之分，堵丝用于排除残余介质，如图 5-21 所示。波形膨胀节的主要性能参数有公称压力、公称直径和结构型式等，波形膨胀节的结构参照 GB 16749—2018《压力容器波形膨胀节》。

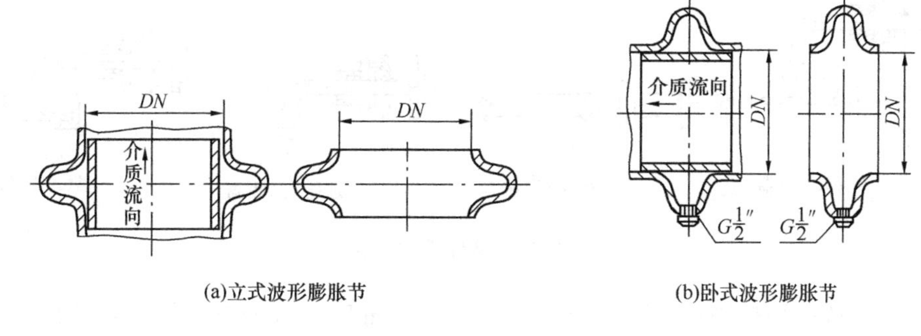

(a)立式波形膨胀节　　(b)卧式波形膨胀节

图 5-21　波形膨胀节

3. 塔设备中常用零部件

化工生产过程中常见的塔设备很多，有用于反应过程的裂解塔、合成塔、硫化塔等，也有用于分离过程的精馏塔、吸收塔、萃取塔和洗涤塔，还有干燥塔、喷淋塔、造粒塔等。其中，干燥塔、喷淋塔、造粒塔、洗涤塔等，塔内基本上没有代表性的通用零部件，其结构类似于立式容器；用于反应过程的塔设备，一般都需要根据工艺要求特殊设计，从而使用于不同物料的反应过程的塔设备会具有不同的结构，属于专用塔设备。而板式塔和填料塔，以及用于萃取过程的转盘塔、脉冲筛板塔则为通用塔设备，可广泛用于不同物系的分离过程。

这里重点介绍填料塔和板式塔具有代表性的基本结构及常用零部件。

1）填料塔

填料塔具有结构简单、传质性能良好、造价低廉、检修方便等优点。它通常由塔体、封头、容器法兰、裙座、填料层、填料支撑板、液体分布器、液体再分布器、卸料口(即手孔)、除雾器等零部件组成，如图 5-22 所示。

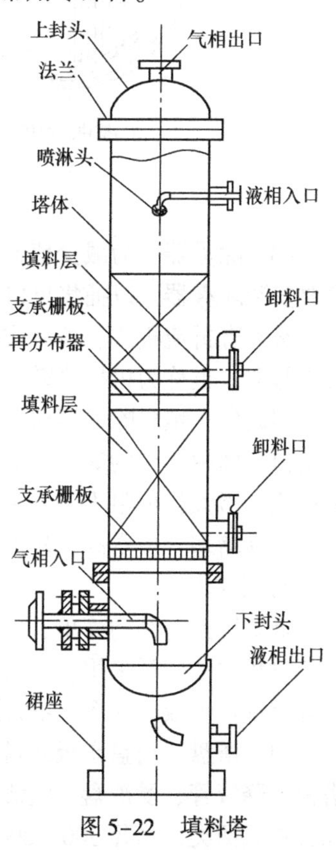

图 5-22　填料塔

(1) 液体分布器(喷淋装置)　进入填料塔的液体，都是通过液体喷淋装置均匀分散在填料层表面的，液体能否均匀分布在填料层表面，对操作起着非常重要的作用。常见的液体喷淋装置有管式喷淋器、多孔式喷淋器、莲蓬式喷淋器和盘式喷淋器，如图 5-23 所示。

(2) 填料支承板　填料塔的支承板不仅要满足支承塔内填料重力的要求，同时还兼有改善气体分布、保证气液两相顺利流通的功能。常用的填料支承板有栅板、十字网格板和升气管式支承板等几种。其中以栅板型支承板使用最多，当塔径较大时为强化栅板的支承能力可采用十字网格板，为减少气液相通过栅板的阻力，可采用升气管式支承板。但无论采用何种支承板，都必须保证支承板的平面空隙率大于填料层的平面空隙率(空隙面积与塔截面积之比)。栅板是结构最简单、最常用的填料支承装置，有分块式和整块式两种，如图 5-24 所示。当栅板直径小于

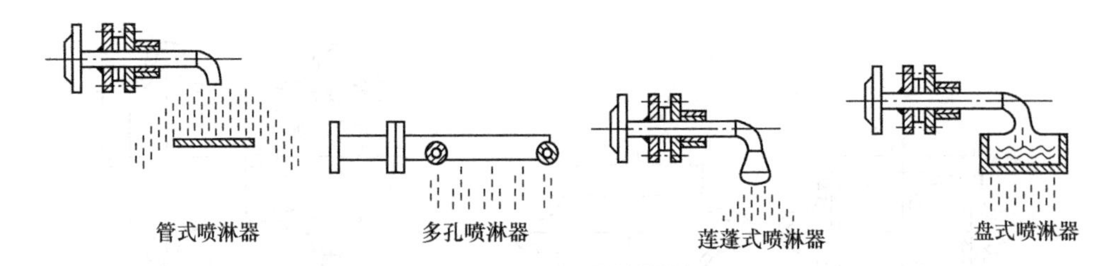

图 5-23　液体喷淋装置

500mm 时，一般使用整块式；当直径为 900 ~ 1200mm 时，可分成三块，直径再大可分成宽 300 ~ 400mm 的更多块，以便装拆及进出人孔 。

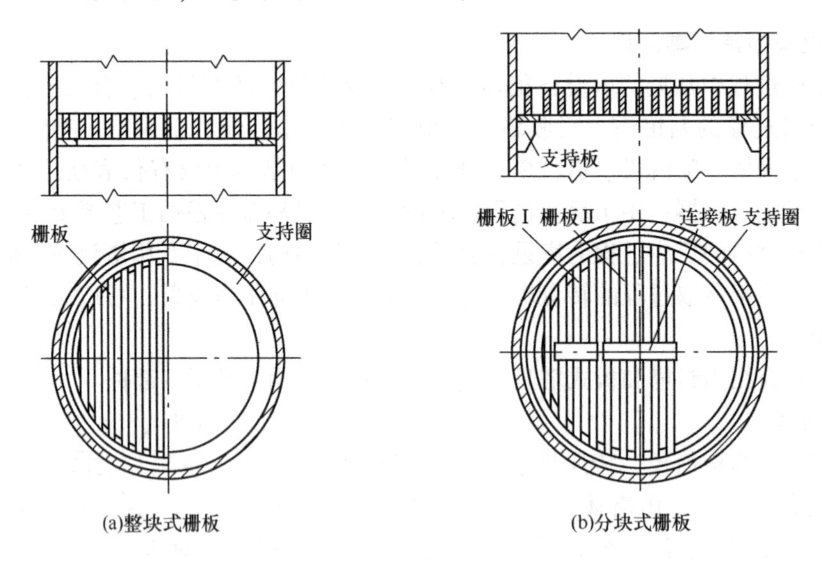

图 5-24　栅板

（3）除雾器　为减少填料塔出口气体中所夹带的液相量，在填料塔气体出口管的下方需要安装除雾器，以捕集出口气体中夹带的微小雾沫，所以除雾器也被称为捕沫器。常见的除雾器有折流板式、填料式和丝网式除雾器三类。其常见结构如图 5-25 所示。折流板式除雾器，也称为机械除雾器，它结构简单、制作容易、阻力小、效力高且不易堵塞，所以使用较广。填料除雾器即在出口气体离开填料塔之前，通过一层规格较小的填料，以捕集出口气体中夹带的雾沫，填料层厚度一般为 200 ~ 300mm。填料除雾器的捕集能力比机械式除雾器大，但阻力和占用的空间也大。丝网除雾器分离效率高、阻力小且占用空间小，但易堵塞、成本高。丝网材料一般为不锈钢丝和聚乙烯丝。

2）板式塔

板式塔具有结构简单、传质性能良好、设备性能稳定可靠、检修方便的优点，在化工生产过程中被广泛采用。板式塔通常由塔体、封头、容器法兰、塔盘、人孔、除雾器、裙座等零部件组成，如图 5-26 所示。

（1）塔盘　塔盘是板式塔的主要部件之一，它是实现传热、传质的部件。塔盘通常由塔板、降液管、受液盘、溢流堰、支承件与密封装置等几部分组成。塔盘一般分为整块式和分块式两类，塔径 300 ~ 800mm 采用整块式塔盘，如图 5-27、图 5-28 所示，若干块塔盘组装在一起整体放入预制好的、带法兰的筒体内，再通过法兰连接方式将封头与筒体组装成塔体；塔径≥800mm 则采用分块式塔盘组装结构，如图 5-29 所示，分块式塔盘板结构如图 5-30 所示。采用组装塔盘的板式塔的筒体通常采用焊接方式组成塔体，安装好塔体后，再通过人孔进入塔内逐块安装塔盘。

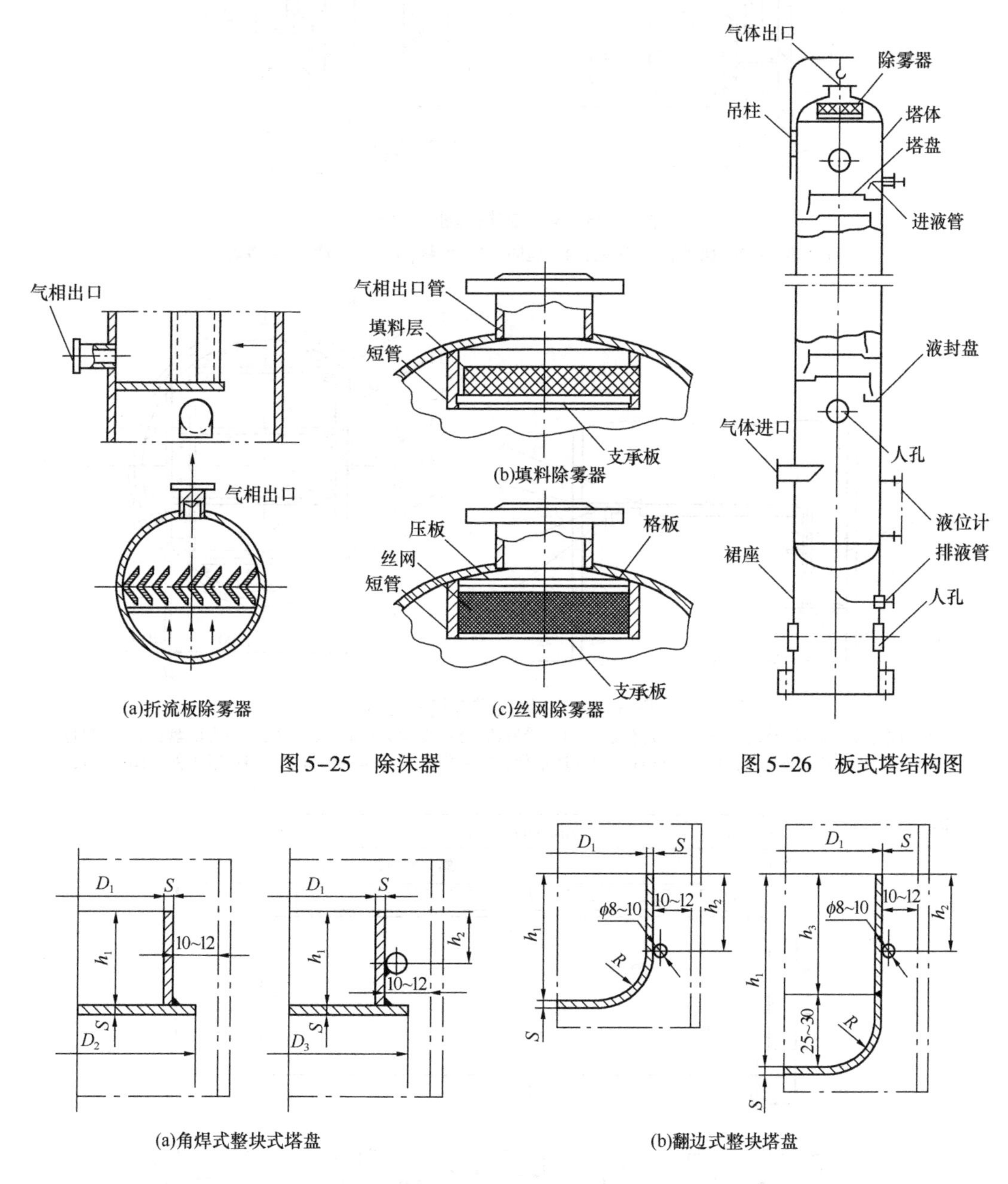

图 5-25　除沫器

图 5-26　板式塔结构图

图 5-27　整块式塔盘结构

（2）浮阀与泡帽　浮阀和泡帽是浮阀塔和泡帽塔的主要传质零件。浮阀有圆盘形和条形两种。圆浮阀已标准化，其结构如图 5-31 所示。泡帽有圆泡帽和条形泡帽两种。圆泡帽已标准化，其结构如图 5-32 所示。

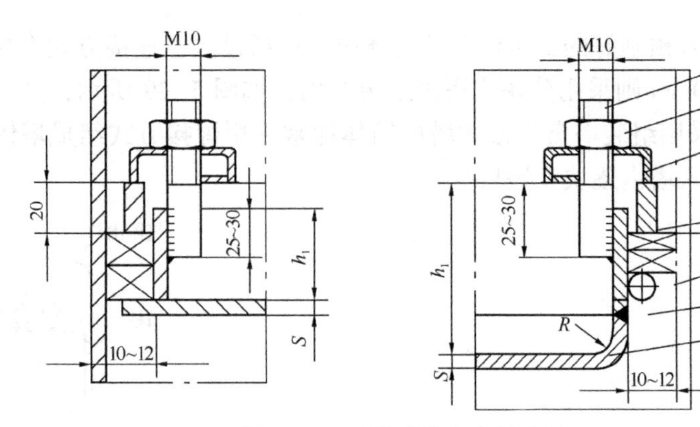

图 5-28　整块式塔盘密封结构

1—螺栓；2—螺母；3—压板；4—压圈；5—填料；6—圆钢圈；7—塔盘

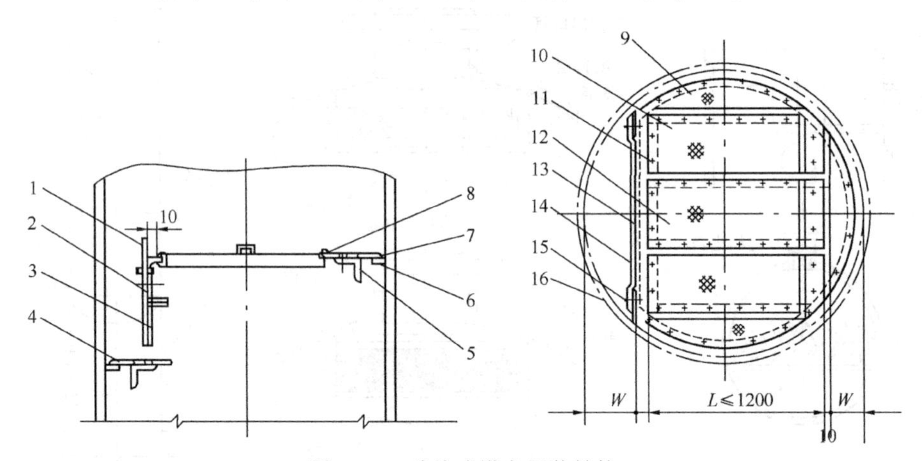

图 5-29　分块式塔盘组装结构

1—出口堰；2—上段降液板；3—下段降液板；4—受液盘；5—支承梁；6—支承圈；7—受液盘；8—入口堰；9—塔盘边板；10—塔盘板；11—紧固件；12—通道板；13—降液板；14—出口堰；15—紧固件；16—连接件

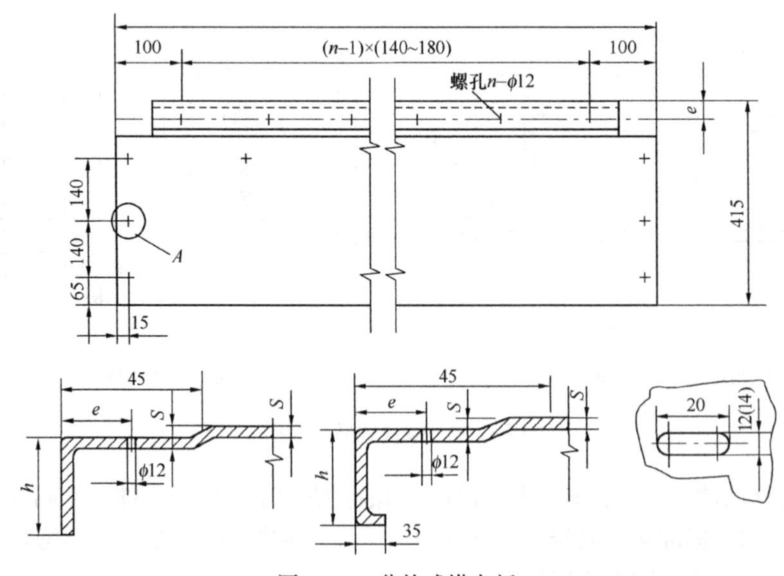

图 5-30　分块式塔盘板

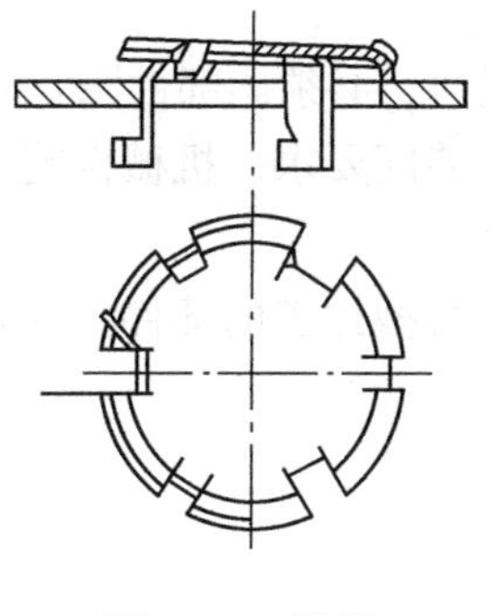

图 5-31　浮阀

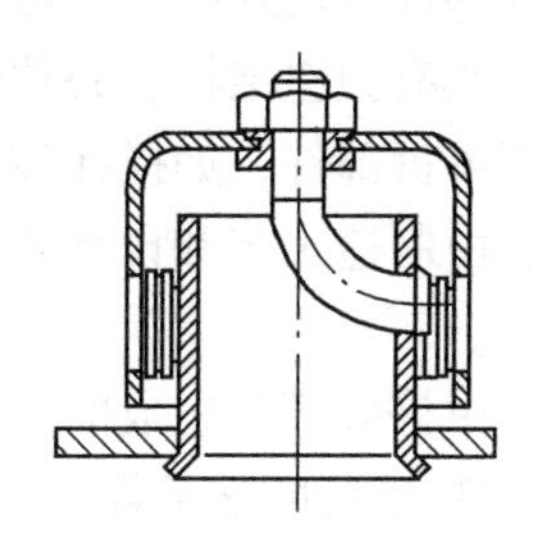

图 5-32　泡帽

（3）裙座　裙座是支承塔设备重力，并将塔设备固定在塔基础上的重要部件。常见裙座有圆柱形和圆锥形，因圆柱形裙座制作方便、成本低，在塔设备的支承设计中应用极为广泛。当圆柱形裙座无法满足细高塔地脚螺栓的配置要求时，可采用圆锥形裙座。裙座由裙座筒体、基础环、螺栓座、人孔、引出管通道和排气口、排液孔以及地脚螺栓等组成，如图 5-33 所示。

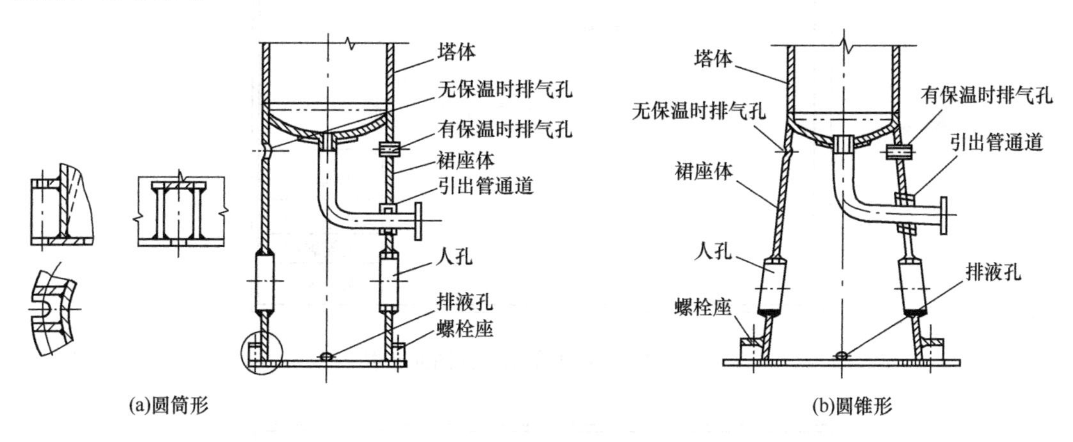

图 5-33　裙座

5.3　过程设备零部件图的绘制

过程设备的零部件图，是加工制造的依据。

1. 绘制零件图的原则

一般情况下，过程设备中的每一个零件，均应单独绘制图样，但符合下列情况的可不单独绘制零件图：

（1）属于国家标准、行业标准的标准零部件及外购件；

（2）结构简单、尺寸和形状及其他资料已在装配图上和部件图上表示清楚，又不需要机加工的铆焊件、胶合件等。

（3）结构和尺寸均符合标准的连接件，仅材料与标准不同时，仍可不画零件图，但必须在明细栏中注明规格和材料，并在备注栏内注明“尺寸按×××标准”字样。

2. 绘制部件图的原则

标准部件以及外购件，可不绘制部件图。但遇下述情况时，必须画部件图：

（1）具有独立结构，必须绘制部件图才能清楚地表达其装配要求、机械性能和用途的可拆或不可拆部件，如搅拌传动装置、联轴器、人(手)孔等。

（2）由制造工艺和设计要求所决定的必须组合后才进行机械加工的部件，如带短节的设备法兰。

（3）由许多部分组成的复杂的壳体部件。

3. 过程设备的零部件图的绘制

1）图面安排

过程设备的零部件图图面通常包含以下内容：一组视图及尺寸、标题栏、明细栏、技术要求等，它们在图幅中的位置安排格式如图 5-34、图 5-35 所示。

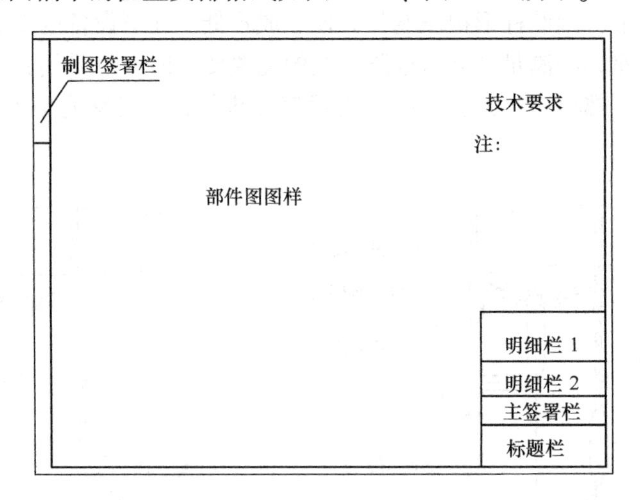

图 5-34　过程设备部件图图面布置

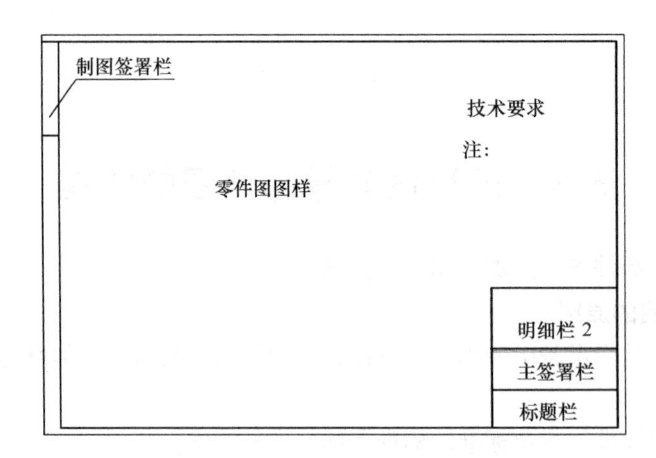

图 5-35　过程设备零件图图面布置

2）明细栏、标题栏的填写

零部件图的右下角有标题栏，用于说明设备名称、图样名称。同一张图纸上有多张部件图或零件图时，只要在右下角的图样上画一个标题栏，其余零部件图上不再画标题栏。

（1）标题栏的内容、格式及尺寸、字体大小及填写方法参见第 4 章 4.3.4 及图 4-21、图 4-22。

（2）明细栏 1 的内容、格式及尺寸、字体大小及填写方法参见第 4 章 4.3.4 及图 4-23、图 4-24。

（3）明细栏 2 的内容、格式及尺寸、字体大小如图 5-36、图 5-37 所示。

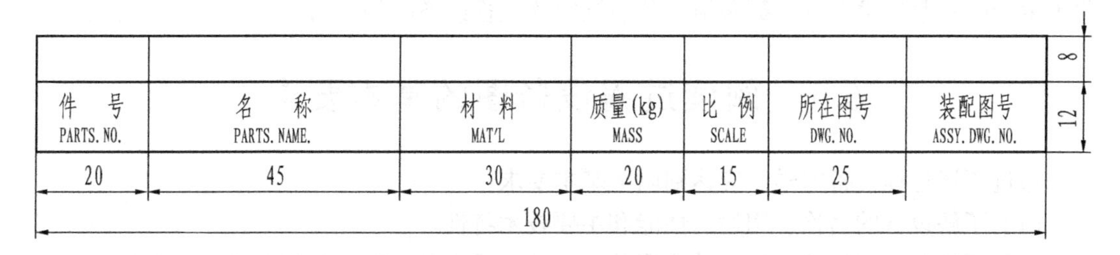

图 5-36　明细栏 2 格式及尺寸

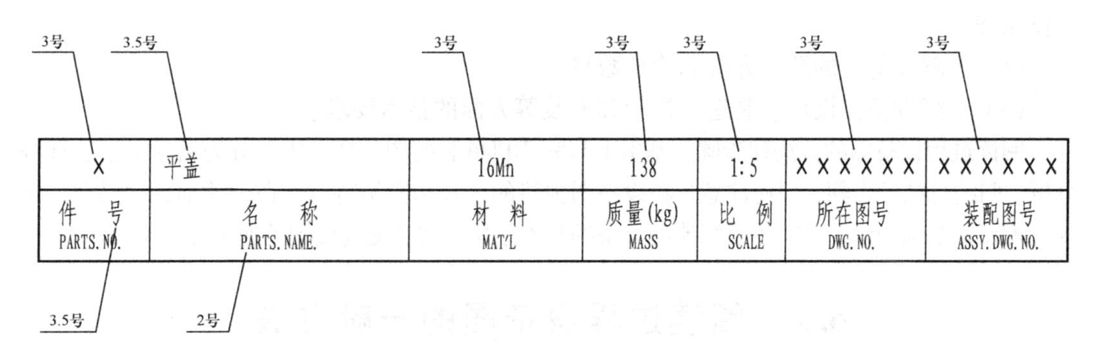

图 5-37　明细栏 2 内容及字体大小

明细栏 2 的填写方法：

① 件号、名称、材料、质量栏中的填写内容均与总图、装配图或部件图的明细栏 1 中的相同。

② 当直属零件和部件中的零件或不同部件中的零件用同一零件图样时，件号栏内应分行填写清楚各个零件的件号。

③ 比例栏：填写零件或部件主要视图的比例，不按比例的图样，应用斜细实线表示。

④ 所在图号：填写该图样所在图纸的图号。

⑤ 装配图号：填写该零部件所属装配图号。

典型过程设备的零件图及部件图可以参见图 6-2、图 6-3 和图 6-4。

第6章　阅读过程设备图一般方法

过程设备图是化工生产中设备设计、制造、安装、使用和维修的重要技术文件，从事化工生产的专业技术人员，都必须具备熟练阅读过程设备图的能力。

6.1　阅读过程设备图的基本要求

通过阅读过程设备图样，应达到以下基本要求：

(1) 了解设备的名称、用途、性能和主要技术特性。

(2) 了解各零部件的材料、结构形状、尺寸以及零部件间的装配关系、装拆顺序。

(3) 根据设备中各零部件的主要形状、结构和作用，进而了解整个设备的结构特征和工作原理。

(4) 了解设备上的开口方位和管口数量。

(5) 了解设备在设计、制造、检验和安装等方面的技术要求。

阅读过程设备图的方法和步骤，基本上与阅读机械装配图一样，仍可分为概括了解、详细分析、归纳总结等步骤，但应注意过程设备图独特的内容和图示特点。在阅读前，如具有一定的过程设备基础知识，并初步了解典型设备的基本结构，将会提高读图的速度和效率。

6.2　阅读过程设备图的一般方法

1. 概括了解

(1) 看标题栏，了解设备的名称、规格、材料、重量、绘图比例、图纸张数等内容。

(2) 粗看视图，了解表达设备所采用的视图数量和表达方法，找出各视图、剖视图的位置和各自的表达重点。

(3) 看明细栏，概括了解设备中各零部件和接管的名称和数量，以及哪些绘制了零部件图，哪些是标准件和外购件。

(4) 看设备的管口表、设计数据表及技术要求，概括了解设备的压力、温度、物料、焊缝探伤要求、设备类别及设备在设计、制造、检验等方面的其他技术要求。

2. 详细分析

(1) 视图分析　了解设备图上共有多少个视图，哪些是基本视图，各视图采用了哪些表达方法，并分析各视图之间的关系和作用，等等。

(2) 零部件分析　以主视图为中心，结合其他视图，将某一零部件从视图中分离出来，并通过序号和明细栏联系起来进行分析。零部件分析的内容包括：

① 结构分析，搞清该零部件的型式和结构特征，想象出其形状；

② 尺寸分析，包括规格尺寸、定位尺寸及注出的定形尺寸和各种代(符)号；

③ 功能分析，搞清它在设备中所起的作用；

④ 装配关系分析，即它在设备上的位置及与主体或其他零部件的连接装配关系。

对标准化零部件，还可根据其标准号和规格查阅相应的标准进行进一步的分析。

对组合件，可以从部件图中了解相应内容。

分析接管时，应根据管口符号把主视图和其他视图结合起来，分别找出其轴向和径向位置，并从管口表中了解其用途。管口分析实际上是设备的工作原理分析的主要方面。

过程设备的零部件一般较多，一定要分清主次，对于主要的、较复杂的零部件及其装配关系要重点分析。此外，零部件分析最好按一定的顺序有条不紊地进行，一般按先大后小、先主后次、先易后难的步骤，也可按序号顺序逐一地进行分析。

(3) 分析工作原理　结合管口表，分析每一管口的用途及其在设备的轴向和径向位置，从而搞清各种物料在设备内的进出流向，这即是过程设备的主要工作原理。

(4) 分析技术特性和技术要求　通过技术特性表和技术要求，明确该设备的性能、主要技术指标和在制造、检验、安装等过程中的技术要求。

3. 归纳总结

在零部件分析的基础上，经过对设备的详细阅读后，可以将各零部件的形状以及在设备中的位置和装配关系加以综合，并分析设备的整体结构特征，从而想象出一个设备完整的整体形象。进一步对设备的结构特点、用途、技术特性、主要零部件的作用、各种物料的进出流向即设备的工作原理和工作过程等进行归纳和总结，最后对该设备获得一个全面的、清晰的认识。

在阅读过程设备图的时候，适当地了解该设备的有关设计资料，了解设备在工艺过程中的作用和地位，将有助于对设备设计结构的理解。如能熟悉各类过程设备典型结构的有关知识，熟悉过程设备的常用零部件的结构和有关标准，熟悉过程设备的表达方法和图示特点，必将大大提高读图的速度、深度和广度。

6.3　典型过程设备图样的阅读举例

阅读过程设备图应了解设备的用途、结构特点和技术要求，各主要零部件的结构形状，及各零部件间的装配连接关系，还应了解设备在制造、检验、安装等方面的技术要求。

阅读过程设备图应着重注意过程设备图的表达特点，并具有一定的过程设备零部件和结构特点的基础知识。

现分别以浮头式换热器和脱焦油塔为例来说明过程设备图的阅读方法和步骤。

6.3.1　阅读浮头式换热器图

1. 概括了解

从标题栏中了解图 6-1 中的设备图样为浮头式换热器总图即装配图。图样采用 1 ∶ 5 的比例缩小绘制。整套图纸共有 4 张，1 张装配图，3 张零部件图。

根据图纸可以了解到，该浮头式换热器的规格是 DN700mm×4000mm(壳体内径×换热管长度)，换热面积 $F=30\text{m}^2$，图样采用的绘图比例为 1 ∶ 5。

由明细表了解到该换热器由 22 种零部件所组成，编有 22 个件号，其中有 12 种标准件，10 个组合件另有部件图详细表达。从管口表了解到该设备有 6 个接管口。从设计数据表了解到该设备的工作压力和设计压力：管程和壳程的工作压力分别为 0.9MPa 和

1.0MPa，管程内设计压力为1.08MPa，壳程内设计压力为1.18MPa。管程内设计温度≤63℃、壳程≤100℃。传热面积为30m²，设备壳程内物料为凝结水，管程内物料为循环水，容器类别为Ⅰ类。从技术特性表中还可了解到设备的焊缝系数、探伤比例、腐蚀裕度、容器类别、水压试验等指标，在技术要求中，对管束的防腐、管子与管板的连接方式等提出了相应的要求。

整个换热器装配后的总长为5411mm、净重1861kg。

2. 分析视图表达方案

在图6-1中，设备的总装配图采用主视图和几个辅助视图表达。主视图采用局部剖视，表达了热交换器的结构、各管口和零部件在设备上的轴向位置及装配关系。

*A*向视图为左视图，表达了设备左端外形，同时表达了进出口处管口布置、隔板槽位置以及平盖和管箱法兰的螺栓分布等。

局部放大图Ⅰ表达了壳体及管箱法兰与管板间连接的带肩双头螺柱形式；局部放大图Ⅱ表达了壳体入口接管与壳体间连接的坡口形式；另外，还有隔板槽详图。该设备卧放，故采用鞍式支座，其中一个为固定支座，一个为活动支座，以便于消除热应力和安装定位，该图样中用局部放大图表达了两个鞍式支座的结构及其上安装孔的位置(两个支座地脚螺栓的中心孔距为2900mm)。

3. 零部件分析

1）结构分析

设备主体由平盖(件1)、壳体(件8)、管箱（件4)、管束(件9)和外头盖(件16)组成。

壳体是组合件，由图6-2该换热器零部件图(一)了解其为圆筒形，壳体是外径为426mm、壁厚为13mm的无缝钢管，质量为547.5kg，材料为20号钢。壳体右端用法兰与外头盖（件16）连接。壳体左端法兰（件8-1)与管箱法兰(件4-1)连接，管箱(件4)也是组合件。

由图6-2可知，管箱主要由一段圆筒形短壳（件4-2)和分程隔板(件4-4)组成。管箱中间用分程隔板隔开，以形成上下两部分空腔，上部接循环水出口A，下部接循环水入口B。隔板的左端与管箱匹配焊接，端面嵌入固定管板的槽中，由垫片密封。

换热管束(件9)由图6-3该换热器零部件图(二)表达，换热管共120根。换热管两端分别固定在固定管板(件9-2)和浮动管板(件9-16)上，左端的固定管板固定在连接管箱和管壳的法兰之间，右端的浮动管板与浮头盖(件17)连接。因为浮头的作用，管束可随温度变化而自由浮动。在管束部件图中，通过A向视图表达了支耳的分布及换热管的排管方式(呈转角正方形排列)，管束部件图中还详细表达了管板与换热管、拉杆的连接方式等。

图6-4换热器零部件图(三)，反映了固定和浮动管板的详细结构，并分别给出了弓形折流板、异形折流板、内折流板的结构、数量和材料等。所有折流板用拉杆连接，左端固定在左管板上，右端用螺母锁紧。折流板间由定距管保持间距，确保传热效果。

2）尺寸的阅读

由部件图还可以了解到相应零部件的尺寸，如筒体的直径和壁厚(ϕ426mm×13mm)及其包括左右管板的装配长度L=4350mm；封头的公称直径和壁厚(ϕ500mm×12mm)；换热管的直径、壁厚和长度(ϕ19mm×2mm、L=4497mm)；各接管口的管径和壁厚尺寸以及管箱筒体等主要零部件的定形尺寸均可从图面上或明细栏内获得。各管口的伸出长度，其定位尺寸在图中也均有标注，这些都是装配时必须知道的定位尺寸。

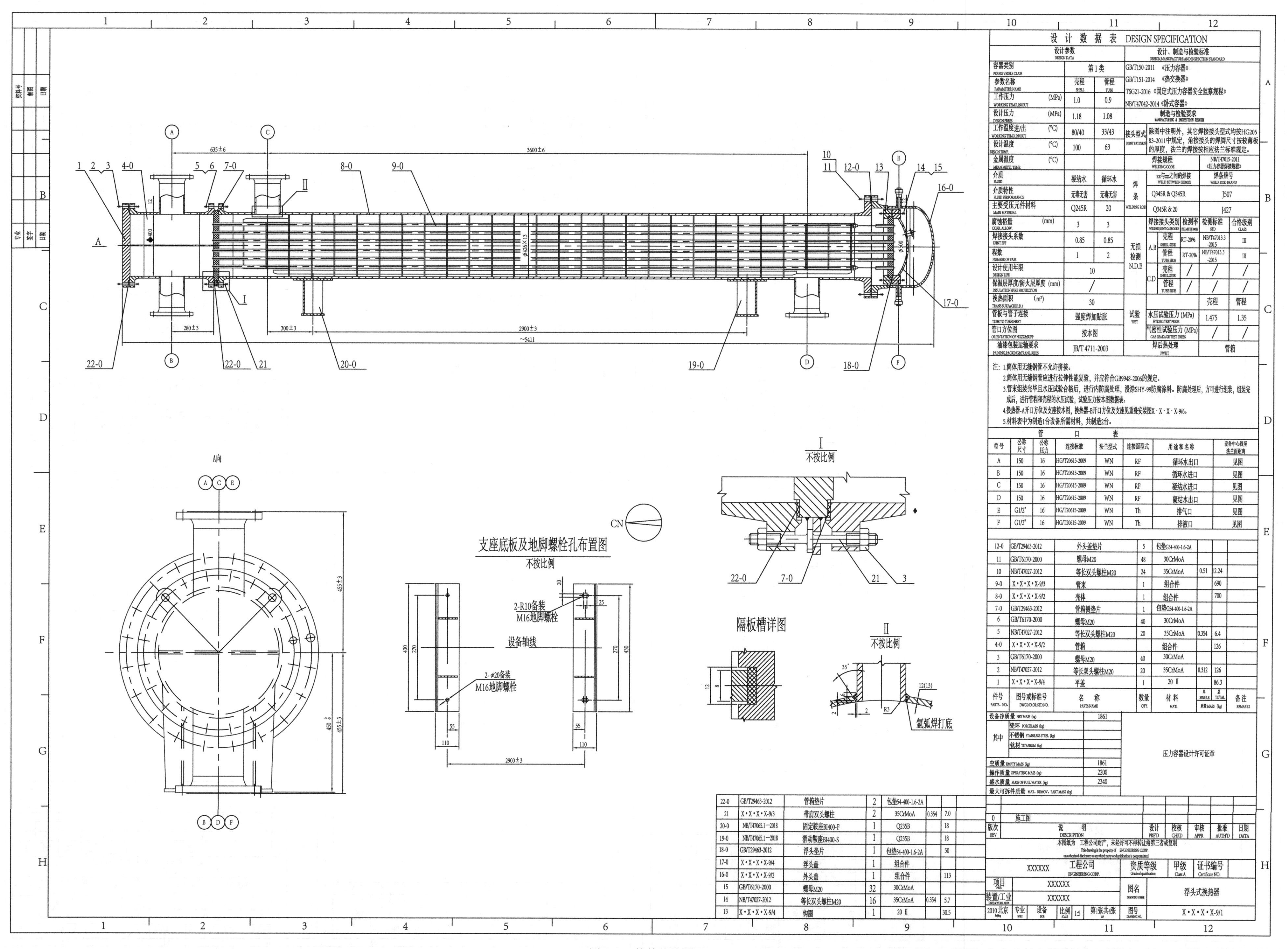

图 6-1　换热器总图

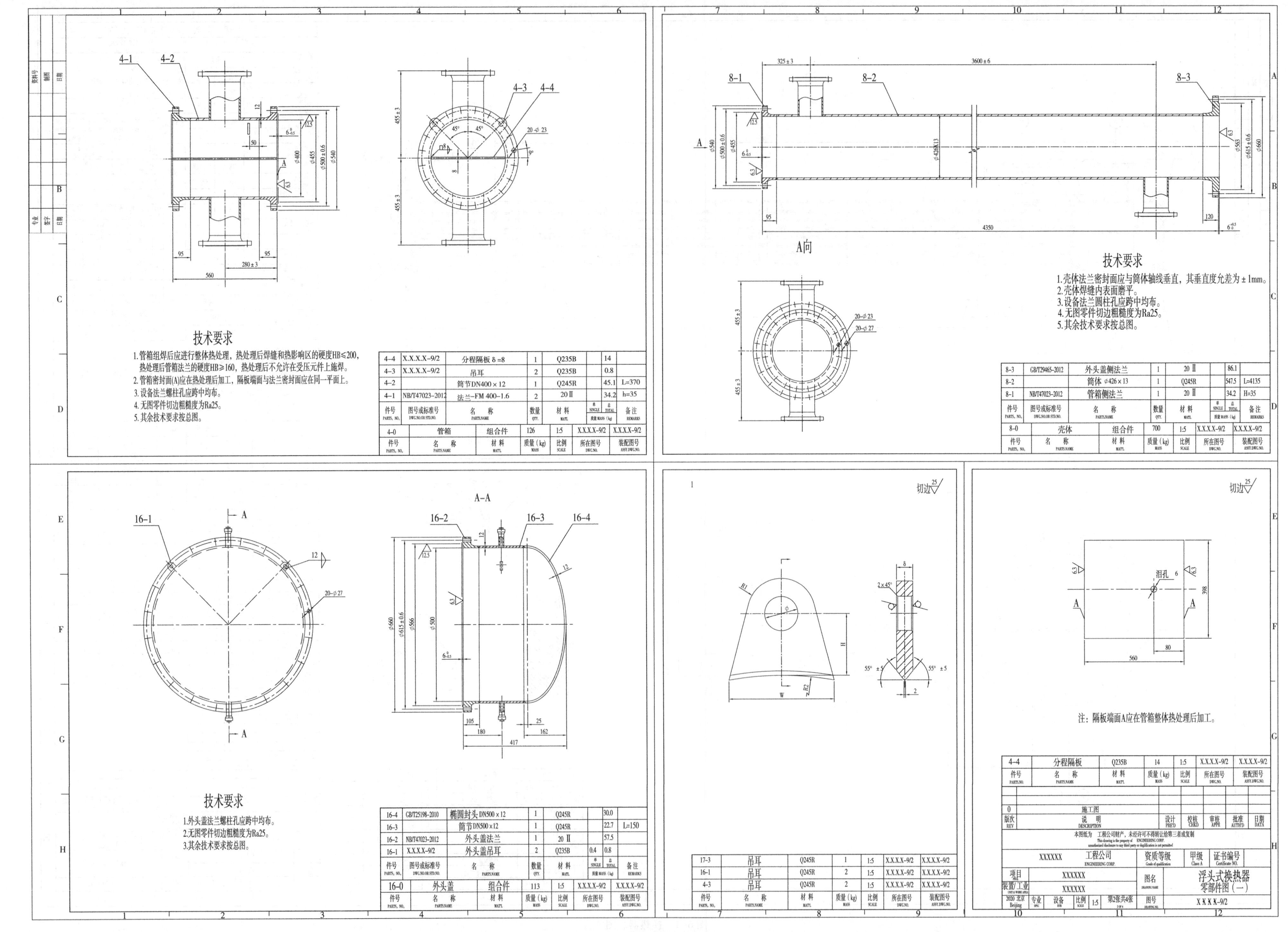

图 6-2　换热器零部件图(一)

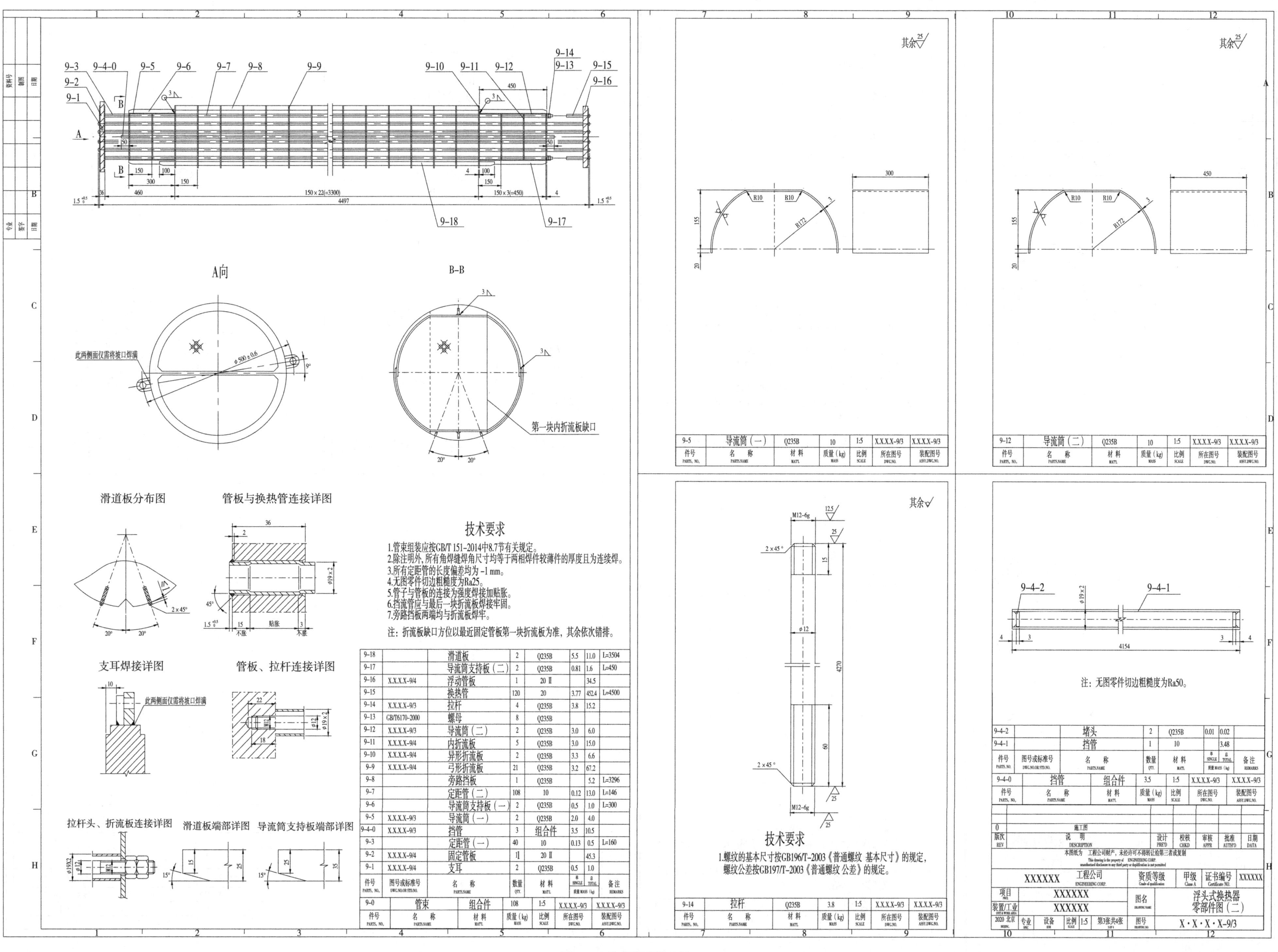

图 6-3　换热器零部件图(二)

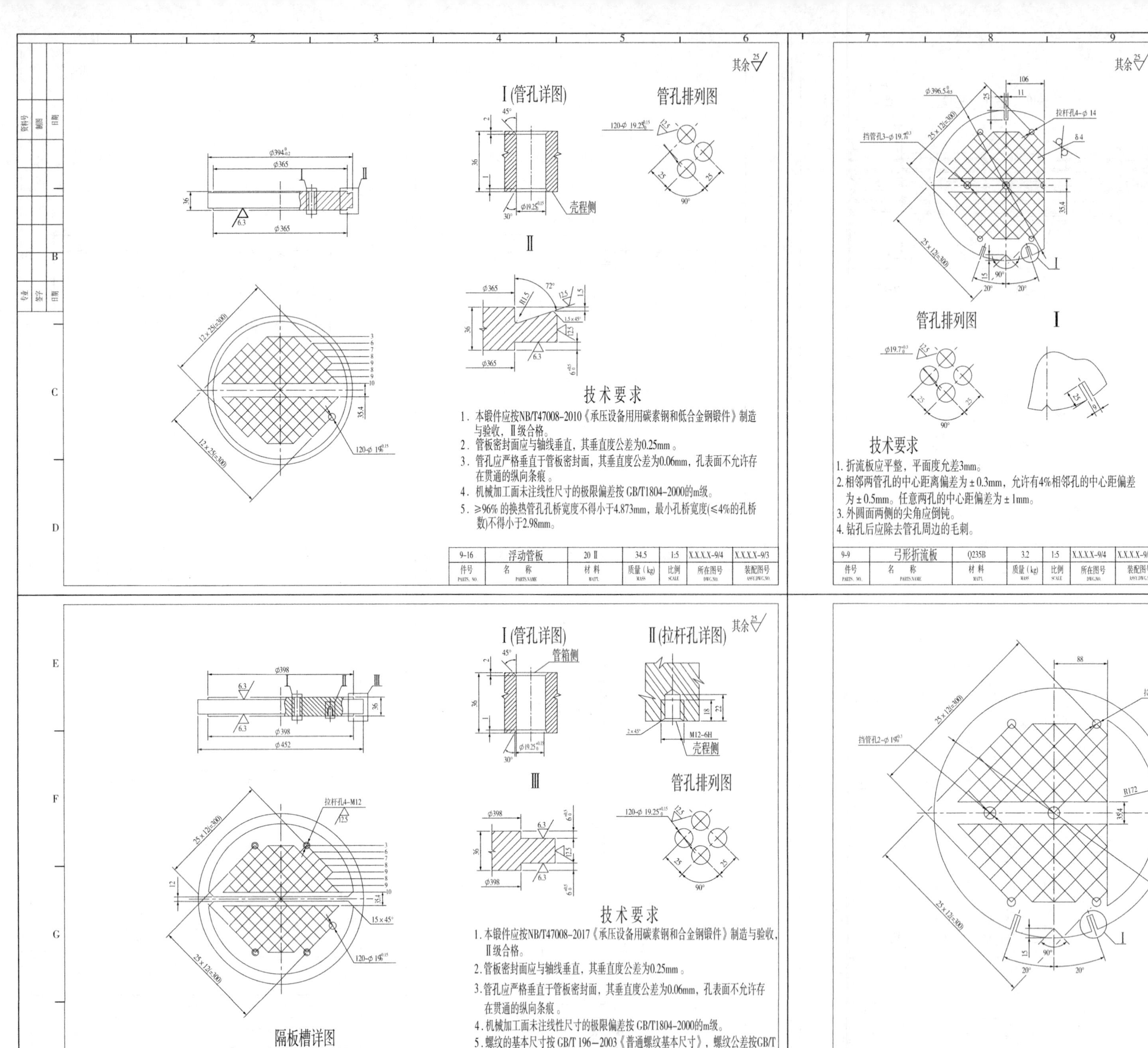

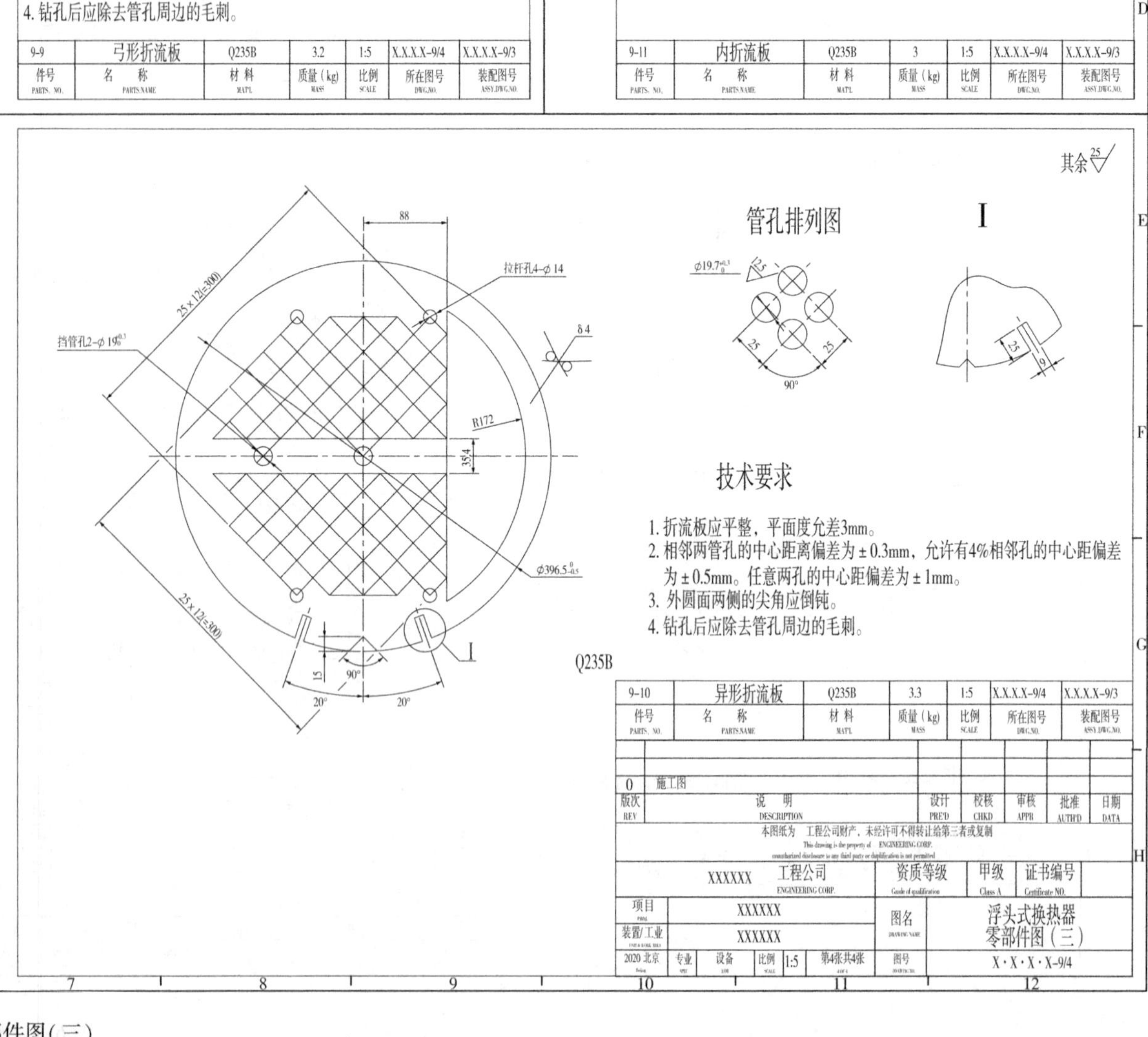

图 6-4 换热器零部件图(三)

其他一些零件，如定距管、拉杆、垫片等亦可直接从图面或明细栏内获得它们的定形尺寸。另外如双头螺柱、螺母、支座、法兰等标准件、通用件，则可通过其标准号和规格从手册中查得有关尺寸。

3）管口的阅读

从管口表知道，该设备共有6个接管口，管口表不仅提供了各管口的公称尺寸和用途，而且列出了连接标准和连接面形式，可供配备相应的管材、管件和法兰。如管口A为循环水出口，公称尺寸为150mm，公称压力为10MPa，为带颈对焊法兰。

4. 了解工作原理

浮头式换热器是石化行业内常见的热交换设备，这类换热器一端管板由法兰夹持固定，另一端管板可在壳内自由浮动，壳体和管束对热膨胀是自由的。浮头端设计成可拆式，这为检修和清洗提供了方便。

设备下部由两个鞍式支座支承，其中一个地脚螺栓孔为长圆孔。

该换热器为二管程单壳程的换热器，设备工作时，凝结水由管口C进入换热器壳体内，迂回流过折流板经过换热降温后由管口D流出；该换热器中的循环水由管口B进左管箱，经下半部分的换热管换热后进入右管箱，再流经上部分换热管换热后至左管箱由管口A流出，将热量带走。

由该图例的阅读可知，卧式换热设备一般以主、左两个基本视图为主。视图位置一般按投影配置，也可按图幅情况作调整，但需在视图上方写上图名。主视图一般采用局部剖视以表达换热器内外的主要结构，左视图主要表达设备左端外形，同时示意进出口处管口布置等。另外，采用若干局部放大视图，以表达一些焊接等细部结构和安装结构。

6.3.2 阅读焦油减压蒸馏塔装配图

阅读焦油减压蒸馏塔装配图，如图6-5所示。

1. 概括了解

从标题栏中了解到图样为焦油减压蒸馏塔装配图，绘图比例为1∶25。从明细栏可知，该设备共编了48个零部件编号，除总装图外，还有2张零部件图。从管口表可知该设备有A、B、C……共17个管口符号，在主、俯视图上可以分别找出它们的位置。从技术特性表中了解到该塔介质为混合焦油，工作压力为-0.013MPa，设计压力为-0.1MPa，工作温度230℃，设计温度为250℃，全容积约为22m^3，设备总重(不含塔内件质量)为11.454t，容器类别为Ⅱ类。同时还可了解设计水压试验、气密性试验、无损检测、保温层和防火层厚度等指标。

从主视图中可知该设备公称直径为1400mm和1800mm，壁厚分别为10mm、12mm。塔高为18460mm。

2. 分析视图表达方案

该设备以主、俯两个视图的表达为主，主视用采用全剖表达了整个塔体的内外主要结构形状，如各接管与塔体的装配关系、塔体内部各支承板、塔盘的安装位置及人孔的配置情况等，主视图还表达了塔器下部的裙式支座的形状、结构。俯视图为管口方位图，主要表示设备各管口的方位，以及吊柱的安装方位。

除基本视图外，另外用节点图即局部放大图等表达局部安装及焊接结构等细部结构。图Ⅰ表达了基础环的结构，图Ⅱ表达了塔底液相出口引出管在裙座处的加强筋分布情况，图Ⅲ表达了塔底液相出口引出管结构，图Ⅳ表达塔底液相出口引出管在塔底处的防涡结构，图Ⅴ表达了裙座与塔底的连接方式为对接焊，同时还表达了裙座上排气口和保温支持圈的位置，图Ⅵ详细表达了裙座上排气口尺寸，图Ⅶ表达了塔底气相进口管伸入塔中拐角部分的结构。另有 *A–A* 和 *B–B* 两个剖视图，*A–A* 用以表达塔底排残液口的安装位置，*B–B* 用以表达塔底气相进口管伸入塔中部分支承板和加强筋的结构。图样上还有件 9、10、11、32 的详图，详细表达了其结构和尺寸。另外图样上还有裙座开缺口的详图，详细表达了筒体、封头、裙座三者间的关系。

3. 零部件分析

1）结构分析

塔的总体结构如装配图所示，由塔体、裙座、接管、人孔、塔内件等部件组成。

塔体是由筒体(件 6)及顶、底两个椭球形封头和裙座焊接而成的整体不可拆结构。主要零件筒体是由两段圆柱形(尺寸分别为 ϕ1800mm 和 ϕ1400mm)和一段圆锥形组成。两段不同直径的塔体内分别装有塔盘 8 块和 6 块，板间距为 400mm，塔下方装有破涡器。

裙座为圆筒形，直接焊在塔釜封头上，因其直径与塔体相同，采用对接焊缝。裙座的结构和焊接型式，可参阅主视图及局部放大图Ⅴ。

此外，在塔体上设有踏脚和人孔以便于安装和检修。

2）尺寸的阅读

该塔的总高为 18460mm，塔径为 ϕ1800mm 和 ϕ1400mm，筒体壁厚为 12mm 和 10mm，这些都是主要定形尺寸。图上还标注了各零件之间的装配连接尺寸，如人孔和踏板的安装定位尺寸以及吊柱、物料进出口等部件的安装定位尺寸等。

设备上裙座的螺栓孔分布尺寸是安装该设备时预埋地脚螺栓所必需的安装尺寸。此外，裙座的形状、结构及与筒体的焊接尺寸在装配图上均有表示，以便在现场施工装配。

3）管口的阅读

该设备共有 17 个管口，它们的规格、连接形式、用途等均可由表中获知。各管口的方位及结构可从主、俯视图看出，焊接型式由局部放大图可知。

塔上管口 A 为物料进口，管口 B 为气相出口，管口 $C_{1\sim2}$为塔底液相出口、管口 D 为回流口，E 为塔底气相进口，f 为温度计口，g 为压力计安装口，$H_{1\sim2}$、$L_{1\sim2}$液位计口，I 为公用工程口、J 为蒸汽进口、M 为放空口、$A_{1\sim2}$为裙座出入孔。

4. 了解工作原理

该设备为焦油减压蒸馏塔，其作用是将焦油在减压状态下进行分馏(因为油品在高温加热时易分解和结焦，在减压状态下焦油沸点将随系统压力降低而降低)。其原理是利用液态混合物中各成分的沸点不同，通过控制温度加热，使一部分物质经汽化、冷凝、液化再收集。气体由塔下部 E 管进入塔内与 A 管进入塔内的混合焦油对流接触，蒸汽由塔下部 J 管进入塔内，以降低塔内油气分压，达到在低于油品分解的温度下获得所需要的油品收率的目的。该塔设有回流口 D，焦油经蒸馏后得到的轻组分由塔顶 B 管排出，重组分则从塔底 C 管排出设备。

由该图例的阅读可知，塔设备一般以主、俯两个基本视图为主。主视图一般采用全剖视以表达塔内外的主要结构，俯视图主要表达各接管口的周向方位。然后，采用若干局部放大视图，以表达一些焊接结构和局部安装结构。

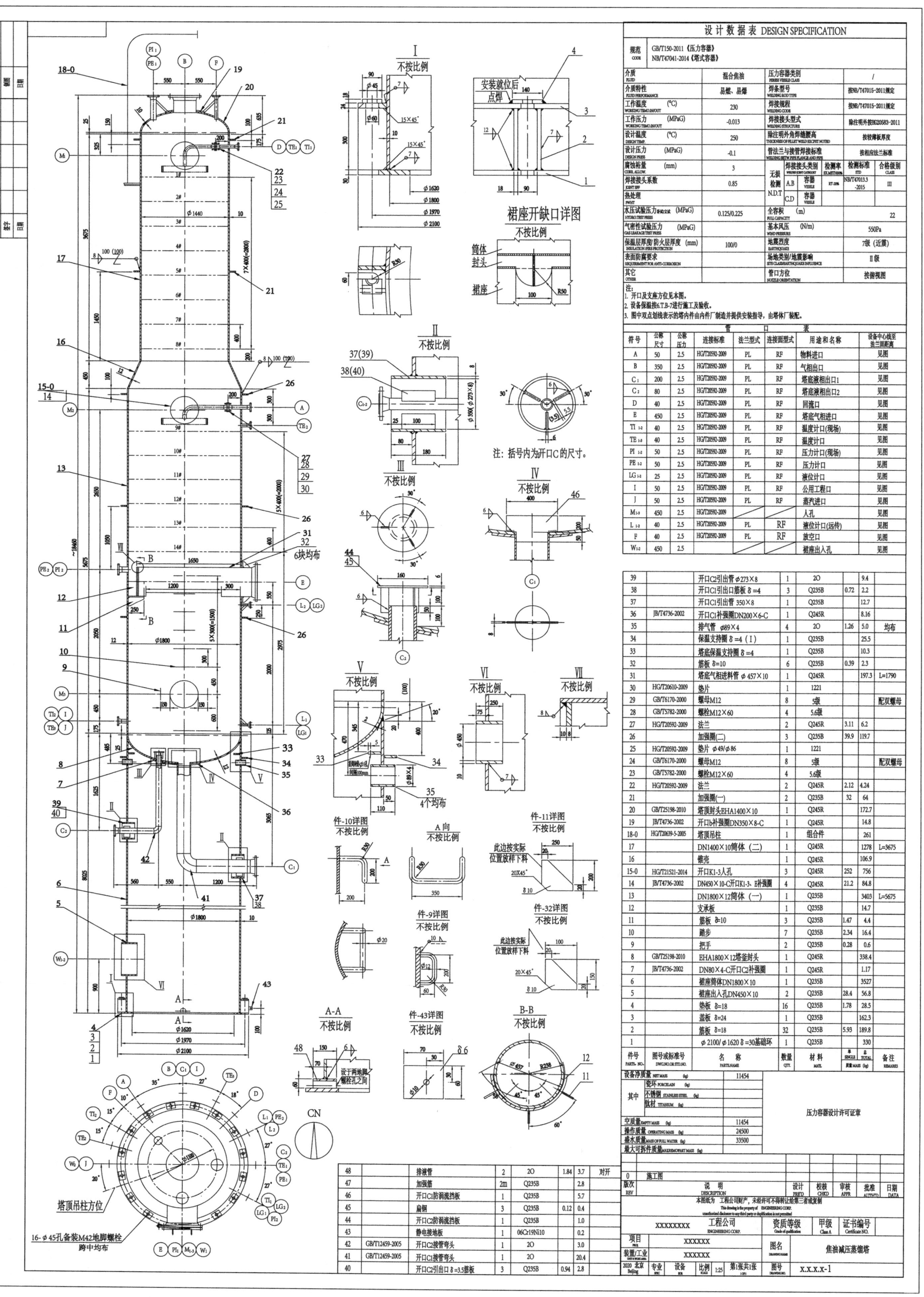

设计数据表 DESIGN SPECIFICATION
裙座开缺口详图
不按比例
注：括号内为开口C的尺寸。
件-10详图
件-11详图
件-9详图
件-32详图
件-43详图
A向
A-A
B-B
塔顶吊柱方位
16-φ45孔备装M42地脚螺栓 跨中均布
6块均布
4个均布
安装就位后点焊
压力容器设计许可证章
工程公司
焦油减压蒸馏塔
X.X.X.X-1

图 6-5 塔器

下　篇

典型过程设备机械设计

第7章　搅拌设备设计

7.1　搅拌设备的总体结构

搅拌设备主要用于物料的混合、传热、传质和反应等过程，机械搅拌设备主要由搅拌容器、搅拌装置、传动装置、轴封装置、支座、人孔、工艺接管及其他一些附件组成，如图7-1所示。搅拌容器包括罐体和夹套，主要由封头和筒体组成；搅拌装置由搅拌器和搅拌轴组成，其型式通常由工艺设计而定；传动装置用来带动搅拌装置，由电机、减速机、联轴节组成；轴封装置为动密封，一般采用机械密封或填料密封，用于阻止搅拌容器内介质的泄漏。

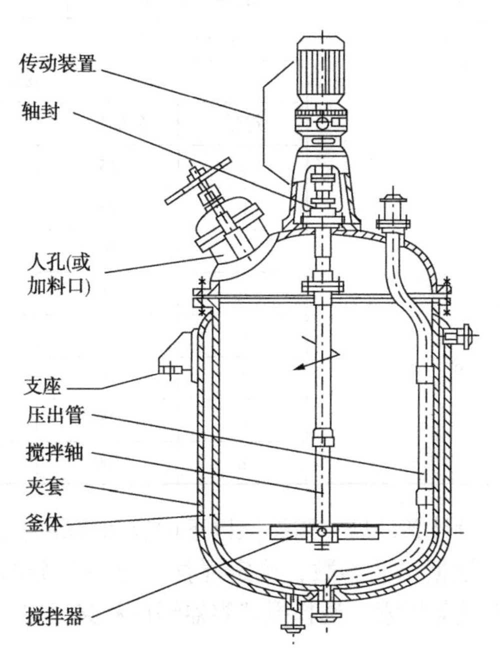

图7-1　带夹套的搅拌设备

7.2　搅拌设备机械设计内容和步骤

搅拌设备设计包括工艺设计和机械设计两部分。工艺设计完成后，工艺设计人员提供搅拌设备设计条件表，提出机械设计所需的原始条件，包括全容积、传热面积、工作压力、工作温度、介质及其腐蚀性能、搅拌型式、转速和功率、工艺接管尺寸等，如表7-1所示。

表 7-1　搅拌设备设计条件表

简图	设计参数要求		
		容器内	夹套内
	工作压力　MPa	0.18	0.25
	设计压力　MPa	0.2	0.3
	工作温度　℃	100	130
	设计温度　℃	<120	<150
	介质	有机溶剂	冷却水或蒸汽
	全容积　m^3	2.5	
	操作容积　m^3	2.0	
	传热面积　m^2	>3	
	腐蚀情况	微弱	
	搅拌器型式	推进式	
	搅拌轴转速　r/min	200	
	轴功率　kW	4	

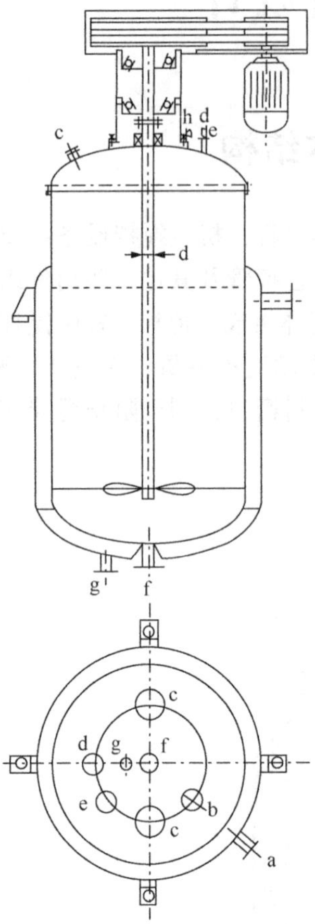

接管表

符号	公称尺寸	连接面型式	用途
a	25		蒸汽入口
b	25		加料口
c	80		视镜
d	65		温度计口
e	25		压缩空气口
f	40		放料口
g	25		冷凝水出口
h	100		手孔

机械设计人员在阅读设计条件后，需按照以下内容和步骤完成机械设计：

(1) 搅拌容器设计　根据工艺参数，确定搅拌容器各部分的结构型式和几何尺寸参数；考虑压力、温度、介质等因素，选择搅拌容器罐体和夹套材料；对罐体和夹套进行强度及稳定性计算、校核。

(2) 传动装置设计　包括选择电动机、确定传动类型、选择减速机、联轴器、机架及底座。

(3) 搅拌装置设计　包括选择搅拌器型式(一般由工艺设计完成)、搅拌轴的设计。

(4) 轴封装置设计　确定并选择轴封的类型及相关零部件。

(5) 绘制施工图及编写技术要求。

7.3　搅拌容器设计

7.3.1　罐体和夹套的结构型式

常用的搅拌容器罐体是立式圆筒形容器，由顶盖、筒体和罐底组成，通过支座安装在基础或平台上。罐底可以采用椭圆形封头和锥形封头，顶盖在受压状态下宜采用椭圆形封头，对于常压或操作压力不大而直径较大的设备，可以采用平盖，并在平盖上加设型钢制的横梁，以支承搅拌及传动装置。HG/T 3109—2009《钢制机械搅拌容器型式及主要参数》给出了容积为0.04～200m^3，直径为400～5800mm，设计压力为-0.1～15MPa，介质温度为-40～350℃，动力黏度不大于500Pa·s，密度不大于2t/m^{3}液体介质的立式圆筒形钢制机械搅拌容器的基本结构型式，如表7-2所示。采用夹套传热结构时，夹套的型式与罐体相同。

表7-2　搅拌容器结构型式

封头型式	椭圆形底、盖	90°折边锥形底、椭圆形盖	椭圆形底(或球形底)、平盖	120°无折边锥形底、平盖	平底、平盖
示意图	H D	H D	H D	H D	H D

注：筒体内径小于或等于1200mm，宜采用可拆的连接，一般为法兰连接。

7.3.2　罐体的几何尺寸计算

在知道工艺给定的搅拌容器容积后，需要选择适宜的高径比(H/D_i)和装料量，确定罐体的直径和高度，如图7-2所示。

1. 罐体的高径比

罐体的高径比$i=H/D_i$，选择罐体的高径比应考虑的主要因素包括：高径比对搅拌功率的影响、长径比对传热的影响、物料搅拌反应特性对高径比的要求三个方面。

减小高径比，即减小罐体高度，放大直径，搅拌器桨叶直径也相应放大，在固定的搅拌轴转速下由于搅拌功率与搅拌器桨叶直径的5次方成正比，所以随着罐体直径放大，搅拌功率增加很多，这对需要较大搅拌作业功率的搅拌过程适宜，否则减小高径比将无谓地损耗搅拌器功率。

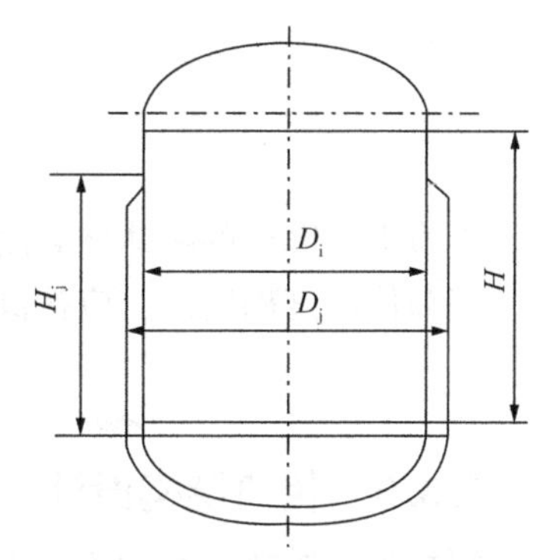

图7-2　搅拌容器的直径与高度

容积一定时，高径比越大，则传热表面距离罐体中心越近，物料的温度梯度就越小，传热效果就越好，因此单从夹套传热的角度考虑，一般希望高径比取得大一些。

某些物料的搅拌反应过程对罐体高径比有着特殊要求，例如发酵罐，为了使通入的空气与发酵液有充分的接触时间，需要足够的液位高度，就希望高径比取得大一些。

根据实践经验，几种搅拌容器的高径比取值如表7-3所示。

表 7-3　常用搅拌容器的高径比

种类	筒体内物料类型	高径比 i
一般搅拌罐	液-液或液-固相	1～1.3
	气-液相	1～2
聚合釜	悬浮液、乳化液	2.08～3.85
搅拌发酵罐	气-液相	1.7～2.5

2. 装料系数

罐体的全容积 V 与罐体的公称容积(即操作时物料的容积) VN 有如下关系：

$$VN = V\phi \quad \text{m}^3$$

设计时应合理选用装料系数 ϕ 值，尽量提高设备利用率。通常 ϕ 可取 0.6～0.85，如果物料反应过程中要起泡沫或呈沸腾状态，应取低值，约为 0.6～0.7；如果物料反应平稳或黏度较大，ϕ 可取 0.8～0.85；

3. 罐体内径

为了便于计算，先忽略封头容积，认为

$$V = \frac{\pi}{4} D_i^2 H \quad \text{m}^3$$

将 $VN = V\phi$ 代入，整理得

$$D_i = \sqrt[3]{\frac{4VN}{\pi\left(\frac{H}{D_i}\right)\phi}} \quad \text{m} \tag{7-1}$$

根据式(7-1)可以估算筒体内径，参照 GB/T 9019—2015《压力容器公称直径》将 D_i 估算值圆整到公称直径 DN 系列。

4. 罐体高度

罐体与封头直径确定后，由式(7-2)可确定罐体高度：

$$H = \frac{V - V_{封}}{\frac{\pi}{4} D_i^2} = \frac{\frac{VN}{\phi} - V_{封}}{\frac{\pi}{4} D_i^2} \tag{7-2}$$

再将上式算出的罐体体高度进行圆整，然后核算 H/D_i 及 ϕ，直至大致符合要求即可。

当筒体高度确定后，应按圆整后的罐体高度修正实际容积，则

$$V_{实际} = \frac{\pi}{4} D_i^2 H + V_{封}$$

7.3.3　传热结构设计

搅拌设备维持适宜的工作温度的根本途径是良好的传热，因此，为了满足加热或冷却的需要，搅拌设备大多需要设有传热结构。常用的换热型式分为内部换热和外部换热。外部换热一般采用夹套，内部换热一般采用蛇管。

夹套一般由钢板焊制而成，采用焊接或法兰连接方式与罐体连接，在罐体外表面形成密闭的空间，在此空间内通入加热或冷却介质，以加热或冷却罐体内物料，维持物料的温度在预定的范围内。夹套结构简单，便于清洗，不占用搅拌容器的有效容积，当夹套的换热面积能满足传热要求时，应优先选用夹套；当需要的传热面积较大，仅仅采用夹套不能

满足传热要求时，可在罐体内设置蛇管。

1. 夹套结构设计

夹套的结构型式有多种，使用较多的结构型式包括整体型、半圆管型、型钢型、蜂窝型四种。最简单的整体夹套结构有圆筒形和 U 形两种，如图 7-3(a)所示，圆筒形夹套仅在圆筒部分有夹套，传热面积小，适用于换热量要求不大的场合；U 形夹套式圆筒部分和下封头都包有夹套，传热面积大，为常用结构，如图 7-3(b)所示。半圆管夹套、型钢夹套、蜂窝夹套如图 7-4 所示。

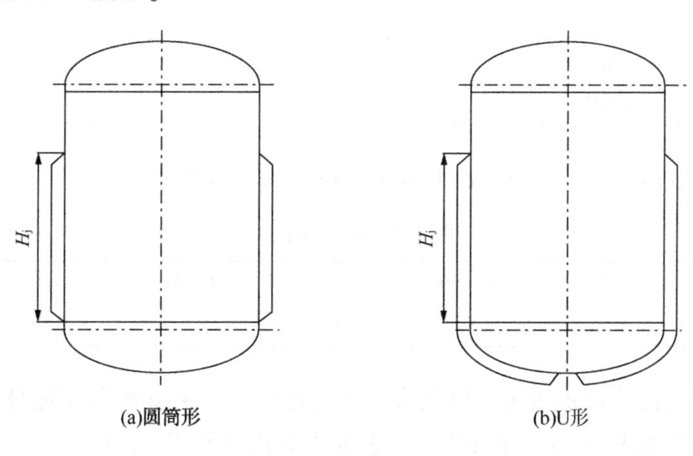

图 7-3　整体夹套结构

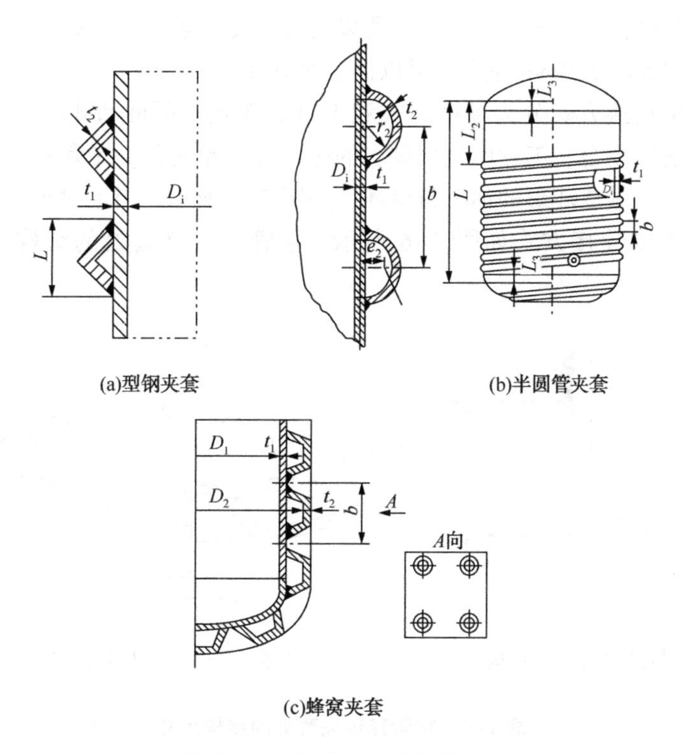

图 7-4　其他夹套结构简图

各种类型夹套的适用温度和压力范围见表 7–4。

表 7–4 各种夹套的适用温度和压力范围表

夹套型式		最高温度/℃	最高压力/MPa
整体夹套	U 形	350	0.6
	圆筒形	300	1.6
半圆管夹套		350	6.4
型钢夹套		200	2.5
蜂窝夹套	短管支承式	200	2.5
	折边锥体式	250	4.0

夹套内径 D_j 可以根据罐体内径 D_i 大小，按照表 7–5 确定。

表 7–5 夹套直径 D_j

D_i，mm	500 ~ 600	700 ~ 1800	2000 ~ 3000
D_j，mm	D_i+50	D_i+100	D_i+200

夹套的高度由传热面积决定，仅仅采用夹套传热时，夹套所包围罐体的表面积(筒体表面积 $F_{筒}$+封头表面积 $F_{封}$)一定要大于工艺要求的传热面积 F，即

$$F_{筒} + F_{封} \geqslant F$$

同时，因搅拌会使物料的液面升高，所以夹套高度一般不低于料液的静止高度，通常比容器内液面高出 50 ~ 100mm 左右，可以保证充分传热。

夹套与筒体的连接方式分为可拆卸式和不可拆卸式。可拆卸式用于夹套内介质易结垢，需要经常清洗的场合。工程中使用较多的是不可拆卸夹套。夹套肩与筒体连接处做成锥形的称为封口锥，做成环形的称为封口环，如图 7–5 所示。当下封头底部有接管时，夹套封头与容器封头的连接方式如图 7–6 所示。接管穿过夹套处的结构尺寸可按表 7–6 确定。

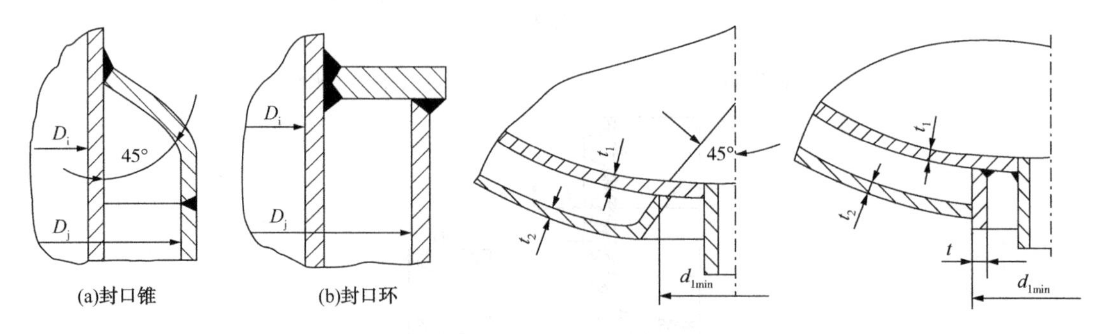

图 7–5 夹套肩与筒体的连接结构

图 7–6 夹套封头与筒体封头的连接结构

表 7–6 接管穿过夹套处的结构尺寸 mm

接管公称直径 *DN*	≥25	≥50	≥100
d_{1min}	75+*DN*	100+*DN*	160+*DN*

2. 蛇管结构设计

当搅拌设备仅靠夹套传热，传热面积不足时常采用蛇管，它浸没在物料中，热量损失小，传热效果好。工业上多采用水平蛇管和立式蛇管，如图 7–7 所示，水平蛇管可起到导流筒作用，立式蛇管可起到挡板作用，一般大型搅拌设备可采用直立式蛇管。

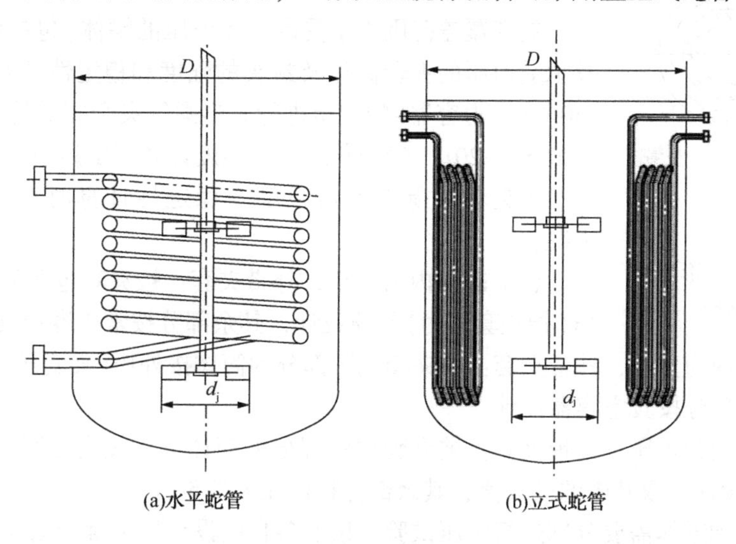

(a)水平蛇管　　(b)立式蛇管

图 7–7　蛇管结构

搅拌设备内蛇管的传热表面为所有浸湿的外表面，蛇管的长度、列数由所需的传热面积确定。

蛇管的中心圆直径较小或圈数不多、重量不大时，可以利用蛇管的进出口固定在罐体上，不考虑另设支架固定蛇管。当蛇管圈数较多，比较笨重时，则需要安装蛇管固定支架以增加蛇管的刚性。蛇管固定支架一般为角钢支柱，角钢支柱底部形状按照所在封头曲面修正。一般情况下，蛇管支柱尺寸推荐按表 7–7 选用。蛇管采用 U 形螺栓固定与支柱上，蛇管固定结构见图 7–8，可以隔一排蛇管设立一个，对于中心圆直径较小的蛇管，可以隔两排或更多排设立一个。

表 7–7　蛇管支柱尺寸

蛇管中心圆直径/mm	支柱数	角钢规格
ϕ1800 ~ ϕ2000	3，周向均布	L75×8
ϕ1200 ~ ϕ1700	3，周向均布	L65×6
ϕ800 ~ ϕ1100	3，周向均布	L50×5
ϕ500 ~ ϕ700	3，周向均布	L40×5
≤ϕ250	可不设立支柱	

7.3.4　搅拌容器的强度计算和稳定性校核

当搅拌容器的几何尺寸确定后，要根据已知的公称直径、压力、温度进行强度计算和稳定性校核，以确定罐体及夹套的筒体和封头的厚度。

强度计算和稳定性校核的原则：

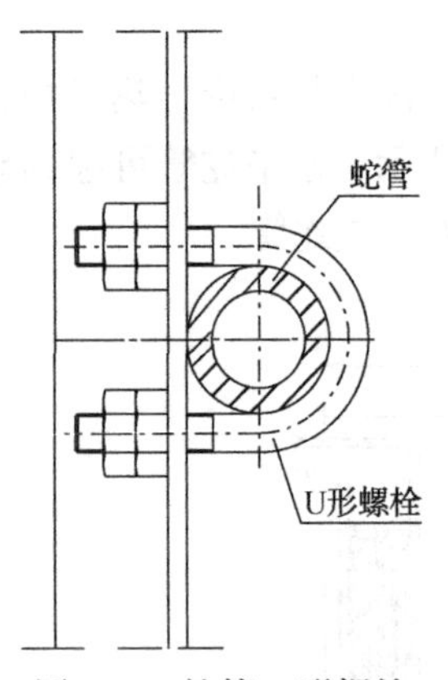

图 7-8　蛇管 U 形螺栓固定结构

1. 无夹套的搅拌容器

容器的结构和计算应按照 GB/T150.3《压力容器》和 NB/T 47003.1—2009《钢制焊接常压容器》的规定进行。

2. 带夹套的搅拌容器

夹套覆盖范围内承受内压和外压的罐体(包括筒体及封头)，及承受内压的夹套筒体及封头的强度和稳定性计算，按照 GB/T 150.3《压力容器》的规定进行。半圆管夹套容器的设计参照 HG/T 20582—2011《钢制化工容器强度计算规定》进行。

带夹套的搅拌容器强度及稳定性计算时要考虑几种不同情况：

(1) 罐体内为常压，外带夹套：被夹套包围部分的筒体按外压(指夹套压力)圆筒设计，其余部分按常压容器设计。

(2) 罐体内为真空，外带夹套：被夹套包围部分的筒体按外压(夹套压力+0.1MPa)圆筒设计，其余部分按真空容器设计。

(3) 罐体内为正压，外带夹套：被夹套包围部分的筒体分别按内压圆筒和外压(指夹套压力)圆筒设计，取其中的较大值，其余部分按内压容器设计。

(4) 夹套和罐体需要分别进行耐压试验，按照各自的设计压力确定耐压试验压力，并按照 GB/T 150.1 规定进行耐压试验应力校核，同时需要校核夹套耐压试验时，罐体在夹套耐压试验压力下的稳定性。

7.4　搅拌装置设计

搅拌设备的搅拌装置主要由搅拌器、搅拌轴及支承组成。搅拌器的功能就是提供搅拌过程所需要的能量和适宜的流动状态以达到搅拌过程的目的。搅拌器的型式主要有：桨式、涡轮式、框式、锚式、推进式、螺杆式和螺带式等。按搅拌器结构可分为平叶、折叶、螺旋面叶。桨式、涡轮式、框式、锚式都有平叶和折叶两种结构，推进式、螺杆式和螺带式为螺旋面叶。搅拌器的选型通常在工艺设计时完成，表 7-8 为依据操作目的和搅拌器流动状态选用搅拌器型式表。由表 7-8 可见，对于低黏度流体的混合，推进式搅拌器由于循环能力强，动力消耗少，可应用到很大溶剂的搅拌容器中；涡轮式搅拌器的应用范围最广，各种搅拌操作都适用，但流体黏度不宜超过 50Pa · s；桨式搅拌器结构简单，在小容积的流体混合中应用广泛，对大溶剂的流体混合则循环能力不足。对于高黏度流体的混合，则以锚式、框式、螺杆式、螺带式更为合适。

表 7-8　搅拌器型式适用条件表

搅拌器型式	流动状态			搅拌目的									容积范围/m^3	转速范围/(r/min)	最高黏度/(Pa · s)
	对流循环	湍流扩散	剪切流	低黏度液混合	高黏度液混合	分散	溶解	固体悬浮	气体吸收	结晶	传热	液相反应			
涡轮式	○	○	○	○	○	○	○	○	○	○	○	○	1~100	10~300	50
桨式	○	○	○	○	○		○	○		○	○	○	1~200	10~300	50

续表

搅拌器型式	流动状态			搅拌目的									容积范围/m^3	转速范围/(r/min)	最高黏度/(Pa·s)
	对流循环	湍流扩散	剪切流	低黏度液混合	高黏度液混合	分散	溶解	固体悬浮	气体吸收	结晶	传热	液相反应			
推进式	○	○		○		○	○	○		○	○	○	1~1000	100~500	2
折叶开启涡轮式	○	○		○		○	○	○			○	○	1~1000	10~300	50
锚式	○				○		○						1~100	1~100	100
框式	○				○		○						1~100	1~100	100
螺杆式	○				○		○						1~50	0.5~50	100
螺带式	○				○		○						1~50	0.5~50	100

注：○表示适用。

搅拌器型式确定后，机械设计的主要内容是：确定搅拌器直径、搅拌器与搅拌轴连接结构，搅拌轴的强度设计和临界转速校核，选择轴的支承结构。

7.4.1 搅拌器尺寸参数确定

搅拌器型式、尺寸及主要参数见表7-9。

表7-9 搅拌器型式及主要参数

搅拌器型式	简图	常用尺寸	常用转速	常用介质黏度范围
桨式		$d_j/D=0.25\sim0.9$ $B/d_j=0.10\sim0.25$ $h/d_j=0.2\sim1$ 叶片数 $Z=2$ 折叶式的折叶角 $\theta=45°$、$60°$	$n=1\sim100$ r/min $v=1\sim5$ m/s	<20Pa·s

续表

搅拌器型式		简图	常用尺寸	常用转速	常用介质黏度范围
涡轮式	开启涡轮	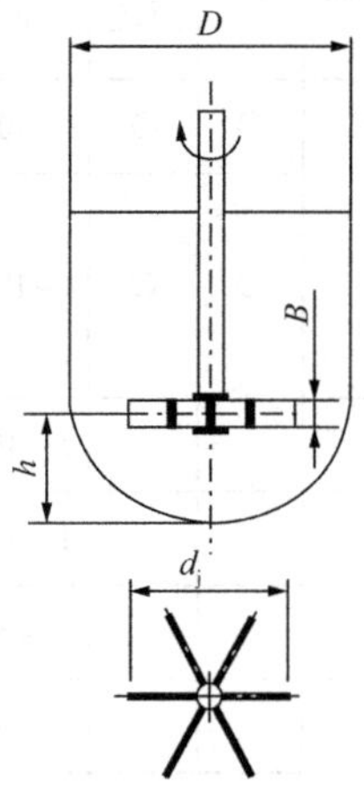 D B h d_j	$d_j/D_i=0.2\sim0.5$（以 0.33 居多 $B/d_j=0.125\sim0.25$（以 0.2 居多） $h/d_j=0.5\sim1$ 叶片数 $Z=3\sim16$，以 3、4、6、8 居多	$n=10\sim300$r/min $v=4\sim10$m/s 折叶式的 $v=2\sim6$m/s	平直叶 < 50Pa·s 折叶和后弯叶<10Pa·s
	圆盘涡轮	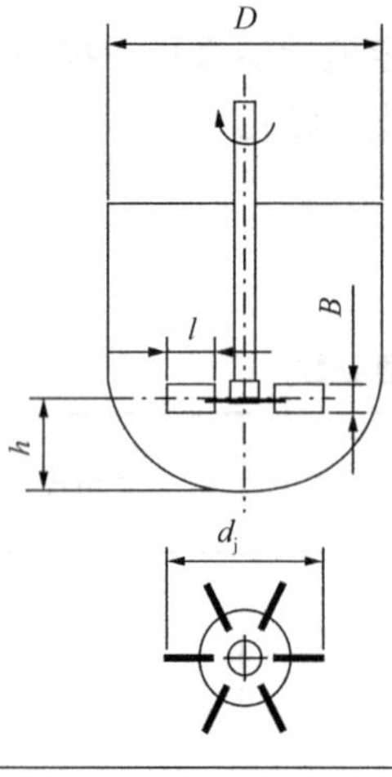 D l B h d_j	$d_j/D=0.2\sim0.5$（以 0.33 居多） $B/d_j=0.2$ $l/d_j=0.25$ $h/d_j=1$ 叶片数 $Z=4$、6、8		
锚框式		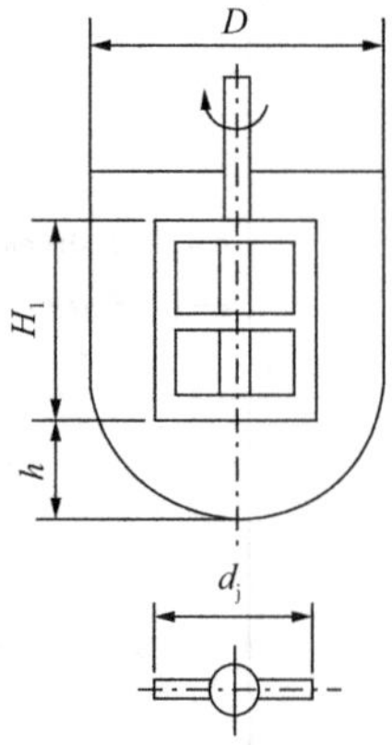 D H_1 h d_j	$d_j/D=0.5\sim0.98$ $B/d_j=0.06\sim0.1$ $h/d_j=0.05\sim0.2$ $H_1/d_j=0.48\sim1.5$	$n=1\sim100$r/min $v=1\sim5$m/s	<100Pa·s

续表

搅拌器型式	简图	常用尺寸	常用转速	常用介质黏度范围
推进式	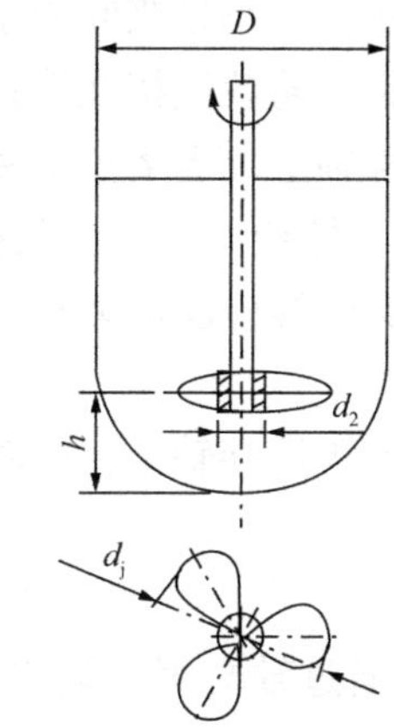	$d_j/D_i=0.15\sim0.5$(以0.33居多) $s/d_j=1$、2 $h/d_j=1\sim1.5$ 叶片数 $Z=2$、3、4(以3居多)	$n=100\sim500\text{r/min}$ $v=3\sim15\text{m/s}$	<3Pa·s(n在500r/min以上时<2Pa·s)
螺带式	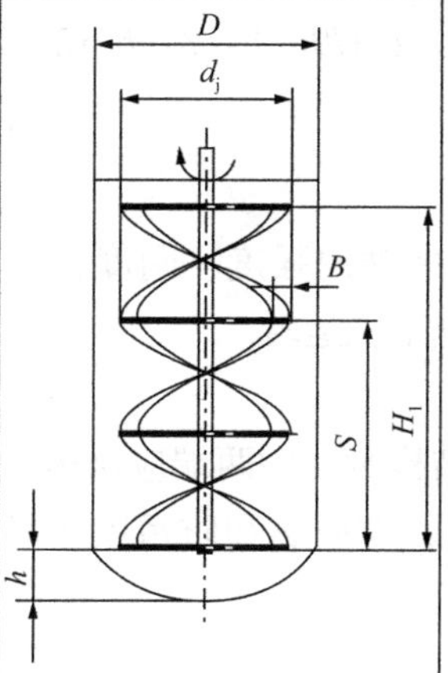	$d_j/D=0.9\sim0.98$ $B/d_j=0.1$ $s/d_j=0.5\sim1.5$ $h/d_j=0.01\sim0.05$ $H_1/d_j=1\sim3$ 螺带条数1、2	$n=0.5\sim50\text{r/min}$ $v<2\text{m/s}$	<500Pa·s
螺杆式	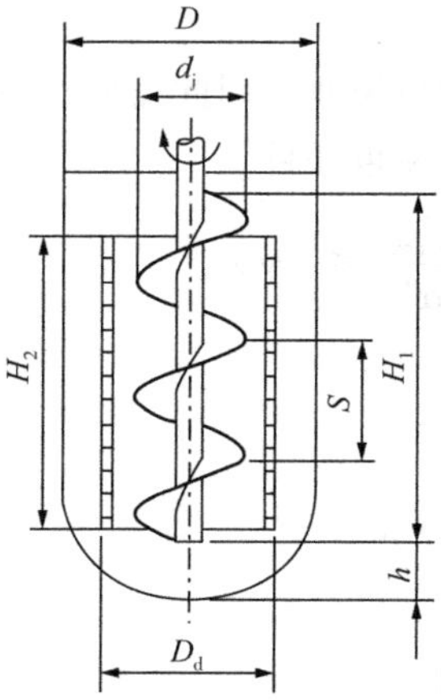	$d_j/D_i=0.4\sim0.6$ $s/d_j=0.5\sim1.5$ $h/d_j=0.18\sim0.3$ $H_1/d_j=1\sim3$ $H_2=(0.8\sim0.95)H_1$	$n=0.5\sim50\text{r/min}$ $v<2\text{m/s}$	<100Pa·s

注：D—搅拌容器罐体内直径；d_j—搅拌器直径；B—搅拌桨宽度；s—搅拌器螺距；h—搅拌器离罐底距离；n—搅拌器转速；v—叶端线速度。

7.4.2 搅拌器安装方式

以常用的桨式、推进式和涡轮式为例。

1. 桨式

桨式结构是最简单的搅拌器型式。桨叶一般用扁钢制作，小型桨叶为了简单化，常将桨叶焊在轮毂上，形成一个整体，然后通过键、止动螺钉将轮毂连接在搅拌轴上。但应用较多的是可拆式桨叶，两片桨叶对开地用轴环夹紧在搅拌轴上。当桨径 $d_j \leqslant 600\text{mm}$ 时，可用一对螺栓固定；当桨径 $700 \leqslant d_j \leqslant 1100\text{mm}$ 时，可用两对螺栓固定；当桨径大于 1100mm 时，为了传递扭矩可靠，在用螺栓夹紧的同时，还要用穿轴螺栓固定桨叶和轴。

2. 涡轮式

各种型式的涡轮桨叶均通过轮毂用键、止动螺钉连接于搅拌轴上，同时在搅拌轴的底部用拧入轴端的螺栓或螺母挡住轮毂。

3. 推进式

推进式搅拌器类似风扇扇叶结构。它与轴的连接是通过轴套用平键或紧定螺钉固定，轴端加固定螺母来实现的。

各种搅拌器安装的具体方式和几何参数参照 HG/T 3796.1～3796.12—2005《搅拌器》和 HG/T 20569—2013《机械搅拌设备》。

7.4.3 搅拌轴设计

搅拌轴的设计内容包括轴的结构设计，以及考虑轴的强度、刚度、轴的耐振性等因素，确定轴的危险截面处的尺寸，保证搅拌轴的安全平稳运转。

1. 轴的结构设计

搅拌轴一般应采用实心轴结构，当采用空心轴结构时，轴两端应该密封焊。搅拌轴的材料应满足使用工况的要求。碳钢材料常用 45 号钢，有防腐和防污染物料等要求比较高的场合，应采用不锈耐酸钢。

2. 轴径设计

1）按扭转变形计算搅拌轴的轴径

搅拌轴的扭转变形过大，会造成轴的振动，使轴封失效，因此需要进行刚度计算，将轴单位长度的扭转角 γ 限制在允许范围内，作为扭转刚度条件。

$$\gamma = \frac{M_{\text{nmax}}}{GI_{\text{p}}} \times \frac{180}{\pi} = \frac{583.6M_{\text{nmax}}}{Gd^4(I-\alpha^4)} \leqslant [\gamma] \tag{7-3}$$

式中 d——搅拌轴直径，m；

G——轴材料剪切弹性模量，Pa；

M_{nmax}——轴传递的最大转矩，$M_{\text{nmax}} = 9553\dfrac{P}{n}$，N·m；

n——搅拌轴转速，r/min；

P——搅拌传递的功率，kW；

α——空心轴内外径之比；

$[\gamma]$——轴的许用扭转角，对于悬臂轴 $[\gamma]=0.35°/\text{m}$，对于单跨梁 $[\gamma]=0.7°/\text{m}$。

故满足刚度要求所需的最小搅拌轴直径按式(7-4)计算：

$$d = 4.92\sqrt[4]{\frac{M_{\text{nmax}}}{[\gamma]G(I - \alpha^4)}} \tag{7-4}$$

2）按强度计算搅拌轴的轴径

搅拌轴的强度条件为：

$$\tau_{\max} = \frac{M_{\text{te}}}{W_{\text{P}}} \leqslant [\tau] \tag{7-5}$$

式中 $\tau_{\max}$——搅拌轴截面最大切应力，MPa；

M_{te}——轴上扭矩和弯矩同时作用时的当量扭矩，$M_{\text{te}} = \sqrt{M_{\text{n}}^2 + M^2}$，N·m；

M_{n}——轴上扭矩，N·m；

M——轴上弯矩总和，$M = M_{\text{R}} + M_{\text{A}}$，N·m；

M_{R}——水平推力引起的轴弯矩，N·m；

M_{A}——轴向力引起的轴弯矩，N·m；

W_{P}——抗扭截面模量，对于空心圆轴 $W_{\text{P}} = \frac{\pi d^3}{16}(1 - \alpha^4)$，$m^3$；

$[\tau]$——轴材料的许用切应力，$[\tau] = \frac{R_{\text{m}}}{16}$，MPa；

R_{m}——轴材料的抗拉强度。

故满足强度要求所需的最小搅拌轴直径可按式(7-6)计算：

$$d = 1.72\sqrt[3]{\frac{M_{\text{te}}}{[\tau](1 - \alpha^4)}} \tag{7-6}$$

3）按照临界转速计算搅拌轴直径

当搅拌轴的转速达到轴自振频率时，轴产生共振，轴会发生强烈振动，并出现很大弯曲，此时的转速称为临界转速，记作 n_{c}。轴在靠近临界转速运转时，轴常因强烈振动而损坏，有时甚至因破坏轴封而停产。因此，工程上要求搅拌轴的工作转速避开临界转速。轴的临界转速有很多阶，最低的一个临界转速称为一阶临界转速 n_{c1}，还有二阶 n_{c2}、三阶 n_{c3} 等。通常把工作转速低于第一临界转速的轴称为刚性轴，工作转速大于第一临界转速的称为柔性轴或者挠性轴。一般搅拌轴的工作转速较低，大多为低于第一临界转速下工作的刚性轴。

搅拌轴的抗振条件应满足表 7-10 的规定。

表 7-10　搅拌轴的抗振条件

<table>
<tr><th rowspan="2">搅拌介质</th><th colspan="2">刚性轴</th><th>柔性轴</th></tr>
<tr><th>搅拌桨
（叶片式搅拌桨除外）</th><th>叶片式搅拌桨[a]</th><th>高速搅拌桨</th></tr>
<tr><td>气体</td><td rowspan="2">$\frac{n}{n_{\text{c1}}} \leqslant 0.7$</td><td>$\frac{n}{n_{\text{c1}}} \leqslant 0.7$</td><td>不推荐</td></tr>
<tr><td>液体-液体
液体-固体</td><td>$\frac{n}{n_{\text{c1}}} \leqslant 0.7$ 和
$\frac{n}{n_{\text{c1}}} \neq (0.45 \sim 0.55)$</td><td>$\frac{n}{n_{\text{c1}}} = 1.3 \sim 1.6$[b]</td></tr>
</table>

续表

搅拌介质	刚性轴		柔性轴
	搅拌桨（叶片式搅拌桨除外）	叶片式搅拌桨[a]	高速搅拌桨
液体-气体	$\frac{n}{n_{c1}} \leqslant 0.7$	$\frac{n}{n_{c1}} \leqslant 0.4$	$\frac{n}{n_{c1}} = 1.3 \sim 1.6$[b]

a 叶片式搅拌桨包括桨式、开启涡轮式、圆盘涡轮式、推进式、三叶后掠式等型式，不包括锚式、框式、螺杆式、螺带式等型式。

b 当设计者有更正确的计算方法和有效的试验手段时，可适当放宽。

临界转速与支承方式、支承点距离及轴径有关，不同型式支承轴的临界转速的计算方法不同。

装有多个且经过很好平衡的搅拌器的等直径悬臂轴可简化为图7-9所示模型，其一阶临界转速可按式(7-7)近似计算：

$$n_{c1} \approx \frac{60}{2\pi}\sqrt{\frac{3EI}{m_s L_1^2(L_1 + a)}} \tag{7-7}$$

式中 E——轴材料的弹性模量，Pa；

I——轴的惯性矩，$I = \frac{\pi d^4}{64}$，m^4，其中 d 为轴径(m)；

a——悬臂搅拌轴两支点的距离，m；

m_s——轴和搅拌器有效质量在 S 点的等效质量载荷，kg；

L_1——第1个搅拌器外伸端长度，m。

等效质量 m_s 的计算公式为：

$$m_s = m + \sum_{i=1}^{z} m_i$$

式中 m——悬臂轴 L_1 段自身质量及附带液体质量在轴末端 S 点的等效质量，kg；

m_i——第 i 个搅拌器自身质量及附带液体质量在轴末端 S 点的等效质量，kg；

z——搅拌器数量。

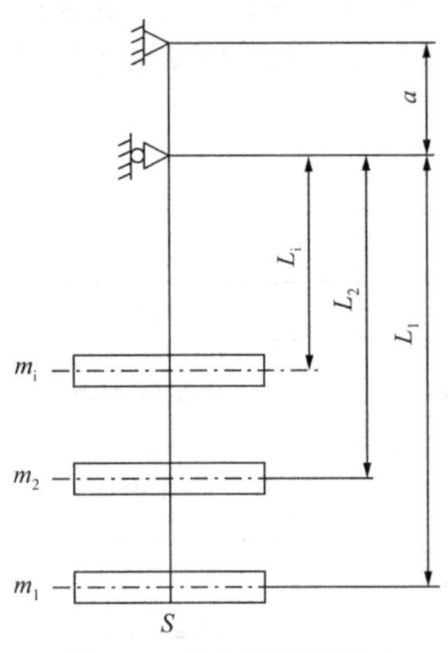

图7-9 带多层搅拌器的等直径悬臂轴

m、m_i 及其他型式支承轴的临界转速计算可参照HG/T 20569—2013《机械搅拌设备》附录C。

4）按轴封处允许径向位移验算轴径

轴封处径向位移的大小影响密封性能，径向位移大，易造成泄漏和密封损失。当有要求时，搅拌轴的轴径还应满足轴封处径向位移要求。轴封处的径向位移主要由三个因素引起：轴承的径向游隙、流体形成的水平推力、搅拌器及附件组合质量不均匀产生的离心力。因此需要分别计算其径向位移，然后叠加，使总径向位移小于允许的径向位移。具体验算可参照 HG/T 20569—2013《机械搅拌设备》附录C。

5）搅拌轴的轴径系列

参照 HG/T 3796.2—2005《搅拌轴轴径系列》，搅拌轴的直径计算校核后应优先按表7-11选用。

表 7-11　搅拌轴轴径系列　　mm

搅拌轴公称直径									
20	25	30	35	40	45	50	55	60	65
70	80	90	95	100	110	120	125	130	140
150	160	180	200	220	240	260	280	300	

注：搅拌轴公称直径系列是指搅拌轴通过填料箱或机械密封部位(或相当于此部位)的轴径。

7.5　搅拌设备的传动装置

搅拌设备的搅拌装置依靠传动装置来带动。搅拌设备的传动装置系统一般包括电动机、减速机、联轴器、机架、凸缘法兰、安装底盖等部分。常见的传动装置如图 7-10 所示。

传动装置的设计包括：电动机、减速机的选型；联轴器选择；机架选用，凸缘法兰、安装底盖的选用等。

7.5.1　电动机选型

电动机的功率必须满足搅拌器运转所需功率和传动系统、轴封系统功率损失的要求，电动机所需功率可按照式(7-8)确定：

$$P_N = \frac{P + P_m}{\eta} \tag{7-8}$$

式中　P_N——电动机所需功率，kW；

P——搅拌功率，kW；

P_m——轴封装置的摩擦损失功率，kW；

η——传动装置机械效率，kW，见表 7-12。

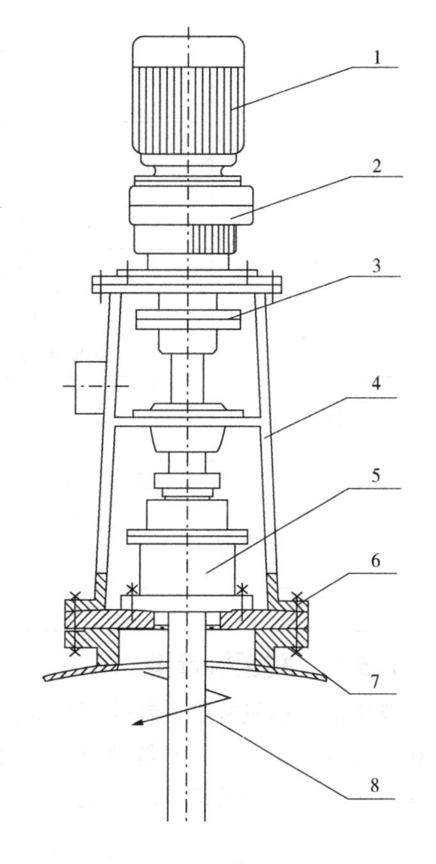

图 7-10　传动装置

1—电动机；2—减速机；3—联轴器；4—机架；5—轴封；6—安装底盖；7—凸缘法兰；8—搅拌轴

搅拌设备电动机的型号应根据所需功率、转速、安装形式、工作环境等因素选择，工作环境包括防爆、防护等级、腐蚀环境等要求。最常用的是 Y 系列全封闭自扇冷式笼型三相异步电动机，当有防爆要求时，采用 YB 系列防爆型三相异步电动机。但根据国家工信部高效电机产业政策，目前 Y、Y2、YB 系列电机已被淘汰，替代产品为 YX3、YE3、YE4、YB3 高效电机系列电机，可根据相应的电动机标准选用。

表 7-12　传动装置的机械效率

传动类型	传动型式	机械效率 η
摆线针轮传动	摆线针轮行星减速器	0.88～0.95
谐波齿轮传动	谐波减速器	0.80～0.90
圆柱齿轮传动	单级圆柱齿轮减速器	0.97～0.98
	双级圆柱齿轮减速器	0.95～0.96
圆锥齿轮传动	单级圆锥齿轮减速器	0.95～0.96
	双级(圆锥+圆柱齿轮减速器)	0.94～0.95
蜗杆传动	自锁的	0.40～0.45
	单头蜗杆	0.70～0.75
	双头蜗杆	0.75～0.82
	三头蜗杆	0.82～0.92
	四头蜗杆	0.92～0.95
	圆弧蜗杆	0.85～0.95
链传动	开式传动(脂润滑)	0.90～0.93
	闭式传动(稀油润滑)	0.95～0.97
行星传动	NGW 行星齿轮减速器(一级)	0.97～0.99
	NGbiaW 行星齿轮减速器(二级)	0.94～0.97
轴承	滚动	0.98～0.99
	滑动	0.94～0.98
无级变速器效率		0.85～0.94
平皮带		0.92～0.98
三角皮带		0.90～0.97
同步带		0.93～0.98

7.5.2　减速机选型

常用的减速机有摆线针轮行星减速器、齿轮减速机、三角皮带减速机以及圆柱蜗杆减速机。几种减速机的基本特性见表 7-13。一般根据功率、转速来选择减速机。选用时优先考虑传动效率高的齿轮减速机和摆线针轮行星减速机。

表 7-13　四种常用减速机的基本特性

特性参数	减速器类型			
	摆线针轮行星减速机	齿轮减速机	三角皮带减速机	圆柱蜗杆减速机
传动比 i	87～9	12～6	4.53～2.96	80～15
输出轴转速/(r/min)	17～160	65～250	200～500	12～100
输入功率/kW	0.04～55	0.55～315	0.55～200	0.55～55
传动原理	利用少齿差内啮合行星传动	两级同中距并流式斜齿轮传动	单级三角皮带传动	圆弧齿圆柱蜗杆传动

续表

特性参数	减速器类型			
	摆线针轮行星减速机	齿轮减速机	三角皮带减速机	圆柱蜗杆减速机
主要特性及应用场合	传动效率高，传动比大，结构紧凑，装拆方便，寿命长，质量轻，体积小，承载能力高，工作平稳，对过载和冲击载荷有较强的承受能力，允许正反转，可用于防爆要求	传动比准确，寿命长，在相同传动比范围内具有体积小，传动效率高，制造成本低，结构简单，装配检修方便，可以正反转，不允许承受外加轴向载荷，可用于防爆要求	结构简单，过载时会产生打滑现象，因此能起到安全保护作用，由于皮带滑动不能保证传动比精确，不能用于防爆要求	凹凸圆弧齿廓啮合，磨损小，发热低，效率高，承载能力高，体积小，质量轻，结构紧凑，广泛用于搪玻璃反应罐，可用防爆要求

7.5.3 凸缘法兰和安装底盖选用

1. 凸缘法兰选用

凸缘法兰一般焊接于搅拌容器的封头上，用于连接搅拌传动装置，亦可兼作安装、维修、检查用孔。凸缘法兰的公称直径为 *DN*200～900mm。凸缘法兰分为整体结构和衬里结构两种型式，可以根据介质的腐蚀性选用。密封面形式有突面(R 或 LR)的和凹面(M 或 LM)两种，其中 LR 和 LM 为衬里结构的密封面型式。凸缘法兰可按 HG 21564 选用，主要型式如表 7-14 所示。凸缘法兰的结构尺寸和连接尺寸可参照 HG 21564 选用。

表 7-14　凸缘法兰型式

结构型式	密封面型式	
	突面	凹面
整体	R	M
衬里	LR	LM

2. 安装底盖的选用

安装底盖采用螺栓等紧固件与凸缘法兰连接，是整个搅拌传动装置与容器连接的主要连接件。

安装底盖的型式根据结构(整体或衬里)、密封面型式(突面或凹面)以及传动轴的安装型式选取(上装或下装)，如表 7-15 所示。

表 7-15　安装底盖型式

传动轴安装型式	密封面型式			
	突面		凹面	
	整体	衬里(L)	整体	衬里(L)
上装	RS	LRS	MS	LMS
下装	RX	LRX	MX	LMX

安装底盖的公称直径与凸缘法兰相同。型式选取时应注意与凸缘法兰的密封面配合(凸面配凸面，凸面配凹面)。

型式确定后，安装底盖的结构尺寸由安装底盖公称直径、机架公称直径、传动轴轴径三者确定。

凸缘法兰、安装底盖、机架、传动轴轴径(通过填料箱或机械密封部分的轴径)以及搅拌容器直径之间常用的搭配关系按表 7-16 规定。

图 7-11 为机架公称直径与安装底盖公称直径相同时，采用上装式传动轴的连接方式。安装底盖的外形尺寸可参照 HG 21565 选用。

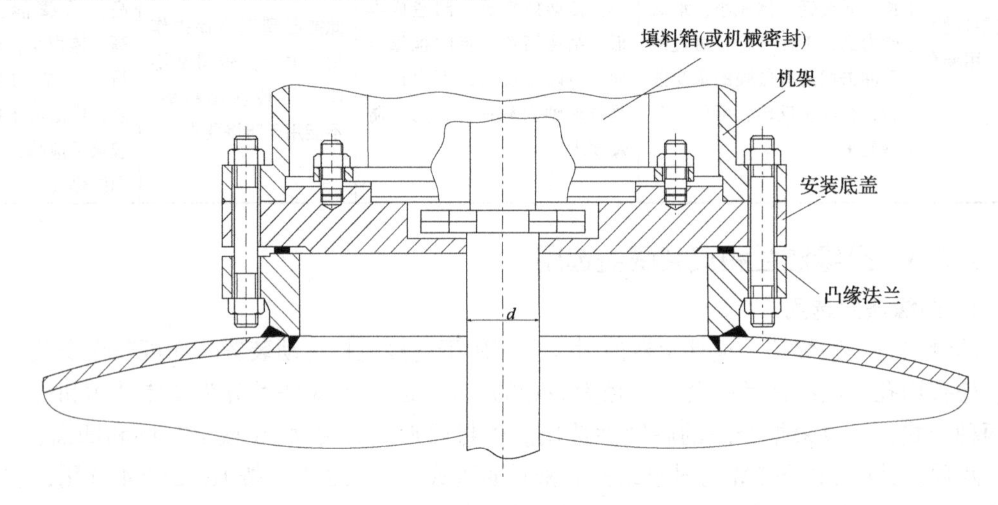

图 7-11　上装式传动轴安装底盖连接

7.5.4　机架的选用

机架用于支承减速机和传动轴，机架下端采用螺柱与安装底盖连接，机架公称直径一般等于或小于安装底盖公称直径。机架可分为无支点机架、单支点机架、双支点机架。

1. 无支点机架选用

(1) 电机或减速机具有两个支点，并经核算确认轴承能够承受由搅拌轴传递来的径向和轴向载荷；

(2) 减速机具有一个支点与中间轴承、底轴承或轴封上的轴承，上下组成一对轴支承时。

无支点机架一般仅适用于传递小功率和小的轴向载荷条件。

2. 单支点机架选用

(1) 电动机和减速机有一个支点，经核算可承受搅拌轴的载荷；

(2) 搅拌容器内设置底轴承，并可用作支承的支点；

(3) 轴封本体设有可以作为支点的轴承；

(4) 在搅拌容器内，设有中间轴承，并可以用作支承的支点。

3. 双支点机架选用

不符合采用单支点机架和无支点机架的条件时，应选用双支点机架。

机架型式应按照传动轴密封型式及支点要求按表 7-17 选取。

表 7-16 凸缘法兰、安装底盖、机架、传动轴轴径、搅拌容器直径搭配关系

安装底盖公称直径/mm	机架公称直径 传动轴轴径 d/mm													搅拌容器公称直径/mm
	30	40	50	60	70	80	90	100	110	120	130	140	160	
200	200	200	+	+	+	+	+	+	+	+	+	+	+	500 600
250	+	+	250	250	250	+	+	+	+	+	+	+	+	700 800 1000
300	200*	200*	+	300	300	300	+	+	+	+	+	+	+	1200 1400
400	200*	200*	250*	250 300*	300	300	400	400	+	+	+	+	+	1600 1800
500	200*	200*	250*	300*	300*	300	400	500	500	500	500	+	+	2000 2200
700	200*	200*	250*	300*	300*	300	400	400 500	500	700	700	700	700	2400 2600 2800
	200*	200*	250*	300*	300*	300*	400*	400 500	500	700	700	700	700	3000
900	200*	200*	250*	300*	300*	300*	400*	400 500	500	700	700	700	700	3200 3400 3600 3800

注：①"+"表示此种结构几何学上不可能；带 * 表示此种结构不常用。

② 搅拌容器公称直径与传动轴轴径、凸缘法兰、机架公称直径的对应关系，设计者可根据实际设计经验更改。

表 7-17　机架的型式

机架型式		适用的传动轴密封型式(填料密封参照 HG 21537.7～21537.8、机械密封参照 HG 21571)
单支点机架	A 型	不带内置轴承的机械密封
	B 型	调料箱或带内置轴承的机械密封
双支点机架	A 型	不带内置轴承的机械密封
	B 型	调料箱或带内置轴承的机械密封

机架型式确定后，机架的结构尺寸由机架公称直径和传动轴轴径所确定。单支点机架结构型式及尺寸参数参照 HG 21566《搅拌传动装置—单支点机架》。双支点机架结构型式及尺寸参数参照 HG 21567《搅拌传动装置—双支点机架》。

7.5.5　联轴器选用

电机或减速机输出轴与传动轴之间及传动轴与搅拌轴之间的连接，都是通过联轴器连接的。传动轴采用釜外联轴器与减速机连接(采用单支点机架)或与机架中间短轴连接(采用双支点机架)；采用釜内联轴器与釜内的搅拌轴连接。当采用整体轴时，将传动轴在釜内的一段延伸兼作搅拌轴，釜内联轴器可取消。

当采用无支点机架，且除电机或减速器支点外无其他支点时，搅拌轴与减速机输出轴之间应采用刚性联轴器。

当采用单支点机架，且设置可作为支承的中间轴承、底轴承或轴封上的轴承时，传动轴与减速机输出轴之间应采用柔性联轴器；当无中间轴承、底轴承或轴封上也未设置轴承的单支点机架，且传递较小功率或较小轴承载荷时，传动轴与减速机输出轴之间可采用刚性联轴器。

当搅拌轴分段时，两轴之间的连接应采用刚性联轴器。

当采用双支点机架时，传动轴与减速机输出轴之间应采用柔性联轴器。

釜外带短节的联轴器为带短节的凸缘联轴器，带短节联轴器的主要结构尺寸参数参照 HG 21569.1《搅拌传动装置—带短节联轴器》

适用于双支点机架的减速机输出轴与传动轴连接的柔性联轴器是块式弹性联轴器，其主要结构尺寸参数参照 HG 21569.2《搅拌传动装置—块式弹性联轴器》

适用于传动轴与釜内搅拌轴连接用的釜内联轴器主要包括凸缘(C 型)、夹壳(D 型)、焊接式(E 型)联轴器，其主要结构尺寸参数参照 HG 21570《搅拌传动装置—联轴器》

7.5.6　传动轴

传动轴采用釜外联轴器与减速机连接(采用单支点机架)或与机架中间短轴连接(采用双支点机架)；采用釜内联轴器与釜内的搅拌轴连接。当采用整体轴时，则釜内联轴器取消，传动轴下端延伸兼作搅拌轴。

传动轴的型式应根据机架型式、轴的安装形式及釜内轴头型式确定。参照 HG 21568《搅拌传动装置—传动轴》确定传动轴的型式。

传动轴的材料一般选用 35、40、45、40Cr、1Cr13 和 0Cr18Ni9、0Cr17Ni12Mo2 等。传动轴轴径由计算确定，一般取传动轴轴径等于搅拌轴轴径。传动轴轴径与机架公称直径的选配参照表 7-16。传动轴轴径与减速机输出轴轴径的选配参照表 7-18。

表 7-18　传动轴轴径与减速机输出轴轴径的选配

传动轴轴径 d	减速机输出轴轴径	传动轴轴径 d	减速机输出轴轴径
30	10～20	100	60～85
40	22～30	110	70～90
50	24～40	120	80～100
60	32～45	130	80～110
70	45～55	140	90～120
80	50～65	160	100～140
90	50～75		

传动轴安装形式分为上装式和下装式，上装式从安装底盖上方，由上而下进行安装、检修，下装式从安装底盖下方，由下而上进行安装、检修。

7.6　搅拌设备的轴封装置

轴封是指搅拌设备传动轴密封装置，是搅拌设备的一个重要组成部分。搅拌设备轴封的任务是保证搅拌设备处于一定的正压或真空状态，以及防止反应物料逸出和外界杂质进入内部工作系统。

常用的轴封有填料密封和机械密封两种型式。填料密封适用于介质为非腐蚀性或弱腐蚀性，毒性为轻度危害，搅拌容器内压力在-0.03～1.6MPa之间，操作温度不高于300℃的场合。机械密封适用于在腐蚀、易爆、有毒以及带有固体颗粒的介质中工作的有压和真空的搅拌设备。

7.6.1　填料密封

填料密封的结构如图 7-12 所示，由底环、本体、油环、填料、螺柱、压盖及油杯等部分组成，本体法兰与安装底盖法兰连接。在填料压盖压力的作用下，装在搅拌轴与填料箱本体之间的填料，对搅拌轴表面产生径向压紧力。由于填料中焊有润滑剂，因此，在搅拌轴产生径向压紧力的同时，形成一层极薄的液膜，一方面使搅拌轴得到润滑，一方面阻止设备内流体逸出或外部流体渗入，达到密封的目的。填料中部设置油环，用于从油杯补充润滑剂，保持轴和填料之间的润滑。

当采用填料密封时，宜采用现行的标准填料箱。填料箱的型式和尺寸参照 HG 21537.7《搅拌传动装置—碳钢填料箱》、HG 21537.8《搅拌传动装置—不锈钢填料箱》，填料箱的尺寸与轴径及公称压力相关，填料箱分为0.6MPa、1.6MPa两档规格。

7.6.2　机械密封

机械密封是把转轴的密封面从轴向改为径向，通过动环和静环两个端面的相互贴合，并作相对运动达到密封的装置。机械密封泄漏率低，密封性能可靠，功耗少，使用寿命长，在搅拌设备中应用广泛。

机械密封的结构如图 7-13 所示，由固定在轴上的动环及弹簧压紧装置、固定在设备上的静环以及辅助密封圈组成。当转轴旋转时，动环和固定不动的静环紧密接触，并依靠轴上弹簧压紧力作用，阻止容器内介质从接触面上泄漏。动环和静环之间的摩擦面称为密封面，密封面上单位面积所受的力称为端面比压，它是动环在介质压力和弹簧力的共同作用下，紧压在静环上引起的，是操作时保持密封必需的比压力。根据密封面的对数，机械密封可分为单端面密封和双端面密封，设计压力小于0.6MPa，且密封要求一般的场合，可选用单端面密封，对于密封要求较高的场合(如毒性程度为中度危害及以上介质、高压操作)，设计压力大于0.6MPa时，一般应选用双端面密封。

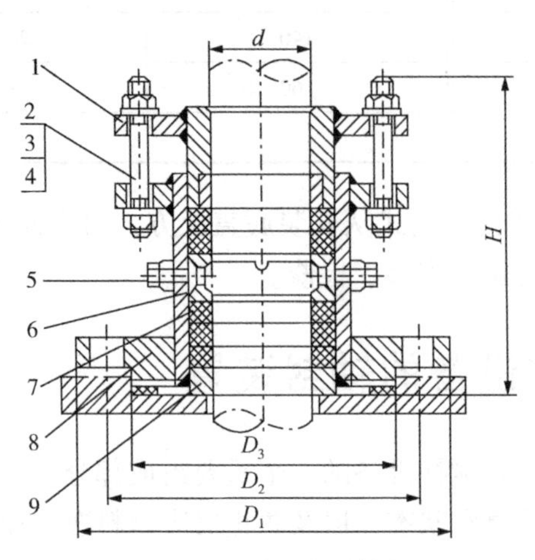

图7-12　填料密封结构

1—压盖；2—双头螺柱；3—螺母；4—垫圈；5—油杯；6—油环；7—填料；8—本体法兰；9—底环

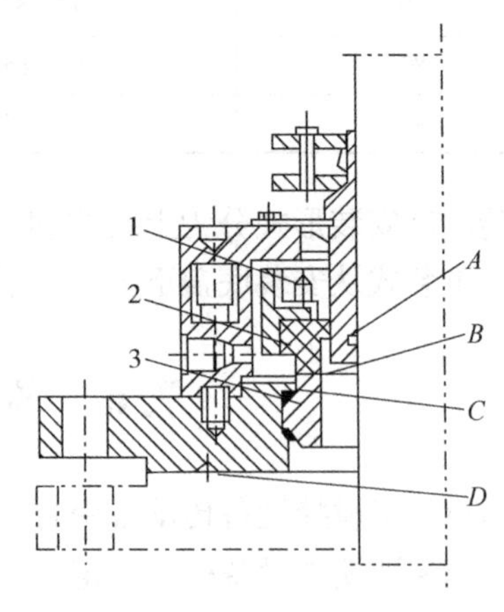

图7-13　机械密封结构

1—弹簧；2—动环；3—静环

当采用机械密封时，宜采用现行的标准机械密封，机械密封的型式和尺寸参照HG 21571《搅拌传动装置—填料密封》。

7.7　搅拌设备的其他附件

7.7.1　支座

搅拌设备多为立式安装，最常用的支座为耳式支座。标准耳式支座(NB/T 47065.3—2018)分为短臂、长臂、加长臂三种，根据设备安装需要选用。支座由筋板、底板、垫板组成，垫板材料一般应与容器材料相同，支座的筋板和底板材料有三种，分别为Q235B(-20～200℃)、S30408(-100～200℃)、15CrMoR(-20～300℃)。

根据公称直径和单个耳式支座承受的实际载荷Q(kN)，在标准中选取标准耳式支座，并使支座承受的实际载荷Q小于等于支座本体允许载荷[Q]。耳式支座受力如图7-14所示。

耳式支座实际承受的载荷Q可按式(7-9)近似计算：

$$Q=\left[\frac{m_0g+G_e}{kn}+\frac{2(ph+G_eS_e)}{nD}\right]\times10^{-3} \tag{7-9}$$

式中　Q——支座实际承受的载荷，kN；

D——支座的安装尺寸，mm；

g——重力加速度，取g=9.81m/s^2；

G_g ——偏心载荷，N；

S_e ——偏心距，mm；

h ——水平力作用点至底板高度，mm；

k ——不均匀系数，安装 3 个支座取 $k=1$，安装 3 个以上支座取 $k=0.83$；

m_0 ——设备总质量（包含壳体及附件，内部介质及保温层的质量），kg；

n ——支座数量；

p ——水平力，取 p_w 和 $p_e+0.25p_w$ 的大值，N。

高径比不大于 5，且总高度 H_0 不大于 10m 时，水平地震力 p_e 和水平风载荷 p_w 可按式（7-10）和式（7-11）计算，超出此范围，不推荐使用耳座。

水平地震力 $p_e=0.85\alpha m_0 g$ （7-10）

水平风载荷 $p_w=1.19f_i q_o D_o H_o\times10^{-6}$ （7-11）

式中 α ——地震影响系数；

f_i ——风压高度变化系数，按设备质心处高度取值，见表 7-19；

D_o ——容器外径，mm；

H_o ——容器总高度，mm；

q_o ——10m 高度处的基本风压值，N/m²。

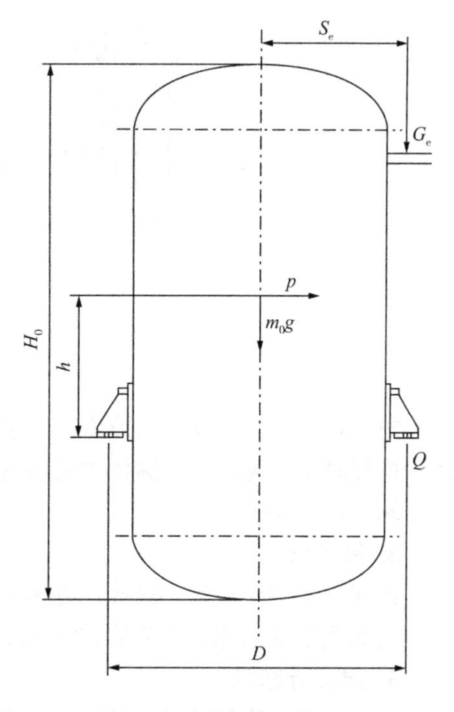

图 7-14 耳式支座受力图

表 7-19 风压高度变化系数

设备质心所在高度/m	≤10	15	20
风压高度变化系数 f_i	1.00	1.14	1.25

当搅拌设备直接安装在刚性地基上时，可选用腿式支座（也称“支腿”），标准腿式支座适用于公称直径为 *DN*300～2000mm 的设备。支腿由支柱、垫板、底板组成，支柱型式包括角钢支柱、钢管支柱、H 型钢支柱。腿式支座的选型参照 NB/T 47065.2—2018《容器支座—腿式支座》。

7.7.2 工艺接管

搅拌设备由于工艺操作的原因，需要进行开孔或接管。

1. 加料管

搅拌设备的加料管一般都是从顶盖引入，加料管下端的开口截成 45°角，开孔方向朝着设备中心，以防止冲刷罐体。图 7-15（a）为普通加料管结构，图 7-15（b）所示内管为不锈钢制造，适用于物料有腐蚀性的情况。

2. 压出管

当物料是强腐蚀性和有毒性的物质时，物料的输送往往采用气体输送法，即采用压缩气体，把反应后的物料压送到下一道工序的设备中去，或者利用承受设备抽真空，靠大气

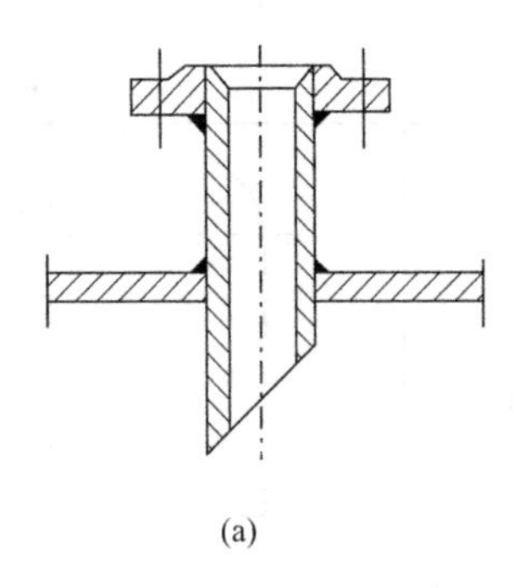

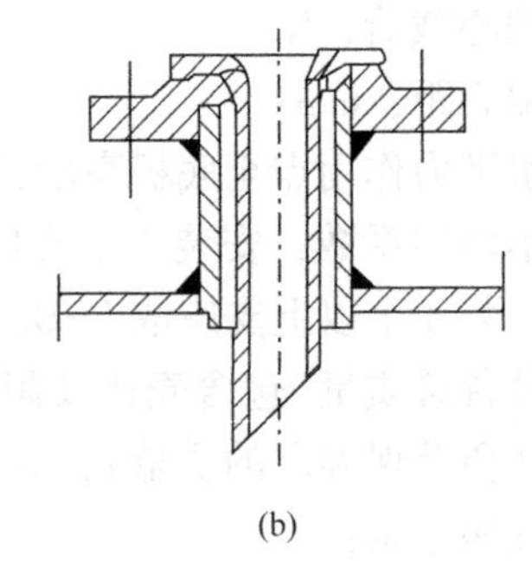

图 7-15　加料管

压力把物料压送到与其并列或者高于它的设备中，此时可采用压出管(见图 7-16)。为了减少搅拌时引起晃动，在罐体内要用管卡将压出管固定。为了加大压出管入口截面，压出管下端可截成 45°～60°角。

3. 卸料管

搅拌设备的卸料管一般放在罐体最低处，对带有夹套结构的容器下封头底部接管，连接方式如图 7-6 所示。接管穿过夹套处结构尺寸可按表 7-6 确定。

4. 温度计套管

搅拌设备内物料的温度利用放在套管中的长温度计或热电偶来进行测量。为了建立良好的传热条件，可在套管里注入一些机油或其他高沸点液体，然后插入温度计或热电偶。温度计套管结构如图 7-17 所示。

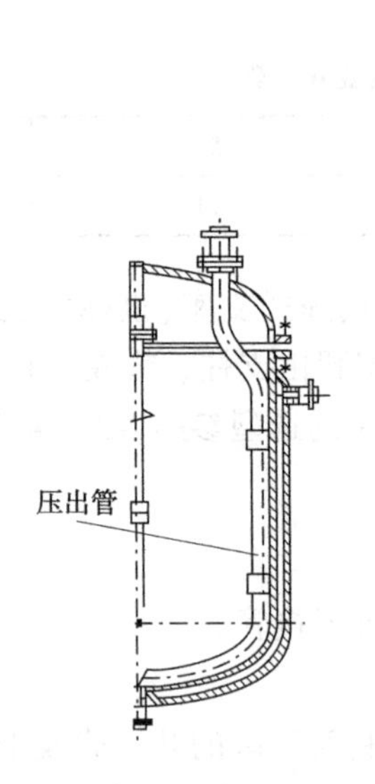

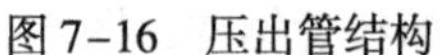
图 7-16　压出管结构

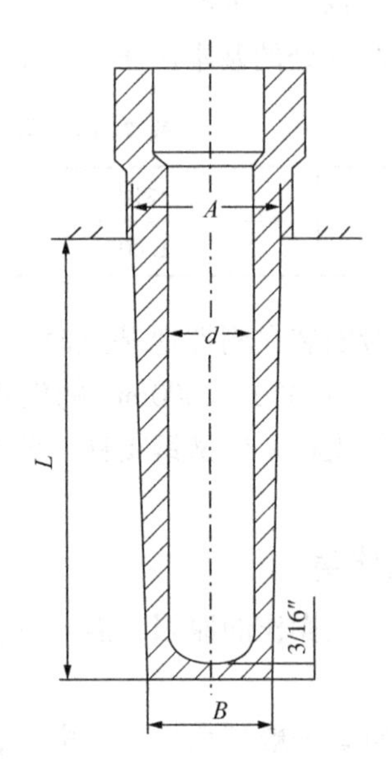

图 7-17　温度计套管

接管的公称直径与接管外径的关系见表 7-20。

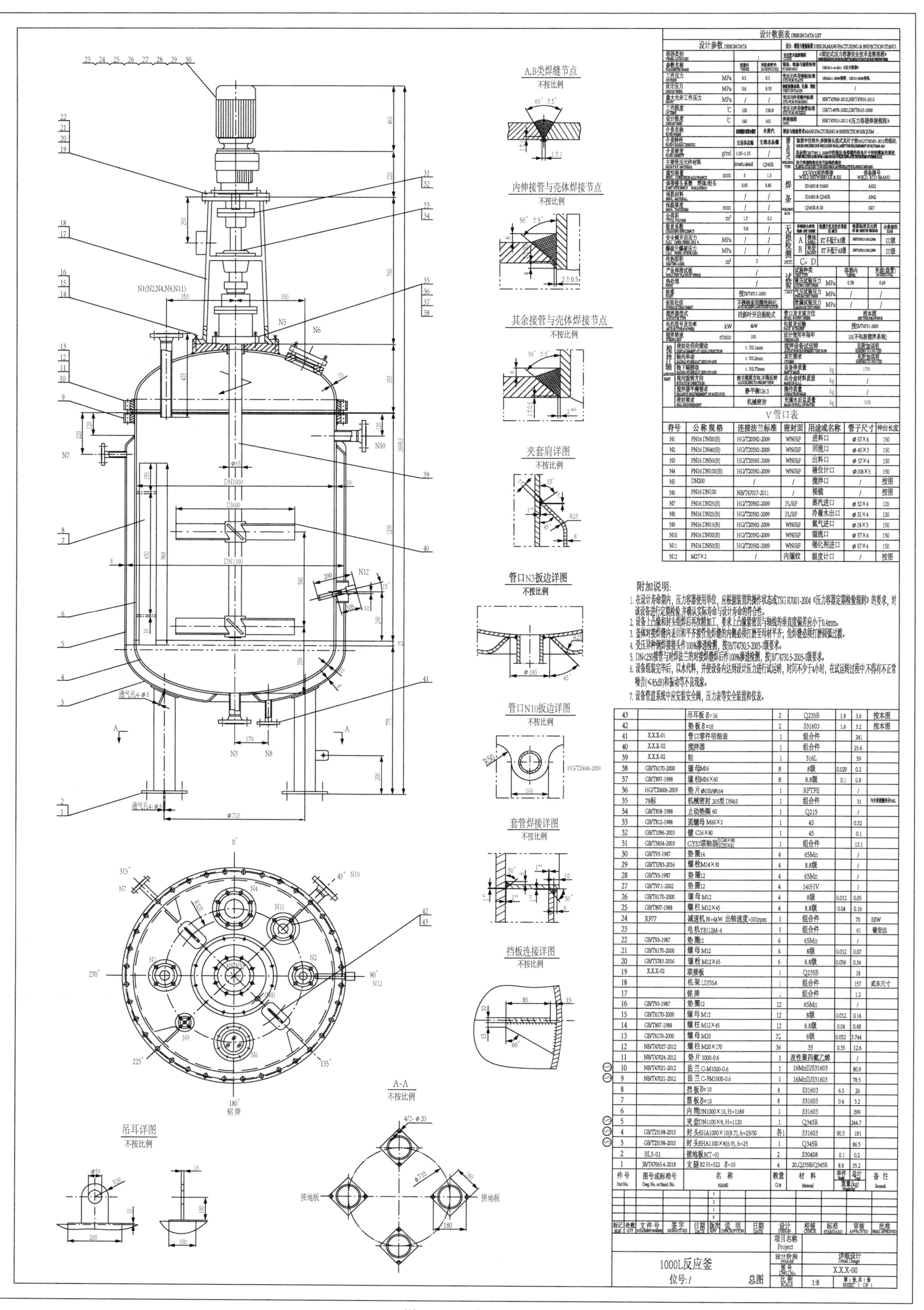

A,B类焊缝节点
不按比例
内伸接管与壳体焊接节点
不按比例
其余接管与壳体焊接节点
不按比例
夹套肩详图
不按比例
管口N3扳边详图
不按比例
管口N10扳边详图
不按比例
套管焊接详图
不按比例
挡板连接详图
不按比例
吊耳详图
不按比例
A-A
不按比例
接地板
设计数据表 DESIGN DATA LIST
V管口表
符号 公称规格 连接法兰标准 密封面 用途或名称 管子尺寸 伸出长度
N1 PN16 DN50(B) HG/T20592-2009 WN/RF 进料口 φ57×4 150
N2 PN16 DN40(B) HG/T20592-2009 WN/RF 回流口 φ45×3 150
N3 PN16 DN50(B) HG/T20592-2009 WN/RF 出料口 φ57×4 150
N4 PN16 DN100(B) HG/T20592-2009 WN/RF 液位计口 φ108×5 150
N5 DN200 / / 搅拌口 / 按图
N6 PN16 DN100 NB/T47017-2011 / 视镜 / 按图
N7 PN16 DN25(B) HG/T20592-2009 FL/RF 蒸汽进口 φ32×4 120
N8 PN16 DN25(B) HG/T20592-2009 FL/RF 冷凝水出口 φ32×4 120
N9 PN16 DN15(B) HG/T20592-2009 WN/RF 氮气进口 φ18×3 150
N10 PN16 DN50(B) HG/T20592-2009 WN/RF 溢流口 φ57×4 150
N11 PN16 DN50(B) HG/T20592-2009 WN/RF 催化剂进口 φ57×4 150
N12 M27×2 / 内螺纹 温度计口 / 按图
附加说明:
1. 在设计寿命期内，压力容器使用单位，应根据装置的操作状态或TSG R7001-2004《压力容器定期检验规则》的要求，对该设备进行定期检验，并确认实际寿命与设计寿命的符合性。
2. 设备上凸缘和封头组焊后再次精加工，要求上凸缘密封面与轴线的垂直度偏差应小于0.4mm。
3. 釜体对接焊缝内表面和平齐接管角焊缝的内侧必须打磨至与母材平齐，角焊缝必须打磨圆滑过渡。
4. 受压异种钢焊接接头作100%渗透检测，按JB/T4730.5-2005 I级要求。
5. DN<250接管与对焊法兰的对接焊缝焊后作100%渗透检测，按JB/T4730.5-2005 I级要求。
6. 设备组装完毕后，以水代料，并使设备内达到设计压力进行试运转，时间不少于4小时，在试运转过程中不得有不正常噪音(≤85dB)和振动等不良现象。
7. 设备管道系统中应安装安全阀，压力表等安全装置和仪表。
件号 图号或标准号 名称 数量 材料 单件 总计 重量(kg) 备注
1000L反应釜
位号:/
总图
项目名称 Project
设计阶段 详细设计
图号 X.X.X-00
比例 1:8
第1张 共1张

图 7-19　反应釜

表 7-20　接管公称直径与外径

公称直径 DN	10	15	20	25	40	50	65	80	100	125
接管外径	14	18	25	32	45	57	76	89	108	133
公称直径 DN	150	200	250	300	350	400	450	500	600	
接管外径	159	219	273	325	377	426	480	530	630	

接管外伸长度为从法兰密封面到壳体外壁的距离，一般取 150mm，如设备需要保温，外伸长度的可参照 HG/T 20583—2011《钢制化工容器结构设计规定》。

7.7.3　挡板

搅拌过程中，当搅拌物料黏度不大、搅拌转速较高时，搅拌容器内液体的流动将变为湍流状态，这时容器中间部分的液体在离心力的作用下涌向内壁面并上升，中心部分液面下降，形成漩涡。为消除搅拌器形成的“打漩区”，通常在筒体内壁安装一定数量的挡板。挡板一般是长条形的竖向固定在罐壁上的板，挡板的数量及其尺寸、安装方式都会影响混合效果。挡板宽度为容器直径的 1/12～1/10，当搅拌容器直径 $D_i \leqslant 1000$mm 时，挡板数量为 2～4 块，当搅拌容器直径 $D_i > 1000$mm 时，挡板数量为 4～6 块。挡板上缘一般与搅拌容器内的静止液面齐平，当液面有轻质易浮的固体物料时，挡板上缘低于液面的高度 h 为 100～200mm，挡板下缘一般与容器底封头的切线平齐。挡板的安装位置如图 7-18 所示。

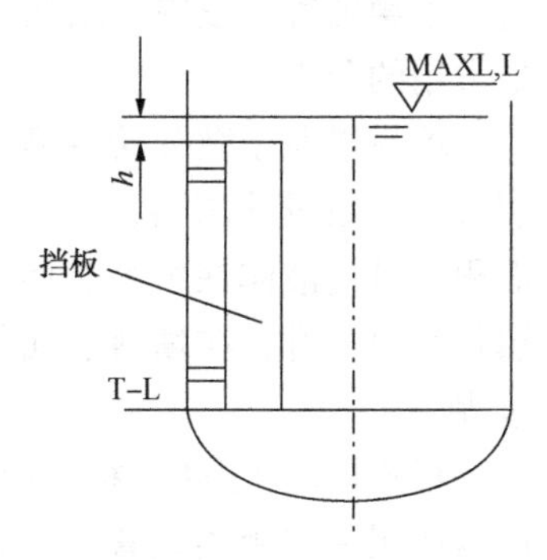

图 7-18　挡板安装位置

搅拌设备包含了搅拌容器、搅拌装置、传动装置、轴封装置、支座、人孔、工艺接管等附件，图 7-19 为包含了上述零部件的搅拌反应釜的总装配图示例。

第8章 塔设备设计

8.1 塔设备的分类和总体结构

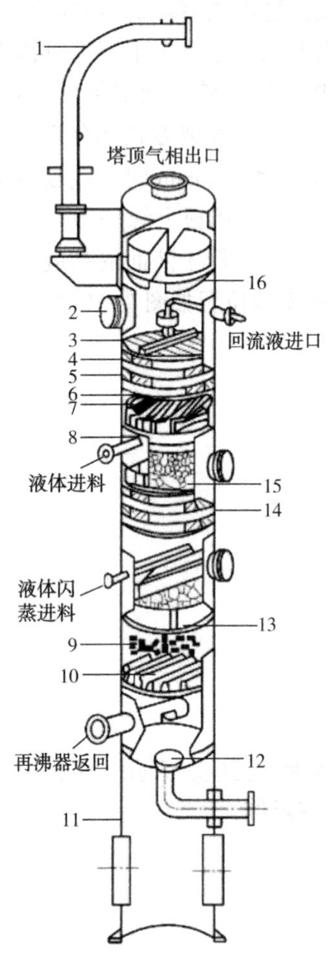

图8-1 填料塔总体结构

1—吊柱；2—人孔；3—排管式液体分布器；4—床层定位器；5，14—规整填料；6—填料支承栅板；7—液体收集器；8—集液管；9—散装填料；10—填料支承装置；11—支座；12—防涡流器；13—槽式液体再分布器；16—除沫器

8.1.1 塔设备的分类

塔设备是一种在化工、炼油、医药、食品与环境等行业应用非常广泛的单元操作设备。塔设备的作用是实现气(汽)-液相或液-液相之间的充分接触，从而达到相际间传质和传热的目的。

塔设备的种类很多，为了便于比较和选型，必须对塔设备进行分类。按照操作压力分，有加压塔、常压塔及减压塔；按单元操作分，有精馏塔、吸收塔、解析塔、萃取塔、干燥塔等；按内件结构分，有填料塔和板式塔，这是最常用的分类方法。

填料塔属于微分接触型气液传质设备，它是在塔体内装有一定数量的填料，填料的作用是提供气、液间的传质面积。塔内液体在填料表面呈膜状自上而下流动，气体沿填料空隙上升，在填料表面的液层与气体界面上进行传质过程。

板式塔属于逐级(板)接触型的气液传质设备，它是塔体内按照一定距离设置许多塔盘板，气体以鼓泡或喷射的方式穿过塔盘上的液层，使气液相密切接触而进行传质或传热。

8.1.2 塔设备的总体结构

填料塔的总体结构如图8-1所示，板式塔的总体结构如图8-2所示，由图可见，无论是填料塔还是板式塔，除内部结构差异较大外，其他结构基本相同。塔设备的基本结构可分为以下几个部分：

（1）塔体　主要由筒节和封头组成，当塔体直径大于800mm时，各塔节焊接成为一个整体。当筒节直径较小时，一般采用分段制造，然后采用设备法兰连接起来。

（2）内件　物料进行工艺过程的地方，主要包括填料及其支承装置或塔板及其附件。

（3）支座　塔体与基础的连接结构。由于塔设备较高、

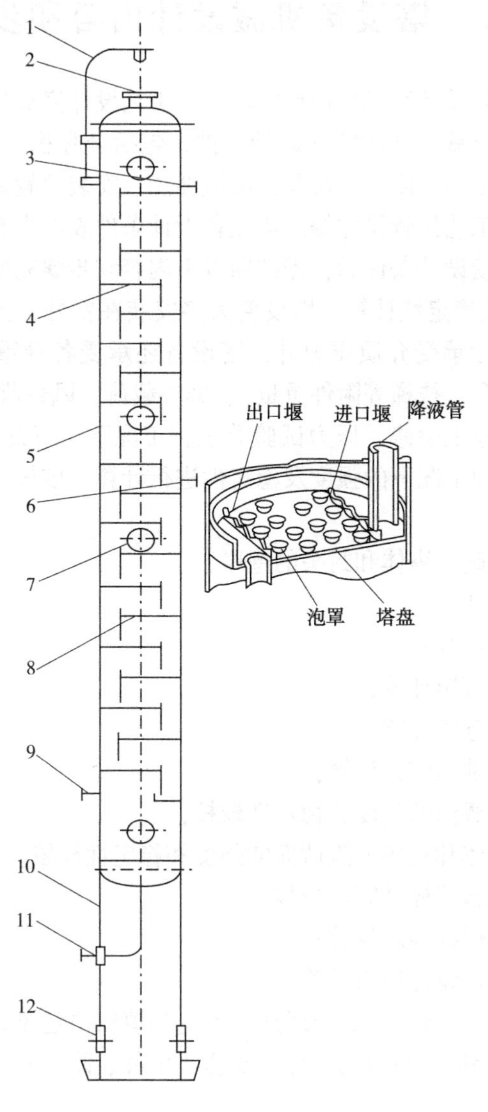

图 8-2　板式塔总体结构

1—吊柱；2—气体出口；3—回流液入口；4—精馏段塔盘；5—壳体；6—料液进口；7—人孔；8—提馏段塔盘；9—气体入口；10—裙座；11—釜液出口；12—出入口

重量较大，为保证足够的强度和刚度，通常采用裙式支座。

(4) 附件　包括人孔或手孔、接管(包括进液管、出液管、回流管、进气和出气管、侧线抽出管、取样管、仪表接管、液位计接管等)、液体分布装置和气体进料分布装置、除沫器、吊柱及扶梯、操作平台等。

8.2　塔设备机械设计内容和步骤

塔设备设计包括工艺设计和机械设计两部分。工艺设计完成后，工艺设计人员提供塔设备设计条件表，提出机械设计所需的原始条件，包括全容积、塔高、塔板类型和数目、塔板间距、工作压力、工作温度、介质及其腐蚀性能、安装位置基本风压、填料形式、规格、密度、堆积方式、工艺接管尺寸等。塔设备设计条件表如表 8-1 所示。

机械设计人员在阅读设计条件后，需按照以下内容和步骤完成塔设备的机械设计：

(1)塔设备的强度及稳定性计算　塔设备大多安装在室外，依靠裙座底部的地脚螺栓固定在混凝土基础上，除承受介质压力外，塔设备还承受各种重量(包括塔体、塔内件、介质、保温层、操作平台、扶梯等附件重量)、偏心载荷、风载荷、地震载荷的联合作用。此外，由于正常操作、停工检修、压力试验等三种工况下，塔设备所受的载荷并不相同，因此需要对塔设备在不同工况下的强度及稳定性进行计算、校核。具体包括：

① 选材；

② 按设计条件初步确定塔体和封头的壁厚；

③ 塔设备质量载荷计算；

④ 风载荷与风弯矩计算；

⑤ 地震载荷与地震弯矩计算；

⑥ 偏心载荷与偏心弯矩计算；

⑦ 各种载荷引起的轴向应力计算；

⑧ 塔体和裙座危险截面的强度和稳定性校核；

⑨ 耐压试验时，塔体和裙座危险截面的强度和稳定性校核；

⑩ 地脚螺栓座及地脚螺栓计算、校核；

⑪ 裙座与塔壳连接焊缝强度校核；

⑫ 塔器设备法兰当量设计压力计算。

(2) 塔设备结构设计　如 8.1.2 节所述，无论是填料塔还是板式塔，除内部结构差异较大外，其他结构基本相同，可分为塔体、支座、内件、附件几个部分。因此，塔设备结构设计主要包括：

① 塔体与裙座结构设计。

② 塔内件结构设计：

a. 填料塔内件，包括填料支承结构、液体分布器、液体收集载分布器、填料压紧和限位装置；

b. 板式塔内件，包括塔盘板、降液管、溢流堰、受液盘、塔盘支承件和紧固件。

表 8-1 设备设计条件表

简图	设计参数及要求		
	操作温度 ℃	塔顶	44
		塔底	88
		最高/最低	90
	操作压力 MPag	塔顶	1.420
		塔底	1.450
		最高	1.55
	介质名称	液化气	
	介质密度 kg/m^3	464	
	塔体内径 mm	1400	
	塔体高度 mm	37500	
	裙座高度 mm	7000	
	基本风压 N/m^2	400	
	地震设防烈度	7	
	填料型式	高效填料 HBTL-2	
	填料高度 m	上段	15
		下段	10

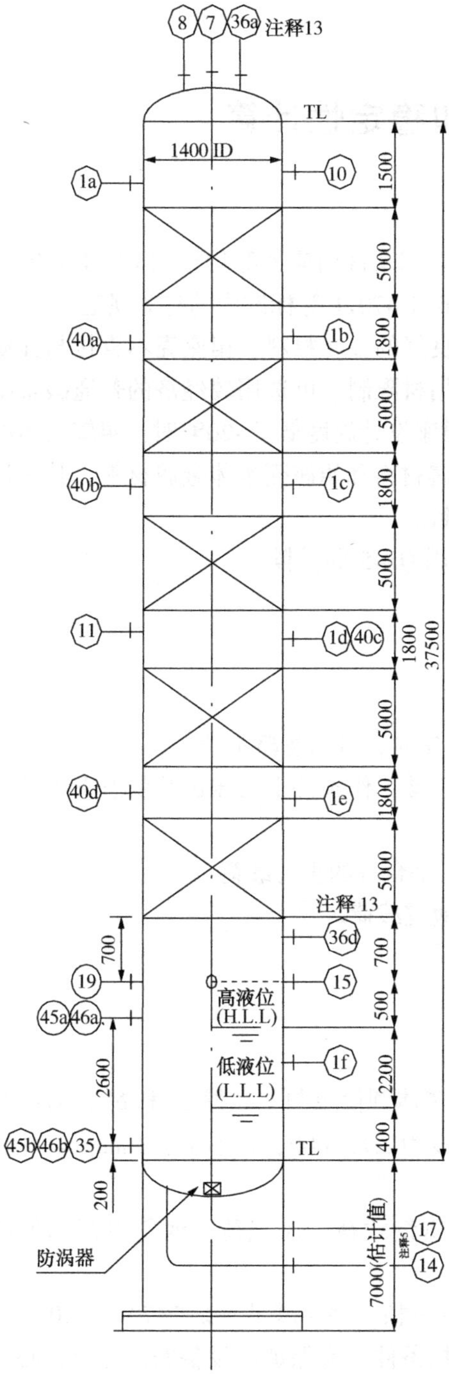

接管表

符号	公称尺寸	用途
1a～1f	500	人孔
7	250	气体出口
8	50	放空口
10	100	回流入口从 P-201
11	150	进料口
14	350	再沸器进料口
15	350	再沸器返回口自 E-205
17	80	液体出口至 E-202
35	50	公用工程接口
36ab	15	压力计接口
40a-d	20	热偶口
45ab	50	液位计接口/玻璃板
46ab	50	液位控制器接口

③ 塔附件结构设计：

a. 用于安装、检修塔盘的人(手)孔、物料进出口接管、引出孔、检查孔等设备接管。

b. 分离气体中夹带液滴的除沫器、支承保温材料的保温圈、吊装塔盘用的吊柱、扶梯及平台等固件。

(3)绘制施工图及编写技术要求。

8.3 塔设备的强度和稳定性计算

8.3.1 选材

塔设备受压元件金属材料的选用原则、热处理状态及许用应力等均按照 GB/T 150.2、JB/T 4734、JB/T 4745、JB/T 4755、JB/T 4756、NB/T 47011 等标准中的有关规定。

非受压元件与受压元件焊接时，采用焊接性能良好的金属材料。裙座壳不直接与介质接触，也不承受塔内介质压力，因此不受压力容器用材限制，可选用较经济的普通碳素结构钢，常用的裙座材料为 Q235-A · F 及 Q235A，裙座设计温度低于-20℃时，裙座筒体材料应选用 Q345R。裙座壳用金属材料分为过渡段金属材料和裙座壳本体金属材料，其中过渡段金属材料选材要求与相焊接塔壳体金属材料一致。

地脚螺栓一般宜采用 Q235，温度低于 0℃可采用 Q345 等材料。

8.3.2 塔设备承受的载荷

塔设备设计时主要应考虑以下几种载荷：

(1)内压、外压或最大压差；

(2)液柱静压力，当液柱静压力小于设计压力 5% 时，可以忽略不计；

(3)塔式容器的自重(包括内件和填料)，以及正常工作条件下耐压试验状态下内装介质的重力载荷；

(4)附属设备及隔热材料、衬里、管道、扶梯、平台等的重力载荷；

(5)风载荷(包括顺风向载荷和横风向载荷)和地震载荷。

塔设备各种载荷的示意图如图 8-3 所示。

8.3.3 塔设备强度及稳定性计算步骤

塔设备的强度和稳定性计算基本步骤为：

(1)根据 GB/T 150.3，按照设计条件初步确定塔体圆筒及封头壁厚 δ_e 和 δ_e^h；对碳素钢、低合金钢制塔设备，不包括腐蚀裕量的最小厚度为 $2D_i/1000$，且不小于 3mm。其他金属材料制塔设备，按照相应引用标准的规定。

(2) 计算塔体和裙座危险截面的载荷，包括质量载荷、风载荷、地震载荷和偏心载荷。

(3)对危险截面的轴向总应力进行强度和稳定性校核，并应满足 NB/T 47041—2014 相应要求，否则重新设定有效厚度，直至满足全部校核条件。为保证塔设备安全运行，必须对其在正常操作、耐压试验工况下的强度和稳定性分别校核。

(4)对地脚螺栓、基础环板、裙座与塔体连接焊缝等进行校核。

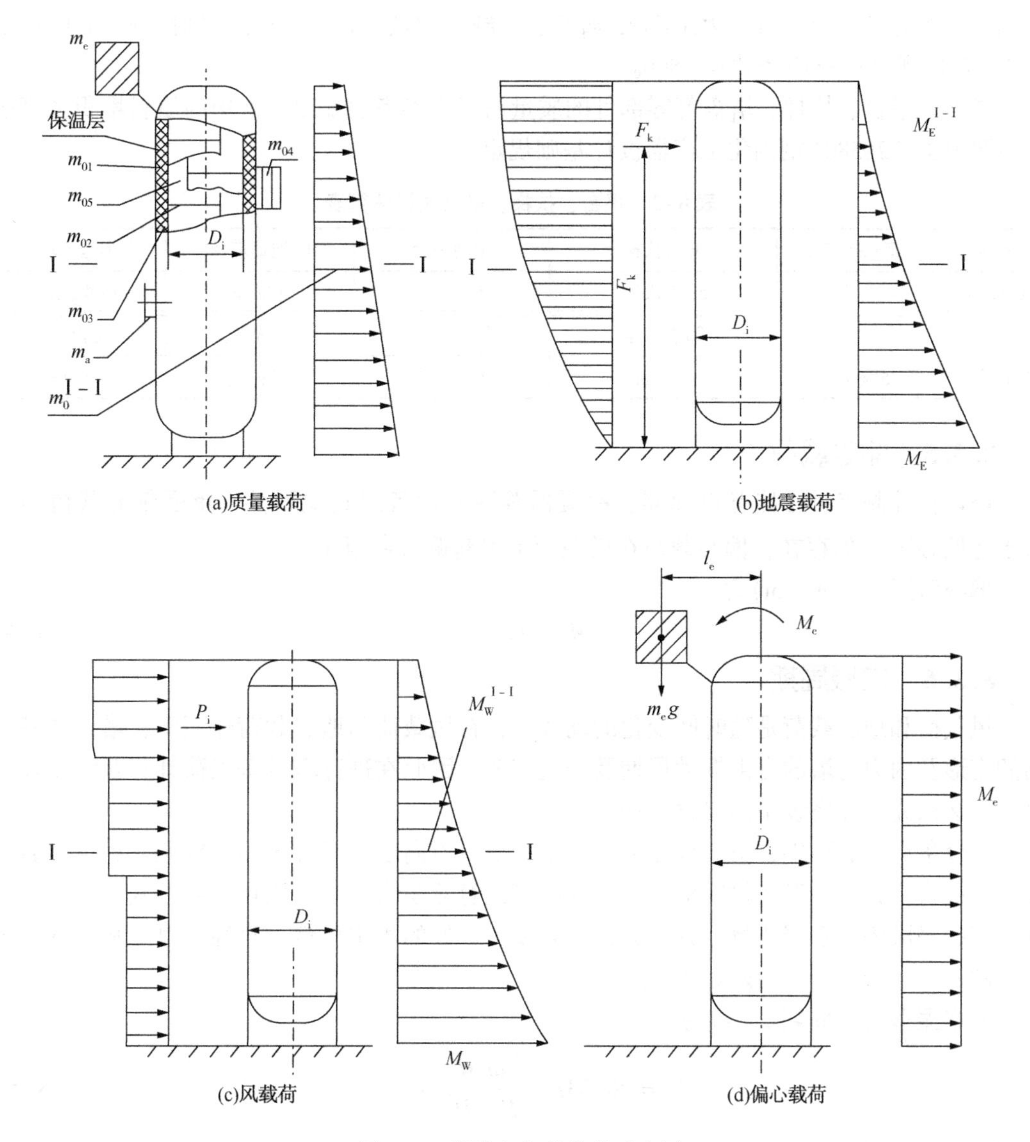

图 8-3　塔设备各种载荷示意图

8.3.4　质量载荷

质量载荷包括：塔体、裙座质量 m_{01}；塔内件如塔盘或填料质量 m_{02}；保温材料质量 m_{03}；平台扶梯质量 m_{04}；操作时塔器内介质质量 m_{05}；人孔、接管、法兰等塔附件质量 m_a；偏心质量 m_e；压力试验时，塔器内充液质量 m_w。

塔设备正常操作时的质量 m_0(kg)为：

$$m_0 = m_{01} + m_{02} + m_{03} + m_{04} + m_{05} + m_a + m_e \tag{8-1}$$

塔设备液压试验状态时的最大质量 m_{max}(kg)为：

$$m_{max} = m_{01} + m_{02} + m_{03} + m_{04} + m_w + m_a + m_e \tag{8-2}$$

塔设备安装状态时的最小质量 m_{min}(kg)为：

$$m_{min} = m_{01} + 0.2m_{02} + m_{03} + m_{04} + m_a \tag{8-3}$$

注：$0.2m_{02}$ 是焊在塔壳上的内件质量，如塔盘支持圈、降液板等。当空塔吊装时，如未装保温层、平台和扶梯，则式(8-3)中不计 m_{03} 和 m_{04} 。

塔设备平台、扶梯、塔盘等零部件的质量估算可参考表8-2。常用的填料堆积密度表可参照 HG/T 20580《钢制化工容器设计基础规定》

表8-2 平台、扶梯、塔盘质量估算表

名称	笼式扶梯	开式扶梯	钢制平台	圆泡罩塔盘	条形泡罩塔盘
质量载荷	40kg/m	15～24kg/m	150kg/m²	150kg/m²	150kg/m²
名称	舌型塔盘	筛板塔盘	浮阀塔盘	塔盘充液重	保温层
质量载荷	75kg/m²	65kg/m²	75kg/m²	70kg/m²	300kg/m³

8.3.5 偏心载荷

塔设备外侧有时悬挂有再沸器、冷凝器等附属设备或其他附件，承受偏心载荷 m_e ，由于有偏心距 l_e 的存在，偏心载荷在塔截面上引起偏心弯矩 M_e 。

偏心弯矩 M_e (N·m)为：

$$M_e = m_e g l_e \tag{8-4}$$

8.3.6 自振周期

风载荷和地震载荷是随时间变化的动载荷，在风载荷和地震载荷作用下，塔设备各截面的变形及内力与塔的自由振动周期及振型有关，因此在进行塔设备载荷计算及强度校核之前，必须先计算塔设备的自振周期。

塔设备可看成顶端自由、底端刚性固定、质量沿高度连续分布的悬臂梁。为了计算简便，一般将直径、厚度或材料沿高度变化的塔式容器视为一个多质点体系，其中直径和厚度不变的每段塔式容器质量，处理为该段高度1/2处的集中质量。直径、厚度相等的塔式容器的基本自振周期(s)按式(8-5)计算。

基本振型自振周期 T_1(s)为：

$$T_1 = 90.33H\sqrt{\frac{m_0 H}{E^t \delta_e D_i^3}} \times 10^{-3} \tag{8-5}$$

式中 H——塔设备总高，mm；

m_0——塔设备操作质量，kg；

E^t——设计温度下塔式容器材料的弹性模量，MPa；

D_i——塔式容器内直径，mm。

第二振型自振周期可近似取为 $T_2 = T_1/6$，第三振型自振周期 $T_2 = T_1/18$。

8.3.7 风载荷

塔设备通常安装在室外，受到风力的作用，塔体会因风压产生应力和弯曲变形，过大的塔体应力将导致塔体的强度和稳定性失效。吹到塔设备迎风面上的风压值，随塔设备的高度增加而增加。为了计算简便，将风压值按照塔设备高度分为几段，假设每段风压值各自均布于塔设备的迎风面上，如图8-4所示。

塔设备的计算截面应该选在其较薄弱的部位，如截面0-0、1-1、2-2等，其中0-0截面为塔设备的基底截面；1-1截面为裙座上人孔或较大管线引出孔的截面；2-2截面为塔体与裙座连接焊缝处的截面，如图 8-4 所示。两相邻计算截面区间为一计算段，任一计算段的风载荷，就是集中作用在该段中点上的风压的合力。

任一计算段风载荷的大小，不仅与塔设备所在地区的基本风压值有关，也与塔设备的高度、直径、形状以及自振周期有关。

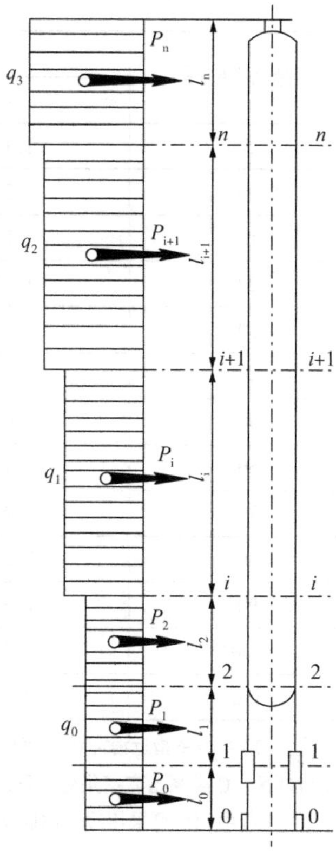

1. 水平风力

塔设备中第 i 计算段的水平风力为：

$$P_i = K_1 K_{2i} q_0 f_i l_i D_{ei} \times 10^{-6} \quad (8-6)$$

式中 P_i ——塔设备中第 i 计算段的水平风力，N；

K_1 ——体型系数，取 $K_1=0.7$；

K_{2i} ——塔设备第 i 计算段的风振系数；

q_0 ——安装地区的基本风压值；N/m^2；

f_i ——风压高度变化系数，高度取各计算段塔顶截面高度，按表 8-3 查取；

l_i ——第 i 计算段长度，mm；

D_{ei} ——塔设备中第 i 计算段迎风面的有效直径，是该段所有受风构建迎风面的宽度总和，mm。

当塔设备总高 $H \leqslant 20m$ 时，取 $K_{2i}=1.7$；当 $H > 20m$ 时：

$$K_{2i} = 1 + \frac{\xi v_i \phi_{zi}}{f_i} \quad (8-7)$$

式中 ξ ——脉动增大系数，按表 8-4 查取；

v_i ——脉动影响系数，按表 8-5 查取；

ϕ_{zi} ——第 i 计算段的振型系数，按表 8-6 查取。

图 8-4 风载荷计算简图

当笼式扶梯与塔顶管线布置成 180°时，第 i 计算段有效直径：

$$D_{ei} = D_{oi} + 2\delta_{si} + K_3 + K_4 + d_o + 2\delta_{ps} \quad (8-8)$$

当笼式扶梯与塔顶管线布置成 90°时，第 i 计算段有效直径取下列式中较大者：

$$D_{ei} = D_{oi} + 2\delta_{si} + K_3 + K_4 \quad (8-9)$$

$$D_{ei} = D_{oi} + 2\delta_{si} + K_4 + d_o + 2\delta_{ps} \quad (8-10)$$

式中 D_{oi} ——塔设备第 i 计算段外直径，mm；

δ_{si} ——塔设备第 i 计算段保温层厚度，mm；

δ_{ps} ——管线保温层厚度，mm；

K_3 ——笼式扶梯的当量宽度，当无确切数据时可取 $K_3=400mm$；

K_4 ——操作平台当量宽度，$K_4=\frac{2\sum A}{l_0}$，mm，其中 $\sum A$ 为第 i 计算段平台内构件的投影面积(不计空档投影面积)，l_0 为操作平台所在计算段的长度；

d_o ——塔底管线外直径，mm。

表 8-3　风压高度变化系数 f_i

距地面高度/m	地面粗糙度类别			
	A	B	C	D
5	1.17	1.00	0.74	0.62
10	1.38	1.00	0.74	0.62
15	1.52	1.14	0.74	0.62
20	1.63	1.25	0.84	0.62
30	1.80	1.42	1.00	0.62
40	1.92	1.56	1.13	0.73
50	2.03	1.67	1.25	0.84
60	2.12	1.77	1.35	0.93
70	2.20	1.86	1.45	1.02
80	2.27	1.95	1.54	1.11
90	2.34	2.02	1.62	1.19
100	2.40	2.09	1.70	1.27
150	2.64	2.38	2.03	1.61

注：(1) A 类系指近海海绵及海岛、海岸及沙漠地区；B 类系指田野、乡村、丛林、丘陵以及房屋比较稀疏的乡镇和城市郊区；C 类系指有密集建筑群的城市市区；D 类系指有密集建筑群且房屋较高的城市市区。

(2) 中间值可采用线性内插法求取。

表 8-4　脉动增大系数 ξ

$q_1T_1^2/(N\cdot s^2/m^2)$	10	20	40	60	80	100
ξ	1.47	1.57	1.69	1.77	1.83	1.88
$q_1T_1^2/(N\cdot s^2/m^2)$	200	400	600	800	1000	2000
ξ	2.04	2.24	2.36	2.46	2.53	2.80
$q_1T_1^2/(N\cdot s^2/m^2)$	4000	6000	8000	10000	20000	30000
ξ	3.09	3.28	3.42	3.54	3.91	4.14

注：(1) 计算 $q_1T_1^2$ 时，对 B 类可直接代入基本风压，即 $q_1=q_0$；对 A 类以 $q_1=1.38q_0$、C 类以 $q_1=0.62q_0$、D 类以 $q_1=0.32q_0$ 代入。

(2) 中间值可采用线性内插法求取。

表 8-5　脉动影响系数 v_i

距地面高度/m	地面粗糙度类别			
	A	B	C	D
10	0.78	0.72	0.64	0.53
20	0.83	0.79	0.73	0.65
30	0.86	0.83	0.78	0.72
40	0.87	0.85	0.82	0.77
50	0.88	0.87	0.85	0.81
60	0.89	0.88	0.87	0.84

续表

距地面高度/m	地面粗糙度类别			
	A	B	C	D
70	0.89	0.89	0.90	0.89
80	0.89	0.89	0.90	0.89
100	0.89	0.90	0.91	0.92
150	0.87	0.89	0.93	0.97

注：中间值可采用线性内插法求取。

表 8-6　振型系数 ϕ_{zi}

相对高度 h_{it}/H	振型序号	
	1	2
0.10	0.02	-0.09
0.20	0.06	-0.30
0.30	0.14	-0.53
0.40	0.23	-0.68
0.50	0.34	-0.71
0.60	0.46	-0.59
0.70	0.59	-0.32
0.80	0.79	0.07
0.90	0.86	0.52
1.00	1.00	1.00

注：(1) h_{it} 系指塔式容器第 i 段顶截面距塔底截面的高度。

(2) 中间值可采用线性内插法求取。

2. 风弯矩

塔式容器任一计算截面 i-i 处的风弯矩为：

$$M_w^{i-i} = P_i \frac{l_i}{2} + P_{i+1}\left(l_i + \frac{l_{i+1}}{2}\right) + P_{i+2}\left(l_i + l_{i+1} + \frac{l_{i+2}}{2}\right) + \cdots\cdots \tag{8-11}$$

塔式容器底截面 0-0 处的风弯矩为：

$$M_w^{0-0} = P_0 \frac{l_0}{2} + P_1\left(l_0 + \frac{l_1}{2}\right) + P_2\left(l_0 + l_1 + \frac{l_2}{2}\right) + \cdots\cdots \tag{8-12}$$

8.3.8　地震载荷

当发生地震时，塔设备作为悬臂梁，在地震载荷作用下会产生弯曲变形。根据国家标准，安装在 7 度及 7 度以上地震烈度地区的塔设备必须考虑它的抗震能力，计算地震载荷，对建筑物进行抗震验算。

设备对于地震的反应既有水平移动，又有竖向振动和扭转，作用在设备上的既有水平地震力，又有垂直地震力。

1. 水平地震力

任意高度 h_k 处的集中质量 m_k 引起的基本振型水平地震力：

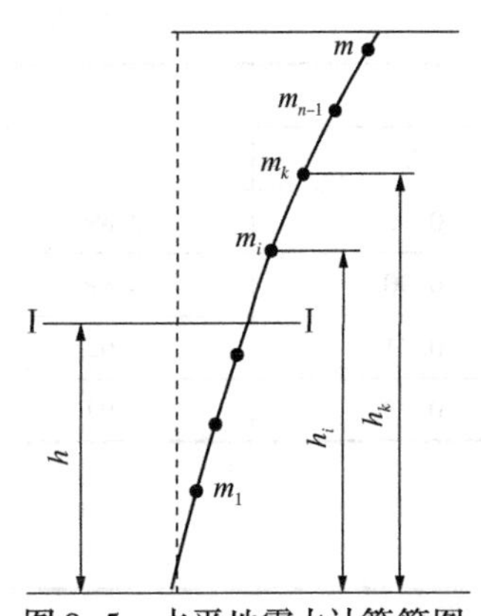

图 8-5　水平地震力计算简图

$$F_{1k}=\alpha\eta_{1k}m_k g \tag{8-13}$$

式中　F_{1k}——集中质量 m_k 引起的基本振型水平地震力；

α——对应于塔设备基本振型自振周期 T_1 的地震影响系数；

η_{1k}——基本振型参与系数，$\eta_{1k}=\dfrac{h_k^{1.5}\sum\limits_{i=1}^{n}m_i h_i^{1.5}}{\sum\limits_{i=1}^{n}m_i h_i^3}$；

m_k——距离地面 h_k 处的集中质量，如图 8-5 所示；

g——重力加速度，取 9.8m/s。

地震影响系数 α 按照图 8-6 确定，图中曲线部分地震影响系数按照曲线上的公式计算，式中：

T_g——特征周期，按场地土类型及震区类型由表 8-7 确定；

α_{max}——地震影响系数最大值，见表 8-8；

γ——衰减指数，根据塔的阻尼比确定，$\gamma=0.9+\dfrac{0.05-\xi_i}{0.3+6\xi_i}$；

η_1——下降斜率调整系数，$\eta_1=0.02+\dfrac{0.05-\xi_i}{4+32\xi_i}$；

η_2——阻尼调整系数，$\eta_2=1+\dfrac{0.05-\xi_i}{0.08+1.6\xi_i}$；

ξ_i——塔的阻尼比，应根据实测值确定，无实测数据时，一阶振型阻尼比可取 $\xi_1=0.01\sim0.3$，高阶振型阻尼比可参照一阶振型阻尼比选取。

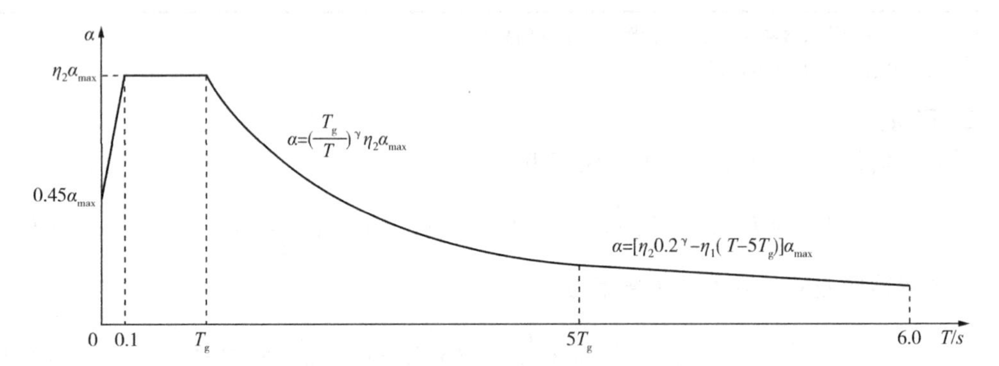

图 8-6　地震影响系数 α

表 8-7　各类场地土的特征周期 T_g

设计地震分组	场地土类别				
	Ⅰ$_0$	Ⅰ$_1$	Ⅱ	Ⅲ	Ⅳ
第一组	0.20	0.25	0.35	0.45	0.65
第二组	0.25	0.30	0.40	0.55	0.75
第三组	0.30	0.35	0.45	0.65	0.90

表 8-8　地震影响系数最大值 α_{max}

设防烈度	7		8		9
设计基本地震加速度	0.1g	0.15g	0.2g	0.3g	0.4g
地震影响系数最大值	0.08	0.12	0.16	0.24	0.32

2. 垂直地震力

地震烈度为 8 度或 9 度地区，$H/D>5$ 的塔设备还应考虑向上或向下两个方向垂直地震力作用，如图 8-7 所示。

塔设备底截面处总的垂直地震力为：

$$F_{v}^{0-0} = \alpha_{vmax} m_{eq} g \quad (8-14)$$

式中　m_{eq} ——计算垂直地震力时，塔式容器的当量质量，取 $m_{eq} = 0.75m_0$，kg；

α_{vmax} ——垂直地震影响系数最大值，$\alpha_{vmax} = 0.65\alpha_{max}$。

任意质量 i 处所分配的垂直地震力为：

$$F_{vi} = \frac{m_i h_i}{\sum_{k=1}^{n} m_k h_k} F_{v}^{0-0} \quad (i=1,\ 2,\ \cdots,\ n) \quad (8-15)$$

任意计算截面 I-I 处的垂直地震力为：

$$F_{v}^{I-I} = \sum_{k=i}^{n} F_{vk} \quad (i=1,\ 2,\ \cdots,\ n) \quad (8-16)$$

3. 地震弯矩

塔设备任意计算截面 I-I 处基本地震弯矩为：

$$M_{EI}^{I-I} = \sum_{k=i}^{n} F_{1k}(h_k - h) \quad (8-17)$$

对于等直径、等壁厚塔设备的任意截面 I-I 和底截面 0-0 的基本振型地震弯矩分别为：

$$M_{EI}^{I-I} = \frac{8\alpha_1 m_0 g}{175H^{2.5}}(10H^{3.5} - 14H^{2.5}h + 4h^{3.5}) \quad (8-18)$$

$$M_{EI}^{0-0} = \frac{16}{35}\alpha_1 m_0 g H \quad (8-19)$$

当塔设备 $H/D>15$，且 $H \geqslant 20$m 时，还需考虑高振型的影响，参考 NB/T 47041—2014 附录 B。

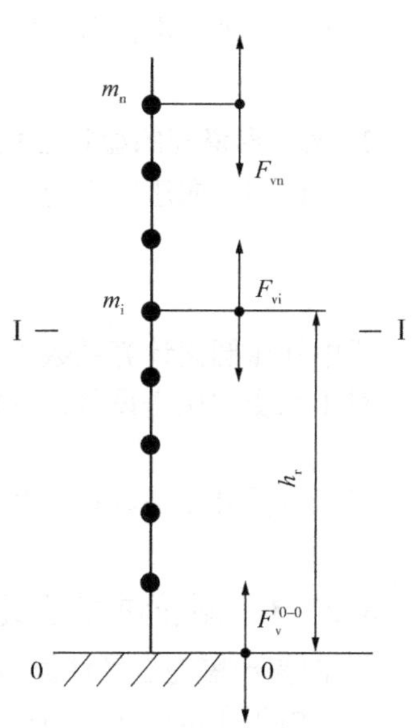

图 8-7　垂直地震力示意图

8.3.9　最大弯矩

塔设备任意计算截面 I-I 处的最大弯矩为：

$$M_{max}^{I-I} = \begin{cases} M_{w}^{I-I} + M_e \\ M_{E}^{I-I} + 0.25M_{w}^{I-I} + M_e \end{cases} \quad \text{取其中较大值} \quad (8-20)$$

塔设备底部截面 0-0 处的最大弯矩为：

$$M_{max}^{0-0} = \begin{cases} M_{w}^{0-0} + M_e \\ M_{E}^{0-0} + 0.25M_{w}^{0-0} + M_e \end{cases} \quad \text{取其中较大值} \quad (8-21)$$

8.3.10 正常工作工况下圆筒形塔壳轴向应力校核

1. 圆筒形塔壳任意计算截面 I–I 处轴向应力

(1) 由内压或真空引起的轴向应力为：

$$\sigma_1 = \frac{P_c D_i}{4\delta_{ei}} \tag{8-22}$$

式中 P_c ——计算压力，MPa；

δ_{ei} ——塔设备圆筒各计算截面的有效厚度，mm。

(2) 操作或非操作时重力及垂直地震力引起的轴向应力为：

$$\sigma_2 = \frac{m_0^{I-I} g \pm F_v^{I-I}}{\pi D_i \delta_{ei}} \tag{8-23}$$

其中 F_v^{I-I} 仅在最大弯矩为地震弯矩参与组合时计入。

(3) 弯矩引起的轴向应力为：

$$\sigma_3 = \frac{4M_{max}^{I-I}}{\pi D_i^2 \delta_{ei}} \tag{8-24}$$

2. 圆筒形塔壳的拉应力校核

对于承受内压塔设备，圆筒的最大组合拉应力为：

$$\sigma_1 - \sigma_2 + \sigma_3 \leqslant K[\sigma]^t \phi \tag{8-25}$$

式中 K ——载荷组合系数，取 $K = 1.2$。

对于承受外压塔设备，圆筒的最大组合拉应力为：

$$-\sigma_2 + \sigma_3 \leqslant K[\sigma]^t \phi \tag{8-26}$$

3. 圆筒形塔壳的稳定性校核

圆筒许用轴向压应力为：

$$[\sigma]_{cr} = \begin{cases} KB \\ K[\sigma]^t \end{cases} \quad \text{取其中较小值} \tag{8-27}$$

式中外压圆筒计算系数 B 按照 GB 150 确定。

对于承受内压塔设备，圆筒最大组合压应力为：

$$\sigma_2 + \sigma_3 \leqslant [\sigma]_{cr} \tag{8-28}$$

对于承受外压塔设备，圆筒最大组合压应力为：

$$\sigma_1 + \sigma_2 + \sigma_3 \leqslant [\sigma]_{cr} \tag{8-29}$$

8.3.11 耐压试验工况下圆筒形塔壳轴向应力校核

1. 圆筒形塔壳任意计算截面 I–I 处轴向应力

(1) 由耐压试验压力引起的轴向应力为：

$$\sigma_{T1} = \frac{P_T D_i}{4\delta_{ei}} \tag{8-30}$$

(2) 耐压试验工况下引起的轴向应力为：

$$\sigma_{T2} = \frac{m_T^{I-I} g}{\pi D_i^2 \delta_{ei}} \tag{8-31}$$

式中 m_T^{I-I} ——耐压试验时，塔式容器计算截面 I–I 以上的质量(只计入塔壳、内构件、偏心质量、保温层、扶梯及平台质量)，kg。

(3) 弯矩引起的轴向应力为：

$$\sigma_{T3}=\frac{4(0.3M_{w}^{I-I}+M_{e})}{\pi D_{i}^{2}\delta_{ei}} \tag{8-32}$$

2. 耐压试验时圆筒应力校核

耐压试时，圆筒的许用轴向压应力为：

$$[\sigma]_{cr}=\begin{cases}B\\0.9R_{eL}(\text{或 } R_{p0.2})\end{cases}\quad \text{取其中较小值} \tag{8-33}$$

(1) 圆筒轴向拉应力校核

液压试验时：$$\sigma_{T1}-\sigma_{T2}+\sigma_{T3}\leqslant 0.9R_{eL}(\text{或 } R_{p0.2})\phi \tag{8-34}$$

气压试验或气液组合试验时：$$\sigma_{T1}-\sigma_{T2}+\sigma_{T3}\leqslant 0.8R_{eL}(\text{或 } R_{p0.2})\phi \tag{8-35}$$

(2) 圆筒轴向压应力校核

$$\sigma_{T2}+\sigma_{T3}\leqslant[\sigma]_{cr} \tag{8-36}$$

如不能满足上述条件时，应重新设定圆筒的有效厚度 δ_{ei} ，重复上述计算，直到满足要求。

8.3.12 裙座轴向应力校核

圆筒形裙座轴向应力校核首先选取裙座危险截面。危险截面的位置，一般取裙座底截面或裙座检查孔和较大管线引出孔截面。

1. 裙座壳底截面的组合应力

(1)操作时：

$$\frac{1}{\cos\theta}\left(\frac{M_{max}^{0-0}}{Z_{sb}}+\frac{m_{0}g+F_{v}^{0-0}}{A_{sb}}\right)\leqslant\begin{cases}KB\cos^{2}\theta\\K[\sigma]_{s}^{t}\end{cases}\quad \text{取其中较小值} \tag{8-37}$$

其中 F_{v}^{0-0} 仅在最大弯矩威地震弯矩参与组合时计入。

(2)耐压试验时：

$$\frac{1}{\cos\theta}\left(\frac{0.3M_{w}^{0-0}+M_{e}}{Z_{sb}}+\frac{m_{max}g}{A_{sb}}\right)\leqslant\begin{cases}B\cos^{2}\theta\\0.9R_{eL}(\text{或 } R_{p0.2})\end{cases}\quad \text{取其中较小值} \tag{8-38}$$

式中 A_{sb} ——裙座底部截面积，$A_{sb}=\pi D_{is}\delta_{es}$ ，mm^2；

Z_{sb} ——裙座圆筒或锥壳底部抗弯截面系数，$Z_{sb}=\frac{\pi}{4}D_{is}^{2}\delta_{es}$ ，mm^3；

δ_{es} ——裙座壳的有效厚度，mm；

D_{is} ——裙座壳底部内直径，mm。

2. 裙座壳检查孔或较大管线引出孔截面(见图 8-8)

(1)操作时：

$$\frac{1}{\cos\theta}\left(\frac{M_{max}^{h-h}}{Z_{sm}}+\frac{m_{0}^{h-h}g+F_{v}^{h-h}}{A_{sm}}\right)\leqslant\begin{cases}KB\cos^{2}\theta\\K[\sigma]_{s}^{t}\end{cases}\quad \text{取其中较小值} \tag{8-39}$$

其中 F_{v}^{0-0} 仅在最大弯矩为地震弯矩参与组合时计入。

(2)耐压试验时：

$$\frac{1}{\cos\theta}\left(\frac{0.3M_{w}^{h-h}+M_{e}}{Z_{sm}}+\frac{m_{max}^{h-h}g}{A_{sm}}\right)\leqslant\begin{cases}B\cos^{2}\theta\\0.9R_{eL}(\text{或 } R_{p0.2})\end{cases}\quad \text{取其中较小值} \tag{8-40}$$

如不能满足上述条件时，应重新设定圆筒的有效厚度 δ_{es} ，重复上述计算，直到满足要求。

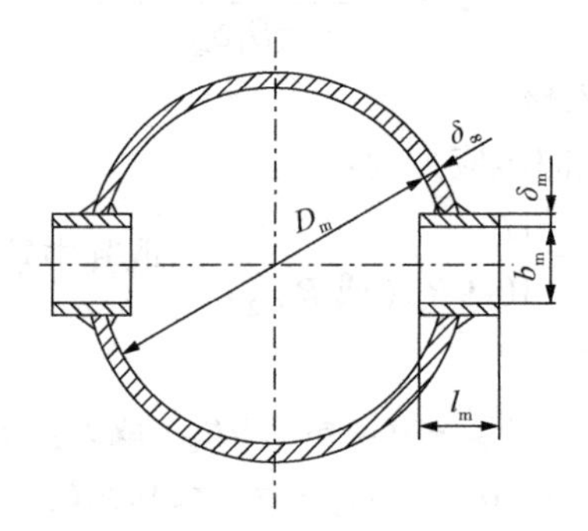

图 8-8　裙座壳检查孔或较大管线引出孔 *h-h* 截面示意图

图 8-8、式(8-39)、式(8-40)中：

b_m ——*h-h* 截面处水平方向的最大宽度，mm；

D_{im} ——*h-h* 截面处裙座壳的内直径，mm；

F_v^{h-h} ——*h-h* 截面处的垂直地震力，但仅在最大弯矩为地震弯矩参与组合时计入；

l_m ——检查孔和较大管线引出孔加强管长度，mm；

M_{max}^{h-h} ——*h-h* 截面处的最大弯矩，N · mm；

M_w^{h-h} ——*h-h* 截面处的风弯矩，N · mm；

m_{max}^{h-h} ——*h-h* 截面以上塔设备压力试验时的质量，kg；

m_0^{h-h}——*h-h* 截面以上塔设备的操作质量，kg；

δ_m ——*h-h* 截面加强管的厚度，mm；

A_{sm} ——*h-h* 截面处裙座的截面积，mm^2；

$$A_{sm} = \pi D_{im}\delta_{es} - \sum[(b_m + 2\delta_m)\delta_m - A_m]$$

$$A_m = 2l_m\delta_m$$

Z_{sm} ——*h-h* 截面处裙座壳截面系数，mm^2。

$$Z_{sm} = \frac{\pi}{4}D_{im}^2\delta_{es} - \sum\left(b_m D_{im}\frac{\delta_{es}}{2} - Z_m\right)$$

$$Z_m = 2\delta_{es}l_m\sqrt{\left(\frac{D_{im}}{2}\right)^2 - \left(\frac{b_m}{2}\right)^2}$$

8.3.13　地脚螺栓座

塔设备的裙座必须用地脚螺栓固定在混凝土基础上，以防止在风载荷和地震载荷作用下发生倾倒。裙座底部焊有地脚螺栓座和基础板，地脚螺栓座由盖板、垫板、筋板组成，其结构如图 8-9 所示。

1. 基础环的设计

(1) 基础环的内、外径(见图 8-10、图 8-11)，可参考式(8-41)、式(8-42)选取。

$$D_{ib} = D_{is} - (160 \sim 400)\ \mathrm{mm} \tag{8-41}$$

$$D_{ib} = D_{is} + (160 \sim 400)\ \mathrm{mm} \tag{8-42}$$

（2）基础环厚度：

无筋板时，基础环厚度为：

$$\delta_b = 1.73b\sqrt{\frac{\sigma_{bmax}}{[\sigma]_b}} \tag{8-43}$$

式中 $[\sigma]_b$ ——基础环材料许用应力，碳钢取 147MPa，低合金钢取 170MPa；

σ_{bmax} ——混凝土基础上的最大应力，MPa。

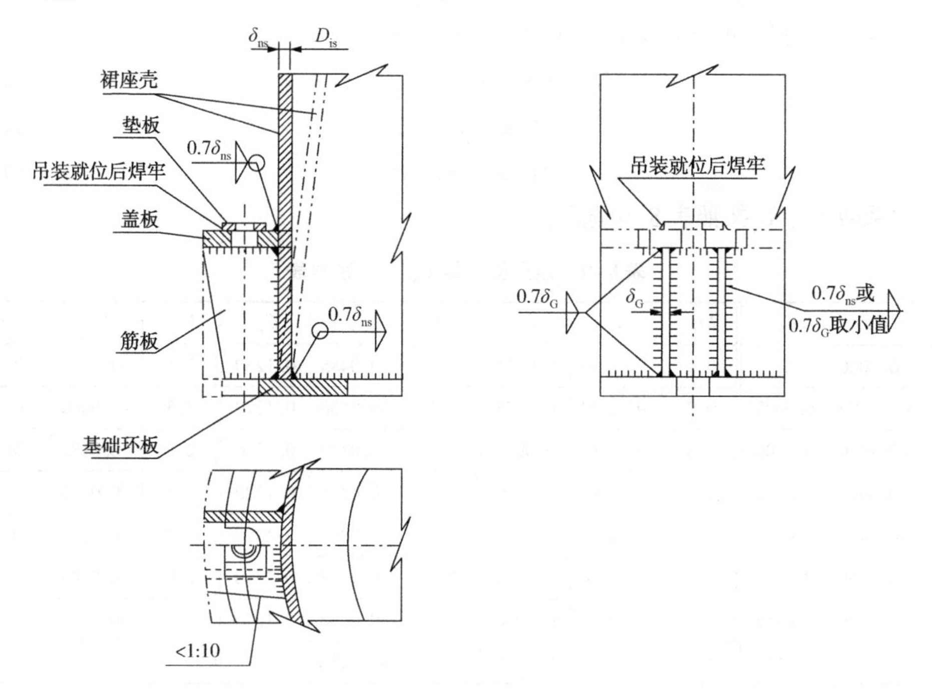

图 8-9　地脚螺栓座结构图

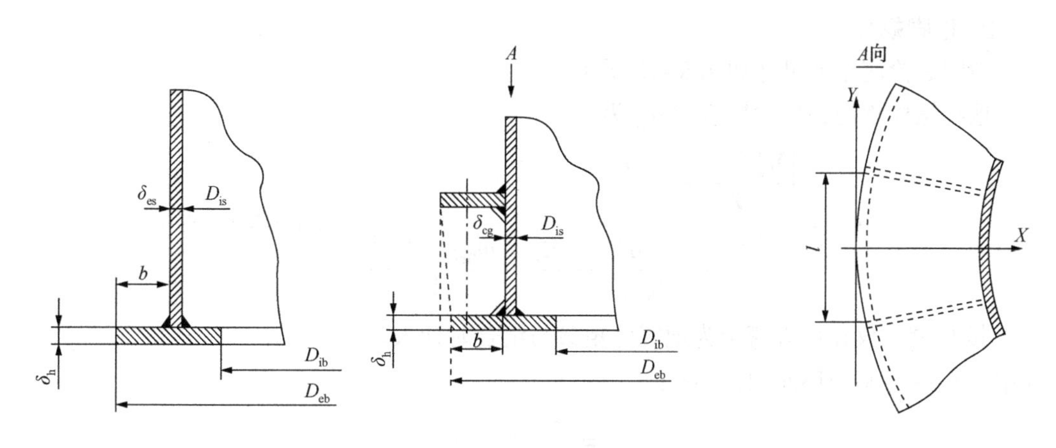

图 8-10　无筋板基础环　　　　图 8-11　有筋板基础环

$$\sigma_{\text{bmax}} = \begin{cases} \dfrac{M_{\max}^{0-0}}{Z_{\text{b}}} + \dfrac{m_0 g + F_{\text{v}}^{0-0}}{A_{\text{b}}} \\ \dfrac{0.3M_{\text{w}}^{0-0} + M_{\text{e}}}{Z_{\text{b}}} + \dfrac{m_{\max} g}{A_{\text{b}}} \end{cases} \quad \text{取其中较大值。}$$

其中 F_{v}^{0-0} 仅在最大弯矩为地震弯矩参与组合时计入。

有筋板时，基础环厚度为：

$$\delta_{\text{b}} = \sqrt{\frac{6M_{\text{s}}}{[\sigma]_{\text{b}}}} \tag{8-44}$$

式中 M_{s}——矩形环的计算力矩，按式(8-45)计算：

$$M_{\text{s}} = \max\{|M_x|, |M_y|\} \tag{8-45}$$

$$M_x = C_x \sigma_{\text{bmax}} b^2 \tag{8-46}$$

$$M_y = C_y \sigma_{\text{bmax}} l^2 \tag{8-47}$$

其中系数 C_x、C_y 按照表 8-9 选取。

表 8-9　矩形板力矩 C_x、C_y 系数表

b/l	C_x	C_y	b/l	C_x	C_y	b/l	C_x	C_y	b/l	C_x	C_y
0	-0.5000	0	0.8	-0.1730	0.0751	1.6	-0.0485	0.1260	2.4	-0.0217	0.1320
0.1	-0.5000	0.0000	0.9	-0.1420	0.0872	1.7	-0.0430	0.1270	2.5	-0.0200	0.1330
0.2	-0.4900	0.0006	1.0	-0.1180	0.0972	1.8	-0.0384	0.1290	2.6	-0.0185	0.1330
0.3	-0.4900	0.0051	1.1	-0.0995	0.1050	1.9	-0.0345	0.1300	2.7	-0.0171	0.1330
0.4	-0.4480	0.0151	1.2	-0.0846	0.1120	2.0	-0.0312	0.1300	2.8	-0.0159	0.1330
0.5	-0.3850	0.0293	1.3	-0.0726	0.1160	2.1	-0.0283	0.1310	2.9	-0.0149	0.1330
0.6	-0.3190	0.0453	1.4	-0.0629	0.1200	2.2	-0.0258	0.1320	3.0	-0.0139	0.1330
0.7	-0.2120	0.0610	1.5	-0.0550	0.1230	2.3	-0.0236	0.1320			

注：l 为两相邻筋板最大外侧间距(见图 8-11)。

2. 地脚螺栓

地脚螺栓座相关尺寸如图 8-12 所示。

地脚螺栓承受的最大拉应力 σ_{B} 为：

$$\sigma_{\text{B}} = \begin{cases} \dfrac{M_{\text{w}}^{0-0} + M_{\text{e}}}{Z_{\text{b}}} - \dfrac{m_{\min} g}{A_{\text{b}}} \\ \dfrac{M_{\text{E}}^{0-0} + 0.25M_{\text{w}}^{0-0} + M_{\text{e}}}{Z_{\text{b}}} - \dfrac{m_0 g - F_{\text{v}}^{0-0}}{A_{\text{b}}} \end{cases} \quad \text{取其中较大值}$$

其中 F_{v}^{0-0} 仅在最大弯矩为地震弯矩参与组合时计入。

式中 A_{b}——基础环面积，mm^2；

$$A_{\text{b}} = \frac{\pi}{4}(D_{\text{ob}}^2 - D_{\text{ib}}^2)$$

Z_{b}——基础环截面系数，mm^3；

$$Z_{\text{b}} = \frac{\pi(D_{\text{ob}}^4 - D_{\text{ib}}^4)}{32D_{\text{ob}}}$$

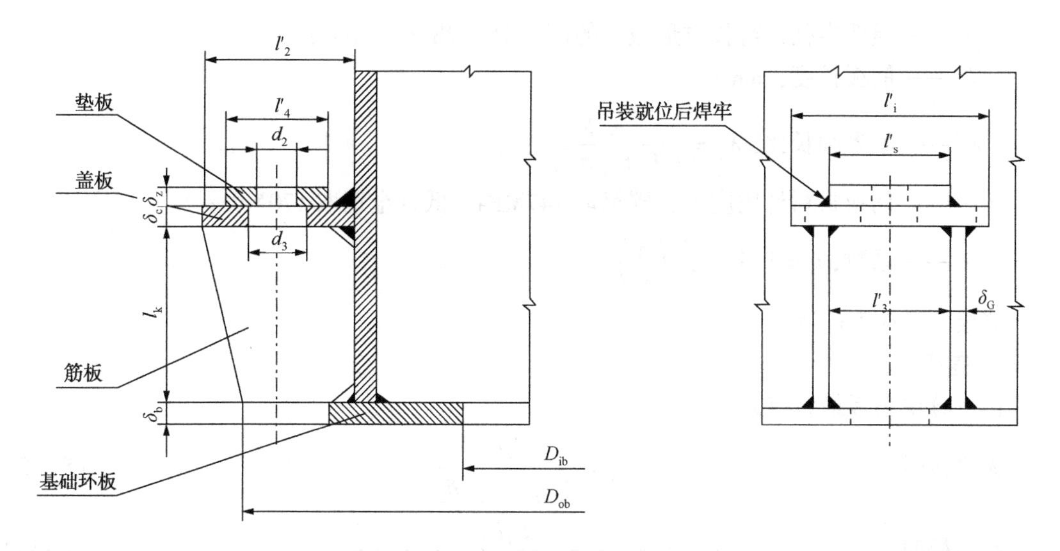

图 8-12　地脚螺栓座尺寸

当 $\sigma_B \leqslant 0$ 时，塔设备可自身稳定，但为固定其位置，应设置一定数量的地脚螺栓；

当 $\sigma_B > 0$ 时，塔设备必须设置地脚螺栓。地脚螺栓的螺纹根径为：

$$d_1 = \sqrt{\frac{4\sigma_B A_b}{\pi n [\sigma]_{bt}}} + C_2 \tag{8-48}$$

式中　n——地脚螺栓个数，一般取 4 的倍数，对于小直径塔设备可取 $n=6$；

C_2——地脚螺栓腐蚀裕量，mm；

$[\sigma]_{bt}$——地脚螺栓材料许用应力，MPa。

地脚螺栓材料宜选用 Q235 或 Q345，Q235 许用应力取 147MPa，Q345 材料许用应力为 170MPa。

3. 筋板

筋板的压应力为：

$$\sigma_G = \frac{F_1}{n_1 \delta_G l'_2} \tag{8-49}$$

式中　F_1——一个地脚螺栓承受的最大拉力，$F_1 = \dfrac{\sigma_B A_b}{n}$，N；

n_1——对应一个地脚螺栓的筋板个数；

l'_2——筋板宽度，mm；

δ_G——筋板厚度，mm。

筋板的许用压应力 $[\sigma]_c$ 按式(8-50)、式(8-51)计算。

当 $\lambda \leqslant \lambda_c$ 时：
$$[\sigma]_c = \frac{[1 - 0.4(\lambda/\lambda_c)^2][\sigma]_G}{\nu} \tag{8-50}$$

当 $\lambda > \lambda_c$ 时：
$$[\sigma]_c = \frac{0.277[\sigma]_G}{(\lambda/\lambda_c)^2} \tag{8-51}$$

式中　λ——细长比，$\lambda = \dfrac{0.5 l_k}{\rho_i}$，且不大于 250；

ρ_i ——惯性半径，对长方形截面的筋板取 $0.289\delta_G$，mm；

l_k ——筋板长度，mm；

λ_c ——临界细长比，$\lambda_c=\sqrt{\dfrac{\pi^2 E}{0.6[\sigma]_G}}$；

$[\sigma]_G$ ——筋板材料许用应力，碳钢取 147MPa，低合金钢取 170MPa；

v ——系数，$\nu=1.5+\dfrac{2}{3}\left(\dfrac{\lambda}{\lambda_c}\right)^2$。

筋板的压应力应满足 $\sigma_G\leqslant[\sigma]_c$。

4. 盖板

（1）分块盖板最大应力：

无垫板时：

$$\sigma_z=\frac{F_1 l'_3}{(l'_2-d_3)\delta_c^2} \tag{8-52}$$

有垫板时：

$$\sigma_z=\frac{F_1 l'_3}{(l'_2-d_3)\delta_c^2+(l'_4-d_2)\delta_z^2} \tag{8-53}$$

（2）环形盖板最大应力：

无垫板时：

$$\sigma_z=\frac{3F_1 l'_3}{4(l'_2-d_3)\delta_c^2} \tag{8-54}$$

有垫板时：

$$\sigma_z=\frac{3}{4}\left[\frac{F_1 l'_3}{(l'_2-d_3)\delta_c^2+(l'_4-d_2)\delta_z^2}\right] \tag{8-55}$$

式中 d_2——垫板上地脚螺栓孔直径，mm；

d_3——盖板上地脚螺栓孔直径，mm；

l'_2——筋板宽度，mm；

l'_3——筋板内测间距，mm；

l'_4 ——垫板宽度，mm；

δ_c ——盖板厚度，mm；

δ_z ——垫板厚度，mm。

盖板最大应力应等于或小于盖板材料的许用应力。盖板材料许用应力，碳钢材料取 147MPa，低合金钢取 170MPa。

8.3.14 裙座与塔壳连接焊缝

1. 裙座与塔壳搭接焊缝

裙座与塔壳搭接焊缝(见图 8-13)$J-J$ 处的剪应力应按式(8-56)和式(8-57)校核：

$$\frac{M_{max}^{J-J}}{Z_w}+\frac{m_0^{J-J}g+F_v^{J-J}}{A_w}\leqslant 0.8K[\sigma]_w^t \tag{8-56}$$

其中 F_v^{J-J} 仅在最大弯矩为地震弯矩参与组合时计入。

$$\frac{0.3M_w^{J-J}+M_e}{Z_w}+\frac{m_{max}^{J-J}g}{A_w}\leqslant 0.72KR_{eL}(\text{或 } R_{p0.2}) \tag{8-57}$$

式中 A_w ——焊缝抗剪断面面积，$A_w=0.7\pi D_{ot}\delta_{es}$，mm²；

D_{ot} ——裙座顶部截面的外直径，mm；

F_v^{J-J} ——搭接焊缝处的垂直地震力，N；

M_{max}^{J-J} ——搭接焊缝处的最大弯矩，N·mm；

m_{max}^{J-J} ——压力试验时塔设备的最大质量(不计裙座质量)，kg；

m_0^{J-J}——J-J截面以上塔设备的操作质量，kg；

Z_w ——焊缝抗剪截面系数，$Z_w = 0.55D_{ot}^2\delta_{es}$，$mm^3$；

$[\sigma]_w^t$ ——设计温度下焊接接头的许用应力，取母材许用应力的小值，MPa。

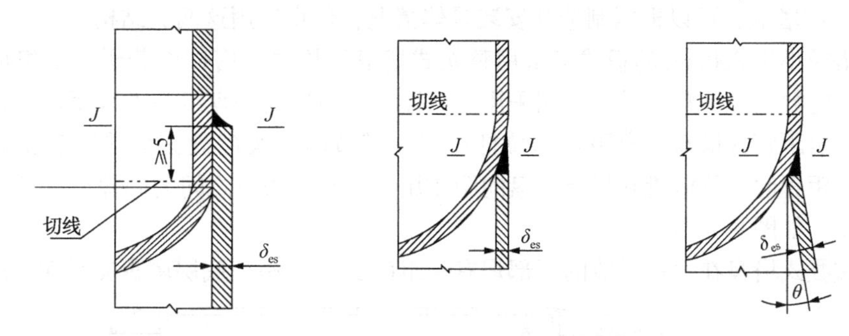

图8-13　裙座与塔壳搭接焊缝示意图　　　图8-14　裙座与塔壳对接焊缝示意图

2. 裙座与塔壳对接焊缝

裙座与塔壳对接焊缝(见图8-14)J-J处的拉应力应按式(8-58)校核：

$$\frac{4M_{max}^{J-J}}{\pi D_{it}^2\delta_{es}} - \frac{m_0^{J-J}g - F_v^{J-J}}{\pi D_{it}\delta_{es}} \leqslant 0.6K[\sigma]_w^t \tag{8-58}$$

式中　D_{it} ——裙座顶部截面的内直径，mm。

式(8-58)中，F_v^{J-J} 仅在最大弯矩为地震弯矩参与组合时计入。

8.3.15　塔设备法兰当量设计压力

塔设备壳体各段采用法兰连接时，法兰应同时考虑内压、轴向力和外力矩作用，其当量设计压力为：

$$p_e = \frac{16M}{\pi D_G^3} + \frac{4F}{\pi D_G^2} + p \tag{8-59}$$

式中　M ——外力矩，应计入法兰截面处的最大力矩 M_{max}^{I-I} 、管线推力引起的力矩和其他机械载荷引起的力矩，N·mm；

D_G ——垫片压紧力作用中心圆直径，mm；

F ——轴向外载荷，拉力时计入，压缩时不计，N；

p ——设计压力，MPa。

8.4　塔设备结构设计

8.4.1　板式塔内件结构设计

板式塔内沿塔高装有若干层塔盘，板式塔的塔盘主要分为溢流式和穿流式两大类。溢流式塔盘上有专供液相流通的降液管，每层塔盘上的液层高度可通过改变溢流堰高度来调节，具有较大的操作弹性；穿流式塔盘两相同时通过塔板上的一些孔道流动，处理能力大，压力降小，但效率和操作弹性较差。

塔盘是板式塔内主要元件，溢流式塔盘是由气液接触元件(如浮阀、筛孔、泡罩等)、塔盘板、受液盘、溢流堰、降液管(或降液板)、塔盘支持件和紧固件等部分组成。

1. 塔盘板

塔盘板按照结构特点可分为整块式和分块式两种，塔径在 300 ~ 800mm 时，采用整块式塔盘；当塔径≥800mm 时，能在塔内进行装拆，可以用分块式塔盘。塔径为 800 ~ 900mm 的塔盘，可以根据制造和安装具体情况，任意选用这两类结构。

塔径小于 800mm 的板式塔采用整块式塔盘结构时，塔体由若干塔节组成，每个塔节装有一定数量的塔盘，塔节之间采用法兰连接。整块式塔盘组装可采用定距管式及重叠式两种。定距管式塔盘用定距管和拉杆将同一塔节内几块塔盘支承并固定在塔节内的支座上，定距管起支承塔盘和保持塔盘间距作用，塔盘与塔体之间的间隙以软填料密封并用压圈压紧，如图 8-15 所示。

重叠式塔盘在每一塔节的下部焊有一组(三只)支座，底层塔盘支承在支座上。塔盘与

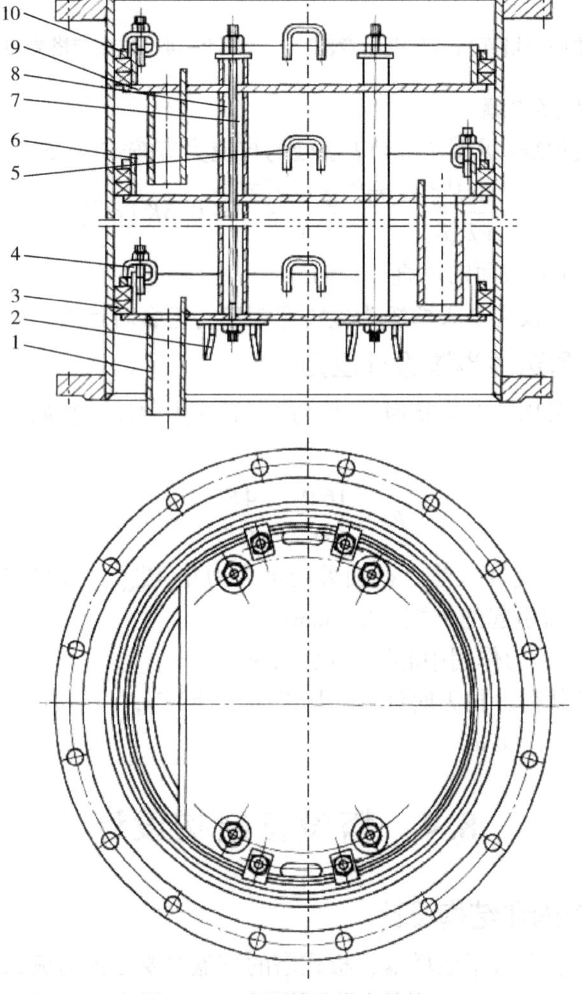

图 8-15　定距管式塔盘结构

1—降液管；2—支座；3—密封填料；4—压紧装置；5—吊耳；6—塔盘圈；7—拉杆；8—定距管；9—塔盘板；10—压圈

塔壁间的缝隙以软质填料密封后，用压板及压圈压紧。然后依次装入上一层塔盘，由焊在塔盘上的支柱与支承板保证塔盘的间距，并用调节螺钉调整水平度。其结构如图8-16所示。整块式塔盘结构有角焊与翻边两种结构，如图5-27所示，塔盘圈的高度 h_1 一般可取70mm，但不得低于溢流堰的高度。整块式塔盘的密封结构如图5-28所示。塔圈上密封用填料支承圈用 ϕ8～10mm的圆钢弯制并焊于塔盘圈上，圆钢填料支承圈距塔盘圈顶面的距离 h_2 一般可取30～40mm，根据需要的填料层数确定。

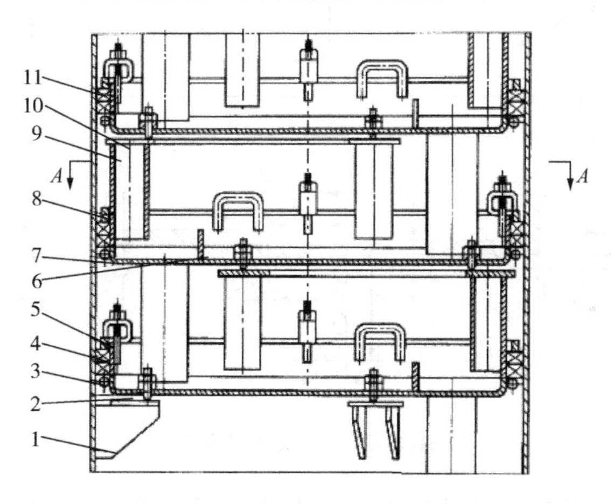

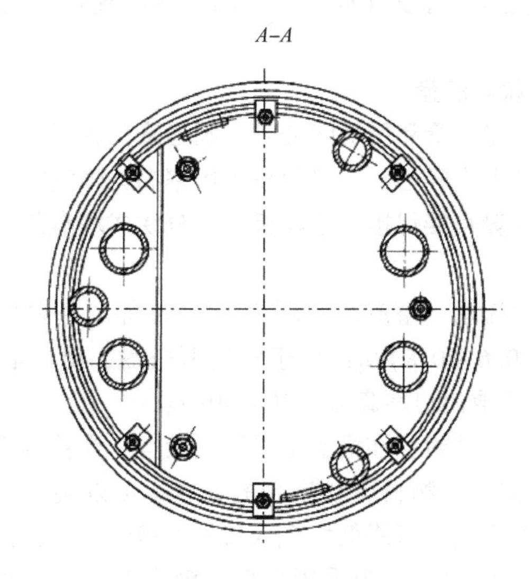

图8-16 重叠式塔盘结构

1—支座；2—调节螺栓；3—圆钢圈；4—密封填料；5—塔盘圈；6—溢流堰；7—塔盘板；8—压圈；9—支柱；10—支承板；11—压紧装置

直径较大的板式塔，为了便于制造、安装、检修，采用分块式塔盘，即将塔盘板分成数块，通过人孔送入塔内，装在焊于塔体内壁的塔盘支承件上。分块式塔盘的塔体，通常为焊制整体圆筒，不分塔节。分块式塔盘在保证工艺操作条件下，应设计得结构简单、装拆方便，具有足够的刚性，且便于制造、安装和维修。分块式塔盘板多采用自身梁式或槽式，常用自身梁式，如图8-17所示。

为进行塔内清洗和维修，使人能进入各层塔盘，在塔盘板接近中央处设置内部通道

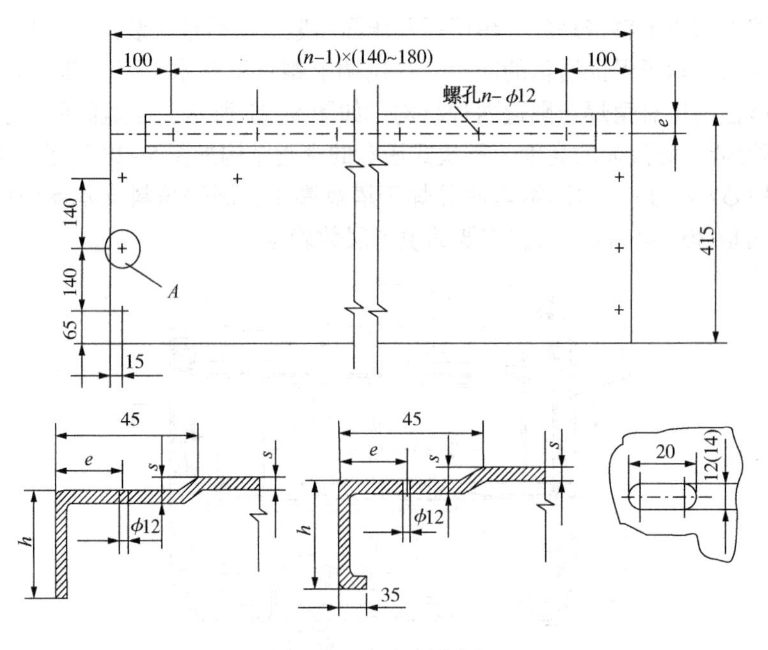

图 8-17 分块式塔盘板

板，内部通道板应易于装拆，可设计成上、下均可拆的连接，其紧固件采用双面可拆连接件。

2. 降液管、溢流堰和受液盘

降液管型式分为圆形降液管和弓形降液管，圆形降液管通常用于塔径较小的场合，弓形降液管适用于大液量及大直径塔，塔盘面积利用率高，降液能力大，气-液分离效果好。整块式塔盘的降液管，一般直接焊接于塔盘板上。分块式塔盘的降液管结构，可采用可拆式或焊接固定式。

降液管的前方设置溢流堰，溢流堰的堰长 L_w、堰高 h_w 主要由工艺决定。对于单流型塔盘，出口堰长度 $L_w=(0.6\sim0.8)D_i$；对于双流型塔盘，出口堰长度 $L_w=(0.5\sim0.7)D_i$（其中 D_i 为塔的内径）。常取出口堰高 $h_w=30\sim40$mm。

为了保证降液管出口处液封，在塔盘上设置受液盘，受液盘有平型和凹型两种，如图 8-18 所示。平型受液盘适用于物料容易聚合的场合，可以避免在塔盘上形成死角。凹型受液盘对液体流动有缓冲作用，可降低塔盘入口处的液封高度，凹型受液盘的深度一般大于 50mm，不超过塔板间距的 1/3。当采用平型受液盘时，为不使液体自降液管流出后水平冲入塔盘，可设置入口堰。采用凹型受液盘时，可不用入口堰。

在塔或塔段的最底层塔盘降液管末端应设置液封盘，以保证降液管出口处的液封，液封盘上应开设泪孔以供停工时排液用。

8.4.2 填料塔内件结构设计

1. 填料支承结构

填料支承装置安装在填料层底部，在填料塔中用于支承操作时的填料层重量。设计填料支承装置的基本要求是：

(1)应具有足够的强度和刚度，能承受填料层的重量、填料层中的持液重量、操作中

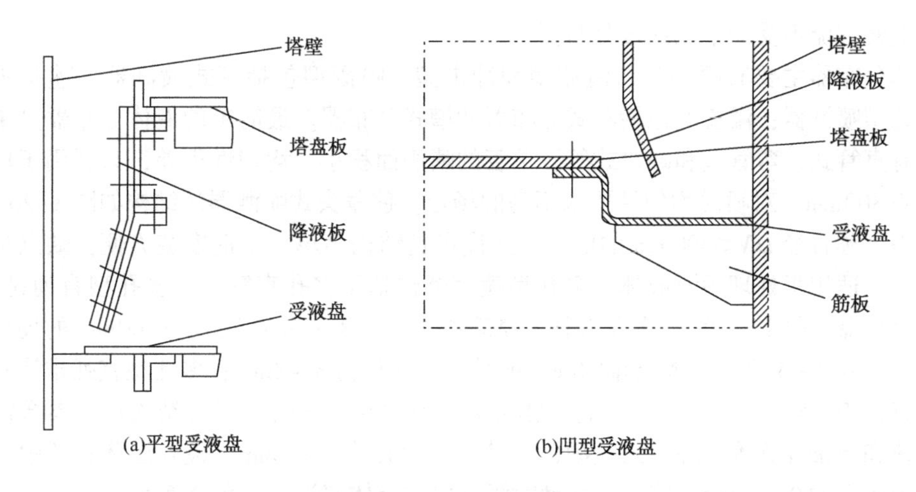

图 8-18　受液盘结构

附加重量和压力及检修时的人员等重量；

(2)应具有大于填料层空隙率的开孔率，防止塔首先在填料支承件上产生液泛，尽量减小气液两相的流动阻力，以使气液顺利通过；

(3)耐腐蚀性能好；

(4)便于各种材料制造，安装拆卸方便，采用分块式填料支承件，每个分块横截面尺寸应小于人孔内径。

填料支承结构的推荐型式有三种：梁型气体喷射式填料支承板、栅板式支承板、网纹孔金属板支承板。

梁型气体喷射式填料支承板上开孔的自由截面积大，气体通过支承板的压降小，是最好的塔填料支承板，推荐参照 HG/T 21512《梁型气体喷射式填料支承板》标准优先选用。

结构最简单、最常用的填料支承是栅板型支承，栅板常用扁钢焊制而成，并由焊于塔壁上的支承圈支承。塔径小于 500mm 可采用整块式塔盘，当塔径 $D_i \leqslant 350$mm 时，栅板可以直接焊在塔壁上；当塔径 $D_i = 400 \sim 500$mm 时，栅板需搁置在焊接于塔壁的支持圈上。大型塔则可采用分块式栅板；当塔径 $D_i = 600 \sim 800$mm 时，栅板由两块组成；当塔径 $D_i = 900 \sim 1200$mm 时，栅板由三块组成；当塔径 $D_i = 1400 \sim 1600$mm 时，栅板由四块组成。分块式栅板均需搁置在焊接于塔壁的支持圈或支持块上，大塔的支持圈需要用支承板加强。栅板条可以看作受均布载荷的简支梁，进行强度计算。

栅板支承用于支承乱堆填料时，会将空隙堵塞从而减小开孔率。为了改善边界情况，可采用大间距栅条，然后整砌一、二层按正方形排列的瓷质十字环，作为过渡支承，以取得较大的空隙率。

栅板材料根据介质腐蚀情况选材，一般推荐两种材料：Q235A 和 0Cr18Ni9。

2. 液体分布器

液体分布器安装于填料上部，将液相加料及回流液均匀地分布到塔顶填料表面上，形成液体的初始分布。液体分布器的设计应能使整个塔截面的填料表面很好地湿润；液体沿填料表面均匀分布，结构简单，维修方便。

液体分布器的安装位置，通常须高于填料层表面 150～300mm，以提供足够的自由空间，让上升气流不受约束地穿过分布器。

液体分布器主要有喷洒型、溢流型和冲击型。喷洒型包括管式喷洒器、莲蓬头喷洒器、多孔型喷洒器；溢流型包括盘式分布器和槽式分布器。最简单的液体分布器是单管喷洒器，有直管式、弯管式和缺口式等，单管的喷洒面积小、均匀性很差，只适用于塔公称直径 $DN<300$mm，对喷淋均匀性要求不高的场合。莲蓬头式喷洒器的结构如图 8-20 所示，适用于塔公称直径 $DN\leqslant600$mm 的塔中，其优点是结构简单、制造安装方便，缺点是小孔易堵塞，不适用于处理污浊液体。多孔型喷洒器包括了多孔直管式、多孔型直列排管式、环管式喷洒器(见图 8-20)，多孔直管式喷洒器适用于塔公称直径 $DN<800$mm 的场合，一般直管下方开 3～5 排对称或错排的圆孔或长孔，孔径为 3～8mm；多孔型直列排管式适用塔公称直径 $DN\geqslant800$mm 的场合，直列排管数量及直径、主管直径等结构尺寸参数需按照液体流速和流量计算确；环管式喷洒器，其小孔直径为 3～8mm，最外层环管的中心圆直径一般为塔径的 0.6～0.85 倍。多孔型喷洒器要求液体清洁，以免堵塞小孔。

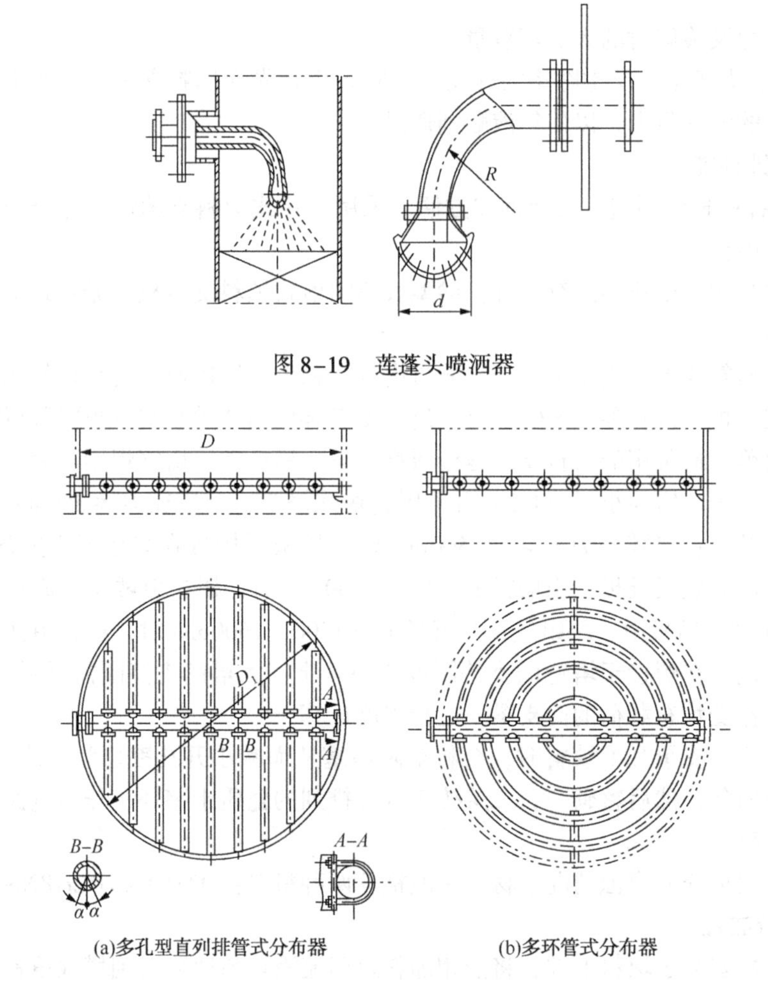

图 8-19　莲蓬头喷洒器

(a)多孔型直列排管式分布器　(b)多环管式分布器

图 8-20　多孔型喷洒器

溢流型布液装置的工作原理是进入布液器的液体超过堰口高度时，依靠液体的自重通过堰口流出，并沿着溢流管(槽)壁呈膜状流下，淋洒至填料层。溢流槽式布液器适用于

DN>1000mm 的大型填料塔，操作弹性大、不易堵塞、操作可靠，便于分块安装。溢流盘式布液器适用于 *DN*≤1200mm，气液负荷小的塔。布液器设计参考数据可参见《过程设备设计全书—塔设备》。

3. 液体再分布装置

当喷淋液体沿填料层向下流动时，往往不能保持喷淋装置所提供的原始均匀分布状态，液体有向塔壁流动的趋势，影响流体沿横截面分布的均匀性，塔中央部分填料可能没有润湿，称为“干锥”，降低了传质效率。因此，为了提高塔的传质效果，对填料层分段，在各段填料之间安装液体再分布装置，收集上一填料层来的液体，并为下一填料层建立均匀的液体分布。

填料层分段高度根据填料种类和塔径 *D* 确定，可参照表 8-10。

表 8-10　填料层的分段高度 *h*

填料种类	*h/D*	*h*(max)/m
拉西环	2.5 ~3	<3 ~4.5(瓷、金属)
矩鞍	5 ~8	<3 ~6(瓷)
鲍尔环	5 ~10	<6(金属) <3 ~4.5(塑料)
阶梯环	5 ~15	<6(金属) <3 ~4.5(塑料)
环矩鞍	5 ~15	<6(金属) <3 ~4.5(塑料)
规整填料		*h*=(15 ~20)*HETP*

注：*h*—填料层分段高度，m；*D*—塔径，m；*HETP*—填料的一块理论塔板的当量高度，m。

分配锥是最简单的壁流收集再分布器，仅可用在填料层的分段之间，可以将沿壁流下的液体用分配锥导出至塔的中心。分配锥结构如图 8-21 所示，它的设计尺寸如表 8-11 所示。改进分配锥增加了气体流通截面率，具有较大的液体处理能力，不影响填料装填和填料塔操作，可以安装在填料层里。改进分配锥适用于塔径 *DN*≤600mm 场合，其结构如图 8-22 所示，参考尺寸如表 8-12 所示。

表 8-11　分配锥参考尺寸

塔径 D_i/mm	<1000	锥小头口径 D_1/mm	0.7 ~0.8D_i
倾角 α/(°)	70 ~90	锥壁厚 *S*/mm	3 ~4
锥高 *h*	0.1 ~0.2D_i		

表 8-12　改进分配锥参考尺寸　　mm

塔径 D_i	锥圆直径 D_1	锥高 *h*	塔径 D_i	锥圆直径 D_1	锥高 *h*
100	70	6	400	295	18
150	110	8	450	325	20

续表

塔径 D_i	锥圆直径 D_1	锥高 h	塔径 D_i	锥圆直径 D_1	锥高 h
200	145	10	500	365	25
250	190	12	550	405	28
300	215	14	600	440	32
350	255	16			

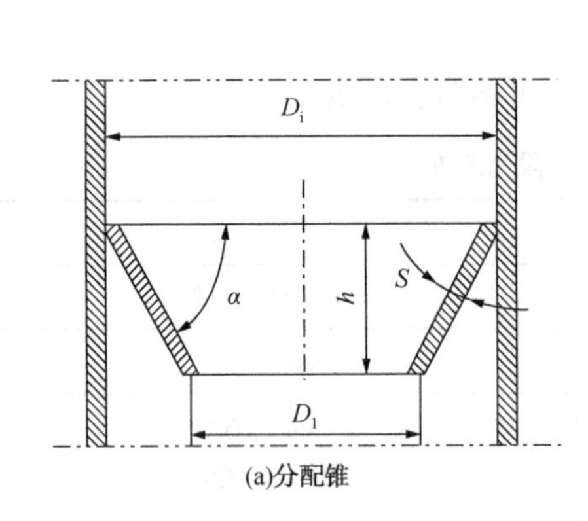

(a)分配锥

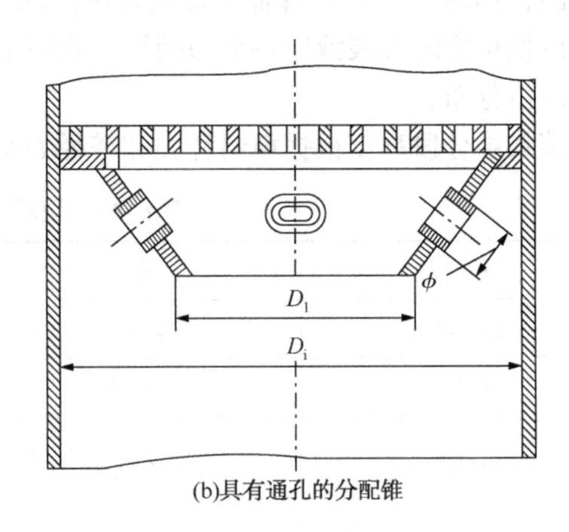

(b)具有通孔的分配锥

图 8-21 分配锥

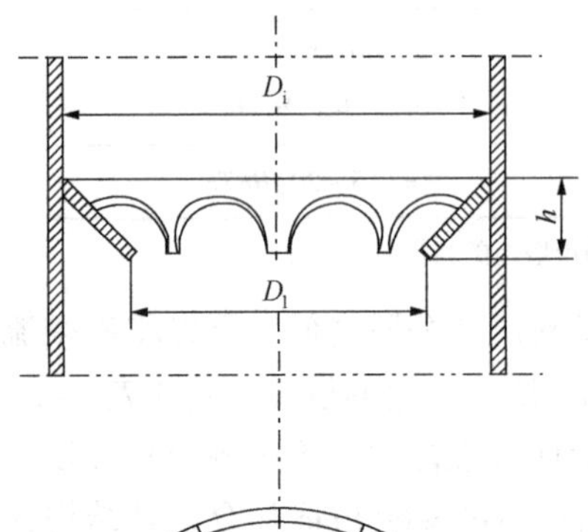

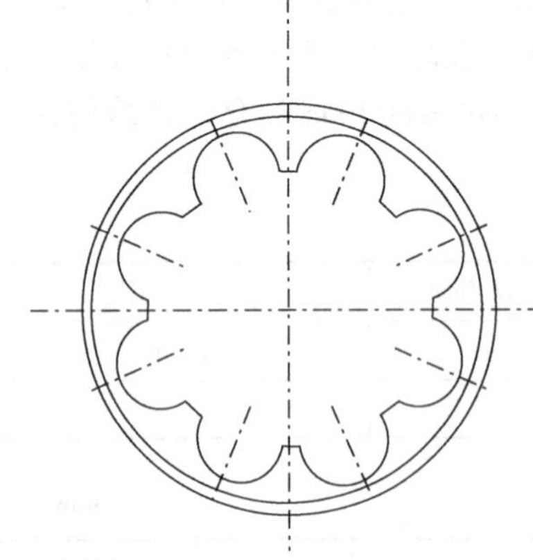

图 8-22 改进分配锥

8.4.3 塔体与裙座结构设计

1. 裙座结构

裙座结构有圆筒形和圆锥形两种型式，如图 8-23 所示。圆筒形裙座制造方便，经济合理，应用广泛。但对于受力情况比较差，塔径小且很高的塔(如 $DN<1\text{m}$ 且 $H/DN>25$，或 $DN>1\text{m}$ 且 $H/DN>30$)，为防止风载或地震载荷引起的弯矩造成塔翻倒，则需要配置较多的地脚螺栓及具有足够大承载面积的基础环，此时需采用圆锥形裙座。

裙座由裙座筒体、基础环、地脚螺栓座、人孔、排气孔、引出管通道、保温支承圈等组成。

2. 裙座壳与塔体的连接

裙座与塔体的连接一般采用对接或搭接型式。采用对接型式时，裙座壳体的内径宜与相连塔体下封头内径相等，裙座壳与相连塔壳封头的连接焊缝应为连续焊，且应采用全焊透，焊接结构及尺寸如图 8-24 所示。

采用搭接接头时，搭接部位可在下封头上，也可在塔体上。当裙座与下封头搭接时，搭接部位必须位于下封头的直边段，搭接焊缝与下

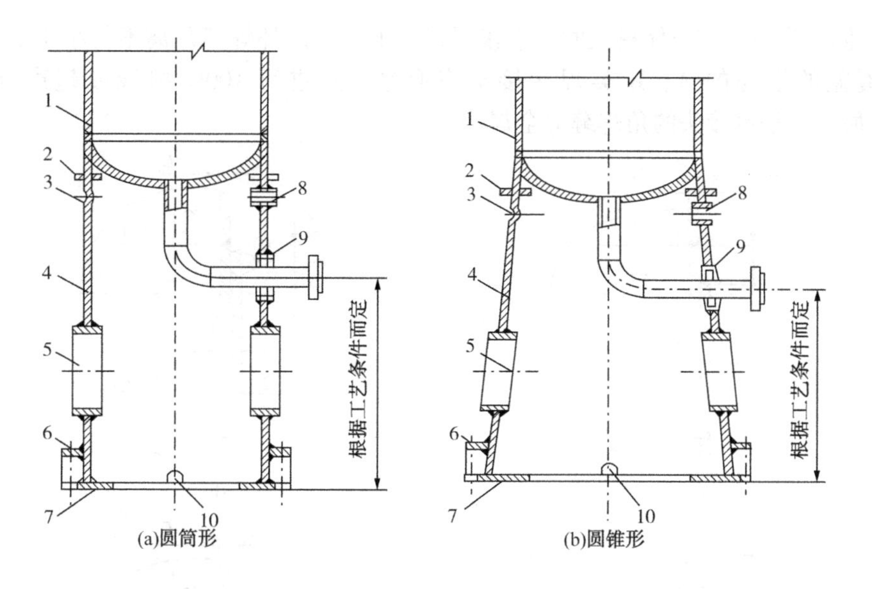

图 8-23 裙座的结构型式

1—塔体；2—保温支承圈；3—无保温时排气孔；4—裙座筒体；5—人孔；6—螺栓座；7—基础环；8—有保温时排气孔；9—引出管通道；10—排液孔

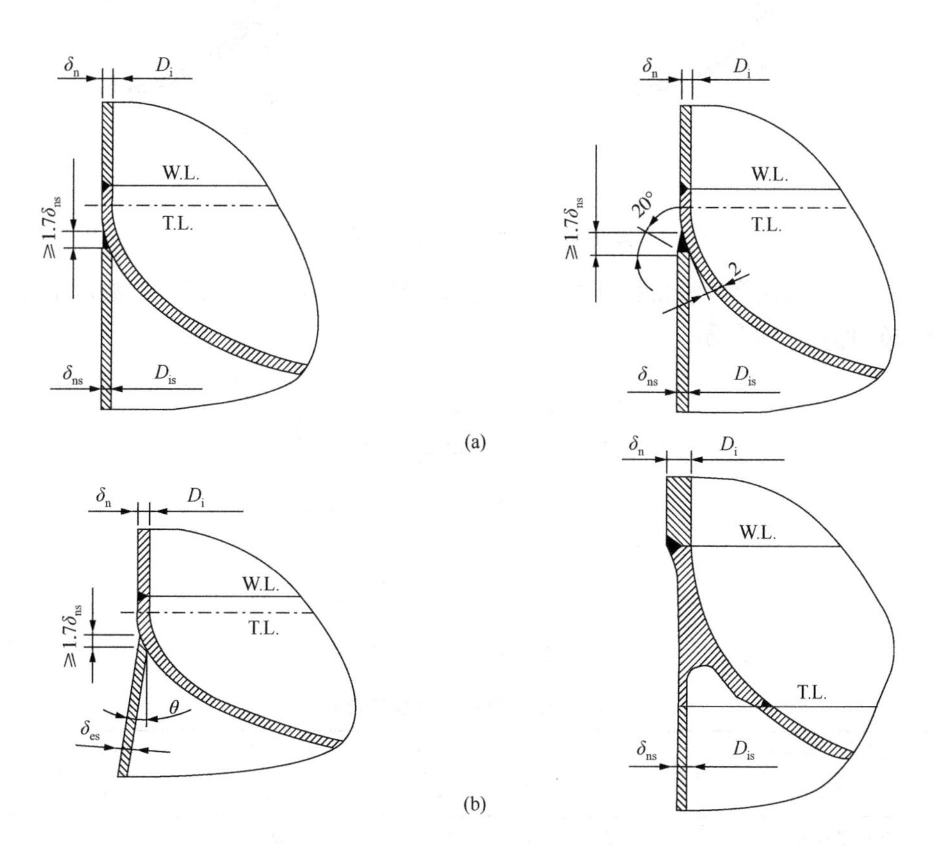

图 8-24 裙座与塔壳的对接型式

封头的环焊缝距离应在(1.7～3) δ_n 范围内(δ_n 为塔体名义厚度)，且不得与下封头的环焊缝连成一体。当裙座与塔体搭接时，搭接焊缝与下封头的环焊缝距离不得小于 $1.7\delta_n$，被裙座壳覆盖的塔壳的 A、B 类焊接接头应磨平，且进行 100% 射线或超声检测，如图 8-25 所示。搭接接头的角焊缝应全焊透。

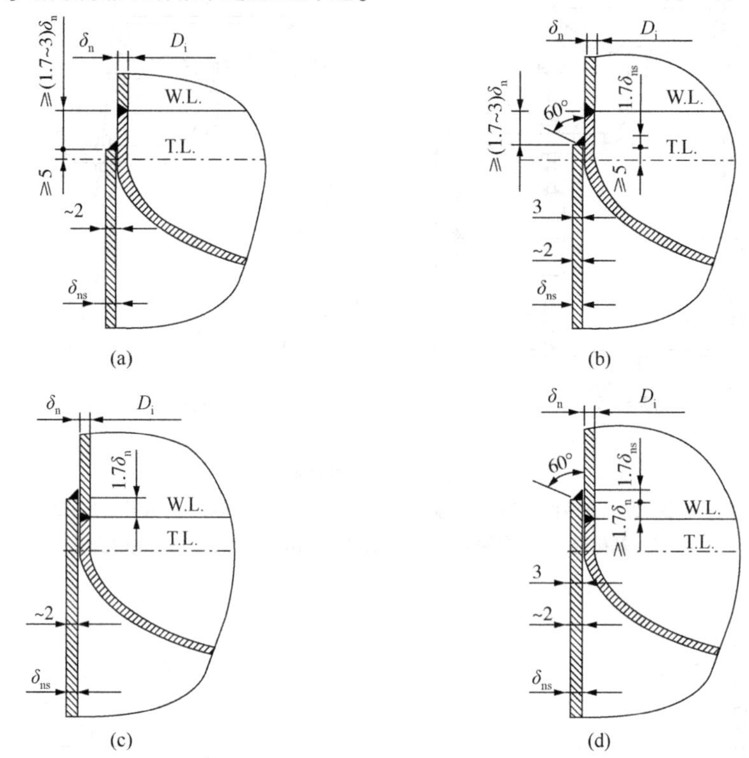

图 8-25　裙座与塔壳的搭接型式

当塔壳下封头由多块板拼接制成时，拼接焊缝处的裙座壳宜开缺口，缺口型式及尺寸如图 8-26 和表 8-13 所示。

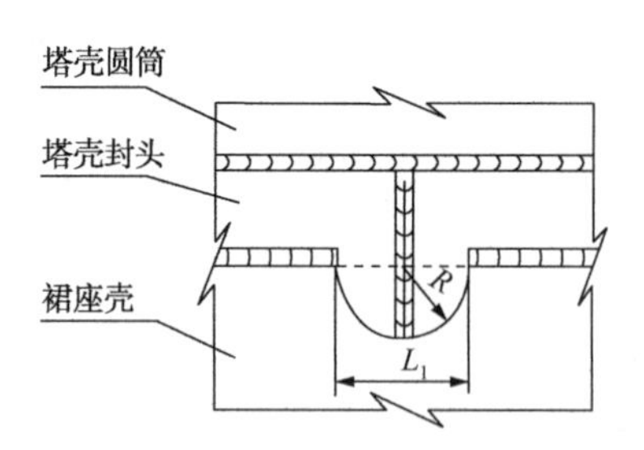

图 8-26　裙座壳开缺口型式

表 8-13　裙座壳开缺口尺寸

mm

塔壳封头名义厚度 δ_n	≤8	>8～18	>18～28	>28～38	>38
宽度 L_1	70	100	120	140	≥160
缺口半径 R	35	50	60	70	≥80

3. 检查孔

裙座应开设检查孔或人孔，以方便检修，检查孔分圆形和长圆形两种，其结构、尺寸、数量可按表 8–14 确定。

表 8–14　检查孔尺寸　mm

塔式容器内径 D_i		≤700	800～1600	>1600
圆形	d_i	250	450	500
长圆形	r_i	—	200	225
	L_4	—	400	450
数量		1	1	1～2

4. 引出管

塔釜封头上的接管一般需通过裙座上的引出管引到裙座壳外部，如图 8–27 所示。引出孔加强管尺寸参见表 8–15。

表 8–15　引出孔加强管尺寸　mm

引出管直径		20、25	80、100	50、70	80、100	125、150	200	250	300	350	>350
引出孔加强管	无缝钢管	ϕ133 × 4	ϕ159 × 4.5	ϕ219 × 6	ϕ273 × 8	ϕ325 × 8	—	—	—	—	—
	焊管内径	—	—	200	250	300	350	400	450	500	d+150

注：(1)引出管在裙座内用法兰连接时，加强管通道内径应大于法兰外径。

(2)引出管保温(冷)后的外径加上 25mm 大于表中的加强管通道内径时，应适当加大加强管通道内径。

(3)引出孔加强管采用焊管时，壁厚一般等于裙座壳厚度，但不大于 16mm。

引出管或引出孔加强管上应焊有支承板支承(当介质温度低于-20℃时，宜采用木垫)，且应预留间隙 c，以满足热膨胀的需要，c 按照式(8–60)计算。

$$c \geqslant \alpha \times \Delta t \times L_s/2 + 1 \tag{8-60}$$

式中　α——介质温度与 20℃间的平均线膨胀系数；

Δt——介质温度与 20℃之差。

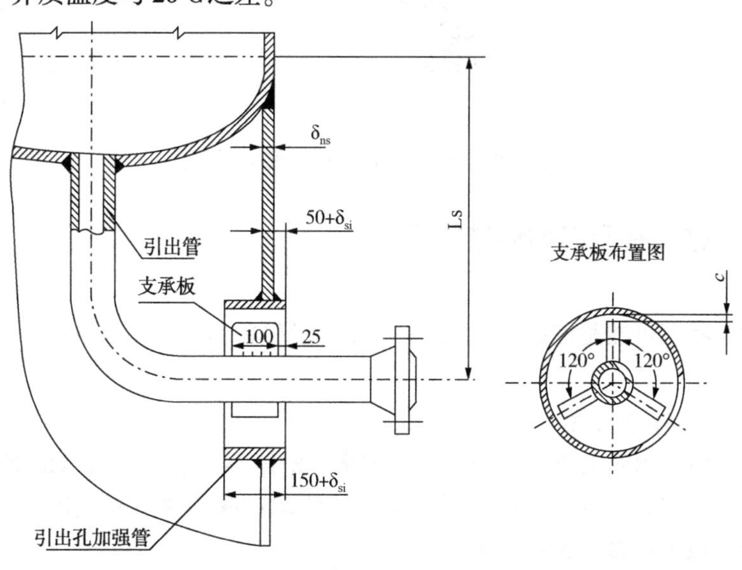

图 8–27　引出管结构示意图

5. 排气孔、排气管

塔设备运行中有可能有气体逸出，聚集在裙座与塔釜封头之间的死区中，或者是可燃的，或者是对设备有腐蚀作用的，可能危及进入裙座的检修人员，因此必须在裙座上设置排气管或排气孔。

当裙座不设保温或防火层时，其上部应均匀开设排气孔，如图 8-28(a)所示，排气孔规格和数量按表 8-16 规定。当裙座上部开有图 8-26 所示缺口时，可不开设排气孔。

有保温(保冷)层、防火层的裙座上部应按图 8-28(b)、(c)所示均匀设置排气管，排气管数量和规格按表 8-16 规定。

表 8-16　排气孔(管)规格和数量　　mm

塔壳圆筒内直径 D_i	600～1200	1400～2400	>2400
排气孔尺寸	ϕ80	ϕ80	ϕ80
排气孔数量/个	2	4	≥4
排气孔中心线至裙座壳顶端的距离	140	180	220
排气管规格	ϕ89×4	ϕ89×4	ϕ108×4
排气管数量/个	2	4	≥4

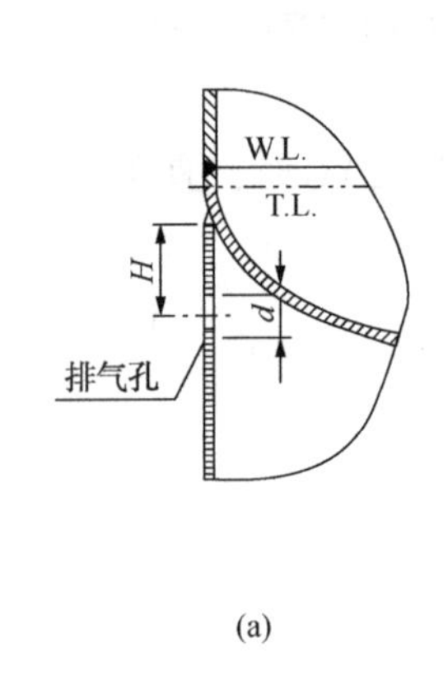

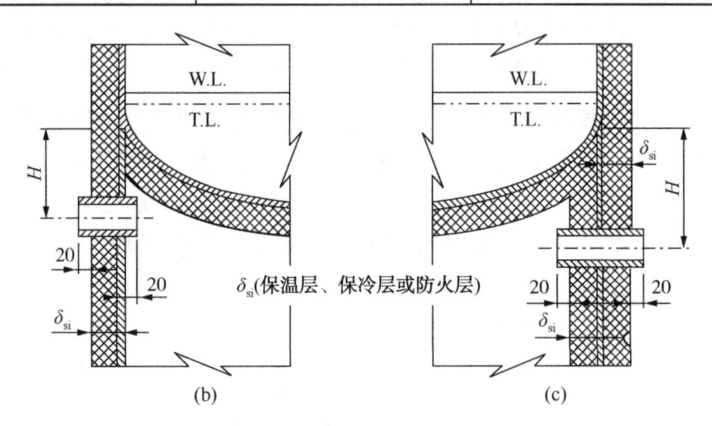

图 8-28　裙座上部排气孔(管)的设置

8.4.4　辅助装置及塔附件结构设计

1. 接管

进塔的物料状态可能是液态、气(汽)态或气(汽)液混合物，不同的物料状态，其结构也不尽相同。

1) 回流管和液体进料管

回流管与液体进料管的设计应满足以下要求：液体不直接加到塔盘鼓泡区；尽量使液体分布均匀；接管安装高度应不妨碍塔盘上液体流动；液体内焊有气体时，应设法排出；管内允许流速一般不超过 1.5～1.8m/s。

回流管与液体进料管的结构型式很多，常用的有直管式(见图 8-29)和弯管式(见图 8-30)两种结构，有关尺寸见表 8-17 和表 8-18，表中数据适用于碳钢，当采用不锈钢时，壁厚可酌减。对于弯进液管转弯处尺寸 E 应以弯管能自由出入为准。

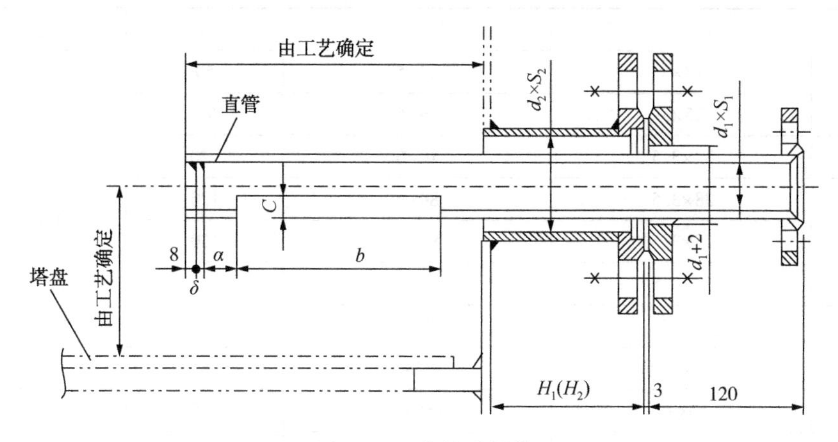

图 8-29　直管进料管

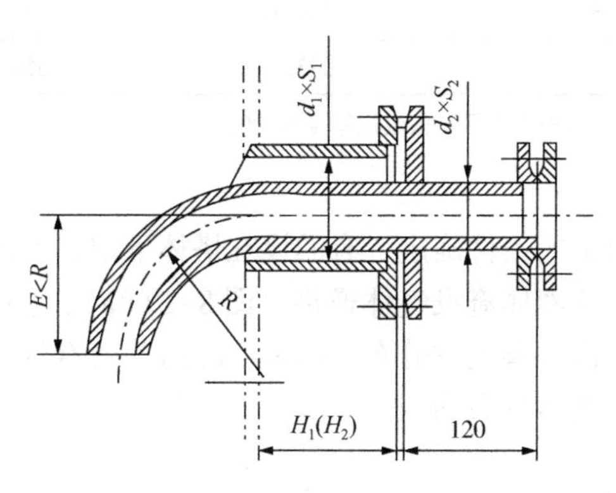

图 8-30　弯管进料管

表 8-17　直进液管尺寸参数

mm

DN	$d_1\times S_1$	$d_2\times S_2$	a	b	c	δ	H_1	H_2
20	25×3	45×5	10	20	10	4		
25	32×3.5	57×5	10	25	10	5		
32	38×3.5	57×5	10	32	15	5		
40	45×3.5	76×6	10	40	15	5	120	150
50	57×3.5	76×6	15	50	20	5		
70	76×4	108×6	15	70	30	6		
80	89×4	108×6	15	80	35	6		
100	108×4	133×6	15	100	45	6		
125	133×4	159×6	15	125	55	6		
150	159×4.5	219×6	25	150	70	6	150	200
200	219×6	273×8	25	210	95	6		
225	245×7	273×8	25	225	110	7		
250	273×3	325×8	25	250	120	8		

注：表中 H_1 用于无保温，H_2 用于有保温，保温层厚度≤100mm。

表 8-18　弯进液管尺寸参数 mm

DN	$d_1 \times S_1$	$d_2 \times S_2$	R	H_1	H_2
15	18×3	57×5	50	120	150
20	25×3	76×6	75		
25	32×3.5	76×6	120		
32	38×3.5	89×6	120		
40	45×3.5	89×6	150		
50	57×3.5	108×6	175		
70	76×4	133×6	225		
80	89×4	133×6	265		
100	108×4	159×6	325	150	200
125	133×4	219×6	400		
150	159×4.5	219×6	500		
200	219×6	273×8	650		

注：表中 H_1 用于无保温，H_2 用于有保温，保温层厚度≤100mm。

2）进气管和出气管

进气管的装配位置由工艺条件确定。有的设在塔体下部，有的设在两塔盘间，但均应设置在最高液面之上，避免液体淹没气体通道。图 8-31(a)、(b)是塔侧进气管结构，出口处设置斜切口或挡板结构改善气体分布，图 8-31(c)为带有气孔的气体分布管，管上开有三排出气小孔，使进塔气体分布均匀。

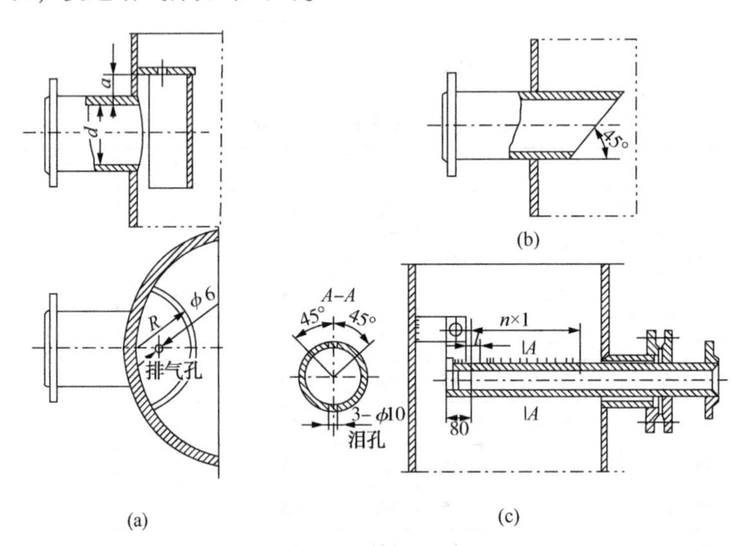

图 8-31　常用进气管结构

出气管结构如图 8-32 所示，图 8-32(a)是安置在塔壁的气体出口管，图 8-32(b)是安置在塔顶封头上的气体出口管，其锥形挡板有除沫作用。

3）釜液出口

釜液从塔底出口管流出，在一定条件下，釜液会在出口管中心形成一个向下的漩涡

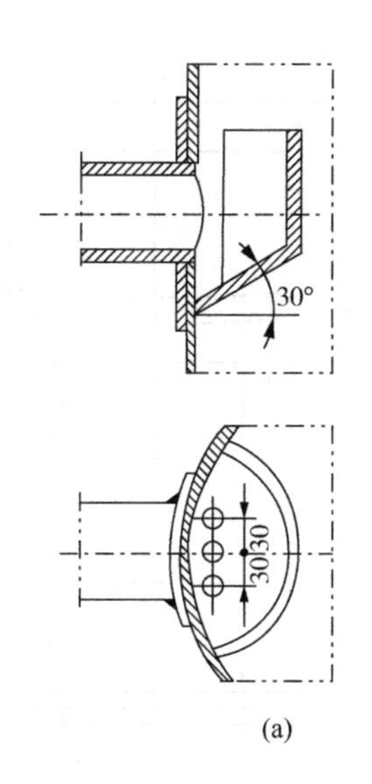

(a)

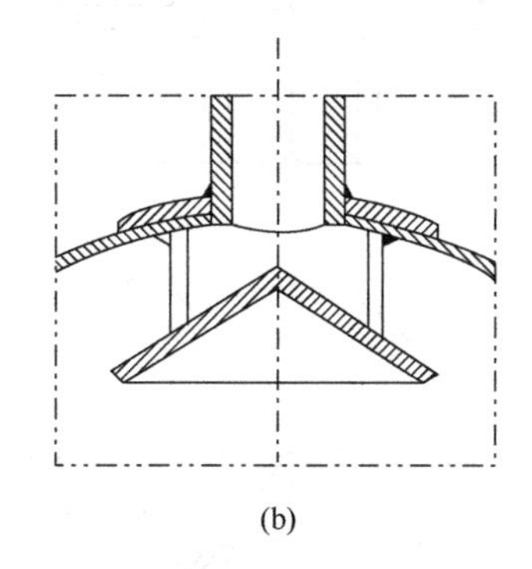

(b)

图 8-32　常用出气管结构

流，使塔釜液面不稳定，且能带出气体，如果出口管路有泵，气体进入泵内，会影响泵的正常运转，为避免容器中液体出料夹带气体，一般釜液出口应安装防涡流挡板。

介质较清洁场合的防涡流挡板结构如图 8-33 所示，其结构尺寸见表 8-19。

介质有固体物料场合，为了防止沉降物进入泵内，应采用出口管深入塔内结构，其防涡流挡板结构如图 8-34 所示，结构尺寸见表 8-20。

表 8-19　清洁介质的防涡流挡板结构尺寸　　mm

DN	*A*	*B*	碳钢		不锈钢		*DN*	*A*	*B*	碳钢		不锈钢	
			t	质量/kg	*t*	质量/kg				*t*	质量/kg	*t*	质量/kg
<80	150	100		1. 11		0. 74	250	500	250		12. 87		8. 58
80	200	100		1. 76		1. 17	300	600	300		18. 27		12. 18
100	200	100	6	1. 18	4	0. 78	350	700	350	6	24. 61	4	16. 4
150	300	150		2. 47		1. 65	400	800	400		31. 94		21. 3
200	400	200		4. 24		2. 83							

表 8-20　介质中有沉降物的防涡流挡板结构尺寸　　mm

DN	*A*	*B*	碳钢		不锈钢		*DN*	*A*	*B*	碳钢		不锈钢	
			t	质量/kg	*t*	质量/kg				*t*	质量/kg	*t*	质量/kg
≤80	200	100		1. 13		0. 75	250	500	250		12. 87		8. 58
100	200	100	6	1. 18	4	0. 78	300	600	300	6	18. 27	4	12. 18
150	300	150		2. 47		1. 65	350	700	350		24. 61		16. 4
200	400	200		4. 24		2. 83	400	800	400		31. 94		21. 3

2. 除沫装置

当空塔气速较大，会出现塔顶雾沫夹带，在工艺过程不允许出塔气体夹带雾滴的情况

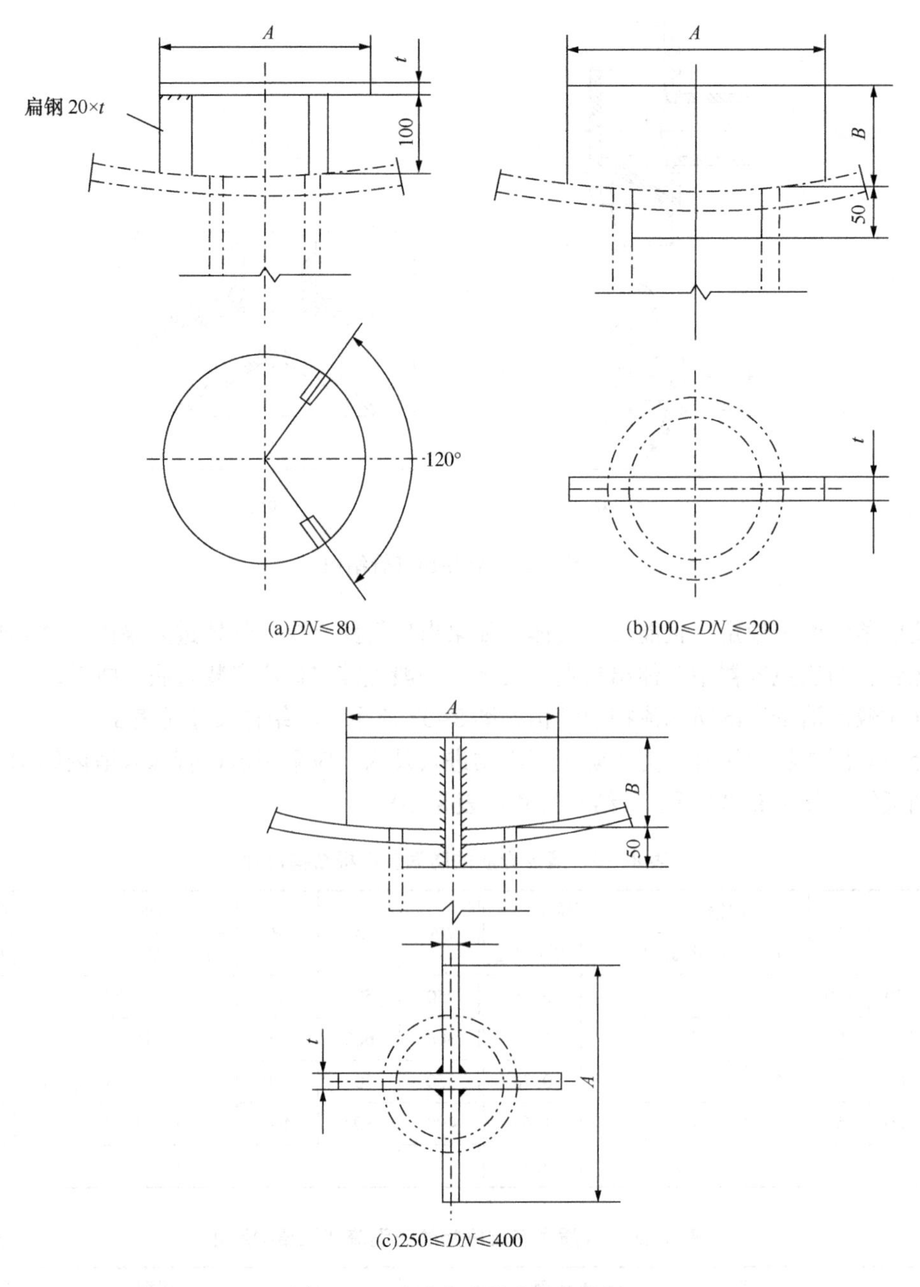

图 8-33　清洁介质的防涡流挡板

下，需在塔顶设置除沫装置，分离气体中夹带的液滴，减少液体的夹带损失，确保气体的纯度，保证后续设备的正常操作。常用的除沫装置有丝网除沫器、折流板除沫器、旋流板除沫器。丝网除沫器具有比表面积大、重量轻、空隙率大、除沫效率高、压力降小等特点，应用最为广泛，主要适用于清洁的气体，不宜用于液滴中含有或易析出固体物质的场合，以免堵塞丝网。

丝网除沫器已经标准化，目前国内有两种除沫器，一种为网块固定在设备上，可根据 HG/T 21618《丝网除沫器》选用；另一种为网块可以抽出清洗或更换，参照 HG/T 21586

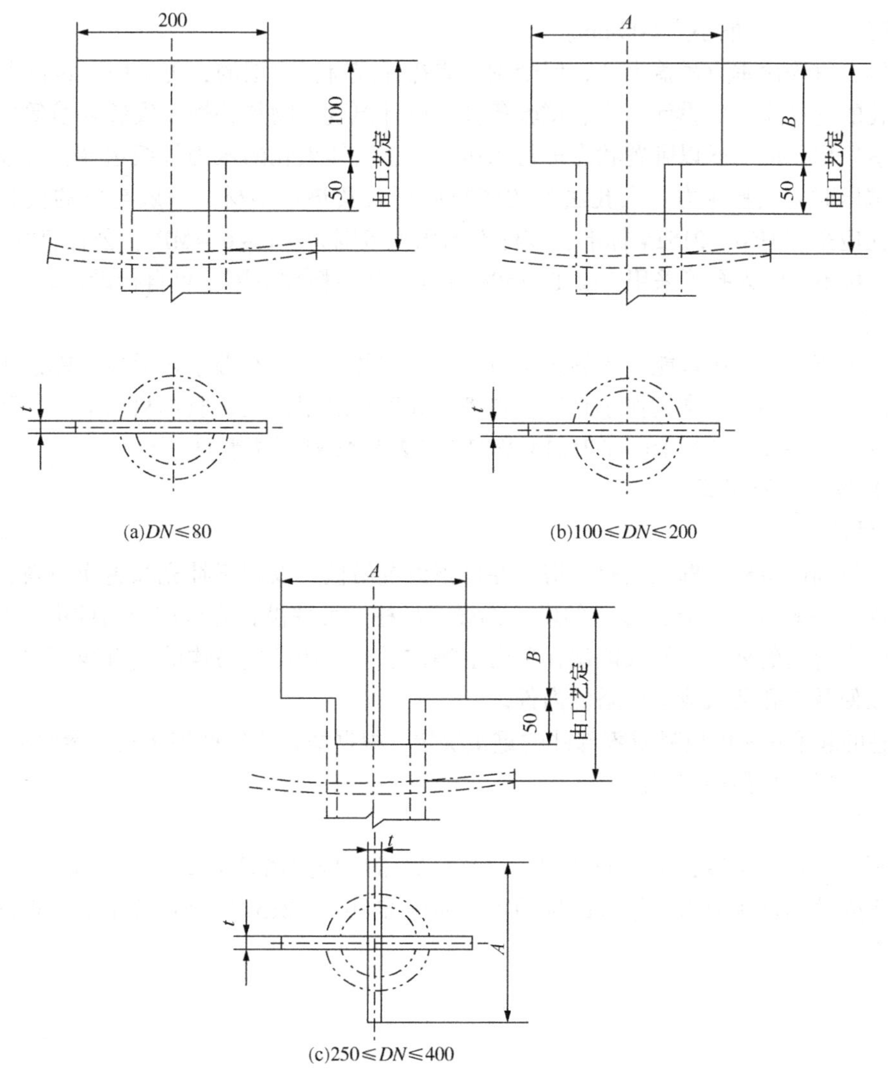

图 8-34　介质中有沉降物的防涡流挡板

《抽屉式丝网除沫器》。

3. 人孔和手孔

1）人孔

人孔是安装或检修人员进出塔器的唯一通道，人孔的设置要便于人员进入任何一层塔板。但由于设置人孔处的塔板间距要增大，且人孔设置过多会使制造时塔体的弯曲度难以满足要求，所以一般 10～20 层塔板或 5～10m 塔段才设置一个人孔。板间距小的塔板按塔板数考虑，间距大的塔板按高度考虑。对直径大于 800mm 的填料塔，人孔可设置在每段填料层的上、下方，同时兼作填料装卸孔用。

人孔一般设置在气液进出口等需经常维修清理的部位，另外在塔顶和塔釜，也各设置一个人孔。塔径小于 800mm 时，应在塔顶设置法兰，不在塔体开设人孔。在设置人孔处，塔板间距应根据人孔的直径确定，一般不小于人孔公称直径、塔盘支承梁高度及 50mm 之和，且不小于 600mm。在设置操作平台处，人孔中心高度一般比操作平台高 0.7～1m，最大不宜超过1.2m，最小为600mm。

塔体上宜采用垂直吊盖人孔，但个别有碍操作或有保温层的，可采用回转盖人孔。

人孔的选择应考虑设计压力、试验条件、设计温度、物料特性及安装环境等因素。塔体在制造厂出厂前一般以卧置状态进行水压试验，塔体人孔的压力等级选择，必须考虑卧置状态试压时的试验压力。人孔法兰的密封面型式及垫片用材，一般与塔的接管法兰相同。人孔应采用HG/T 21514标准，该标准的压力范围为0.6~6.4MPa，公称直径为400~600mm，衬不锈钢人孔可采用HG/T 21594标准。超出标准范围，可自行设计。

2）手孔

手孔是指手和手提灯能进入的设备口，用于不便进入或不必进入设备即能清理、检查或修理的场合。手孔又常用作小直径填料塔装卸填料之用，在每段填料层的上、下方各设置一个手孔。手孔可选用HG/T 21514及HG/T 21594(衬不锈钢)标准。

4. 塔顶吊柱及吊耳

1）吊柱

对于较高的室外无框架的整体塔，在塔顶设置吊柱，以利于补充和更换填料、安装和拆卸内件。一般高度在15m以上的塔，都设置吊柱。吊柱设置方位应使吊柱中心线与人孔中心线间有合适的夹角，使人能站在平台上操作手柄，让经过吊钩的垂直线可以转到人孔附近，以便从人孔装入或取出塔的内件。

吊柱的起吊载荷由填料或零部件的重量决定，根据塔径决定回转半径，参照标准HG/T 21639—2005《塔顶吊柱》选用。

2）吊耳

吊耳用于塔的吊装，吊耳的结构、位置、数量应按照吊装方式及塔设备的质量确定，且考虑塔壳体的许用应力。吊耳的选用可参照标准HG/T 21574—2018《化工设备吊耳设计选用规范》。

第 9 章　列管式换热器设计

9.1　列管式换热器结构分类及机械设计内容

9.1.1　列管式换热器结构分类

在不同温度的流体间传递热能的装置称为热交换器，简称为换热器。其中列管式换热器(也称管壳式换热器)是目前化工生产中应用最为广泛的换热器型式。现在，它被当作一种传统的标准换热器设备在很多工业领域中大量使用，尤其在化工、石油、能源等领域。

列管式换热器是在一个圆筒形壳体内设置许多平行的管子(称这些平行的管子为管束)，让两种流体分别从管内空间(或称管程)和管外空间(或称壳程)流过进行热量的交换。按其结构的不同一般可分为固定管板式、U 形管式、浮头式和填料函式四种类型。

1. 固定管板式换热器

将管束两端固定在位于壳体两端的管板上，管子与管板的连接方式用焊接或胀接等方式连接，管板与壳体焊接固定在一起，使得管束、管板与壳体成为一个不可拆卸的整体，因此称为固定管板式换热器，其基本结构如图 9-1 所示。

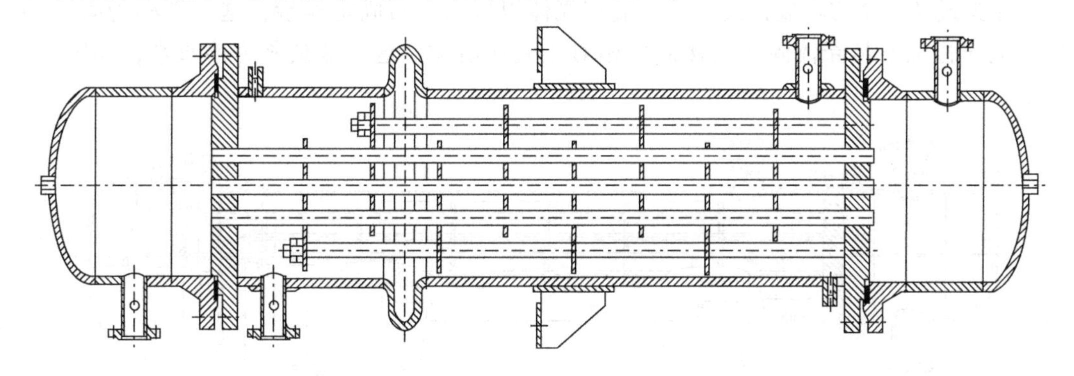

图 9-1　立式固定管板式换热器

固定管板式换热器结构简单，在相同的壳体直径内，排管最多，结构紧凑，制造成本低。但是它的壳程不能检修和清洗，因此，宜于流过不易结垢和清洁的流体，当管束与壳体的温差太大而产生不同的热膨胀时，常会使管子与管板的接口脱开，从而发生流体的泄漏，甚至可能毁坏换热器。一般在管壁与壳壁温度相差 50℃ 以上时，为了安全，换热器应有温差补偿装置，为此常在外壳上焊一波形膨胀节。波形膨胀节仅能减小而不能完全消除由于温差而产生的热应力，且在多管程的换热器中，不能照顾到管子的相对移动，因此，只能用于管壁与壳壁温差低于 60 ~ 70℃ 和壳程流体压力不高的情况。

2. U 形管式换热器

U 形管式换热器的管束由 U 字形弯管组成，管子两端固定在同一块管板上，弯曲端不加固定，使每根管子具有自由伸缩的余地而不受其他管子及壳体的影响，其基本结构如图9-2所示。

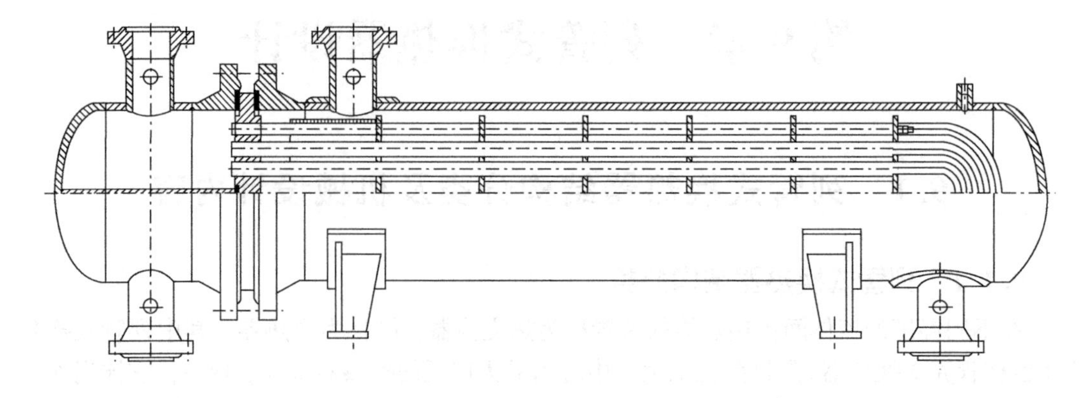

图9-2　U形管式换热器

U形管式换热器结构简单，承压能力强，造价便宜，在需要清洗时可将整个管束抽出，但要清除管子内壁的污垢却比较困难，管束中间部分的管子难以更换，又因最内层管子弯曲半径不能太小，在管板中心部分布管不紧凑，所以管子数不能太多，且管束中心部分存在间隙，使壳程流体易于短路而影响壳程换热。因此，一般宜用于管壳壁温差相差较大，或壳程介质易结垢而管程介质不易结垢，高温、高压、腐蚀性强的场合。

3. 浮头式换热器

浮头式换热器的两端管板只有一端与壳体以法兰实行固定连接，这一端称为固定端；另一端的管板不与壳体固定连接而可相对于壳体滑动，这一端被称为浮头端，如图9-3所示。

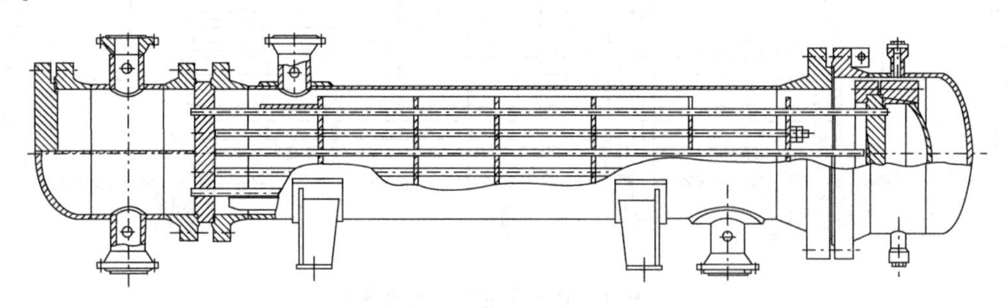

图9-3　浮头式换热器

此类换热器管束的热膨胀不受壳体的约束，壳体与管束之间不会因差胀而产生热应力。在需要清洗和检修时，仅需将管束从壳体中抽出即可，所以能适用于管壳壁间温差较大，或易于腐蚀和易于结垢的场合。但该类换热器结构复杂，造价约比固定管板式换热器高20%左右，材料消耗量大，而且由于浮头的端盖在操作中无法检查，所以在制造和安装时要特别注意其密封性，以免发生内漏。

4. 填料函式换热器

此类换热器的管板也仅有一端与壳体固定连接，另一端采用填料函密封。它的管束也可自由膨胀，所以管壳之间不会产生热应力，且管程和壳程都能清洗，结构较浮头式简单，造价较低，加工制造方便，但由于填料密封处易于泄漏，故不宜用于易挥发、易燃、易爆、有毒和高压流体的场合，此类结构不常采用。

列管式换热器的设计已有系列化标准，目前我国列管式换热器的设计、制造、检验、验收等按国家标准《热交换器》(GB/T 151—2014)执行。该标准将列管式换热器的主要组成部分分为前端结构、壳体和后端结构(包括管束)三部分，详细分类和代号参见相关文献。该标准将换热器分为Ⅰ、Ⅱ两级，Ⅰ级换热器采用较高级的冷拔换热管，适用于无相变传热和易产生振动的场合；Ⅱ级换热器采用普通级冷拔换热管，适用于再沸器、冷凝器和无振动的一般场合。

9.1.2 列管式换热器机械设计的内容和步骤

在换热器设计中，完成传热计算后，换热器的工艺尺寸即可确定。如果能用热交换器标准系列选型，则结构尺寸随之而定，否则尽管在传热计算和流体阻力计算中已部分确定了结构尺寸，仍需进行结构设计，这时的结构设计除了进一步确定那些尚未确定的尺寸，还应对已确定的尺寸作某些校核和修正。

列管式换热器的机械设计主要有两个方面：一是工艺结构与机械结构设计，主要是确定有关部件的结构型式、结构尺寸及零件之间的连接等，例如管板结构尺寸的确定、折流板尺寸及间距的确定、管板与换热管的连接、管箱结构、法兰的类型与垫片的确定、浮头结构等；二是换热器受力元件的应力计算和强度校核，以保证换热器安全运行，例如管箱、壳体、膨胀节、管板等。

工艺设计完成后，工艺设计人员提供设备设计条件表，提出机械设计所需的原始条件，包括工作压力、工作温度、介质及其腐蚀性能、换热器类型、管子规格、根数、管子排列方式、程数、壳体内径、进出口接管尺寸等。

机械设计人员在阅读设计条件后，需按照以下内容和步骤完成换热器的机械设计：

(1) 基本设计参数的确定，包括设计压力、设计温度、材料；

(2) 厚度计算，包括壳体、管箱圆筒短节；

(3) 换热器零部件的工艺结构设计，包括分程隔板、折流板、拉杆、定距管、防短路结构等；

(4) 换热器机械结构设计，包括换热管与管板的连接、管板与管箱及壳体的连接等；

(5) 其他部件的设计，包括膨胀节、法兰及垫片、支座等；

(6) 管板强度计算；

(7) 绘制施工图及编写技术要求。

9.2 机械设计的基本参数

9.2.1 设计压力

设计压力或计算压力的确定应符合以下规定：

(1) 换热器上装有超压泄放装置时，应按 GB/T150.1—2011 附录 B 的规定确定设计压力。

(2) 换热器各程(压力室)的设计压力应按各自最苛刻的工作工况分别确定。

(3) 如果换热器存在负压操作，确定元件计算压力时应考虑在正常情况下可能出现的最大压力差。

(4) 真空侧的设计压力按承受外压考虑。当装有安全控制装置(如真空泄放阀)时，设计压力取1.25倍的最大内外压力差，或0.1MPa两者中的较低值；当无安全控制装置时，取0.1MPa。

(5) 对于同时受各程(压力室)压力作用的元件，且在全寿命期内均能保证不超过设定压差时，才可以按压差设计，否则应分别按各程(压力室)设计压力确定计算压力，并应考虑可能存在的最苛刻的压力组合。按压差设计时，压差的取值还应考虑在压力试验过程中可能出现的最大压差值，并应在设计文件中明确设计压差，同时应提出在压力试验过程中保证压差的要求。

对于盛装液化气和液化石油气的换热器的设计应力应按以下规定确定：

(1) 无安全泄放装置时，设计压力不应低于1.05倍的工作压力。

(2) 装有安全阀时，设计压力不应低于安全阀开启压力(开启压力取1.05~1.1倍的工作压力)。

9.2.2 设计温度

列管式换热器的壳程设计温度是指壳程壳体的设计温度，管程设计温度是指管箱的设计温度(不是换热管的设计温度)。设计温度的确定应符合以下规定：

(1) 各程(压力室)设计温度应按各自最苛刻的工作工况分别确定；各部分在工作状态下的金属温度不同时，可分别设定设计温度。

(2) 设计温度不得低于元件金属在工作状态可能达到的最高温度；对于0℃以下的金属温度，设计温度不得高于元件金属可能达到的最低温度；在任何情况下，元件金属的表面温度不得超过材料的允许使用温度。

(3) 对于同时受两侧介质温度作用的元件(管板、换热管)应按其金属温度确定设计温度。

(4) 元件的金属温度通过以下方法确定。

① 传热计算求得；

② 在已使用的同类换热器上测定；

③ 根据介质温度并结合外部条件确定。

9.2.3 选材

选择化工容器用钢材应考虑换热器的操作条件(如设计压力、设计温度、介质的特性)、材料的焊接性能、冷热加工性能、热处理以及换热器的结构等。除此之外，还要考虑经济合理性。

一般来说，碳素钢用于介质腐蚀性不强的常压、低压容器，以及壁厚不大的中压容器；低合金高强度钢用于介质腐蚀性不强、壁厚较大的受压容器；珠光体耐热钢用作抗高温氢或硫化氢腐蚀，或设计温度为350~575℃的场合；不锈钢用作介质腐蚀性较强环境、防铁离子污染或设计温度高于500℃或设计温度低于-70℃的耐热或低温用钢。

列管式换热器钢制受压元件的钢号及其标准、附加技术要求、限定范围(压力和温度等)及许用应力应符合GB/T 150.2—2011及其附录A、附录D的规定，高温性能参考值参见 GB/T 150.2—2011 附录 B。

9.3 厚度计算

设计压力、设计温度及材料确定好后，还要确定厚度附加量、材料的许用应力等方可按 GB/T 150.3—2011 进行圆筒壳体、管箱圆筒短节及封头的厚度计算，但壳体的最小厚度符合 GB/T 151—2014 的规定。

9.3.1 厚度附加量

厚度附加量按公式(9-1)确定：

$$C = C_1 + C_2 \tag{9-1}$$

式中 C——厚度附加量，mm；

C_1——材料厚度负偏差，板材或管材的厚度负偏差应符合相应材料标准的规定，mm；

C_2——腐蚀裕量，mm。

为防止换热器元件由于腐蚀、机械磨损而导致厚度削弱减薄，应考虑腐蚀裕量：①对有均匀腐蚀或磨损的元件，应根据预期的设计使用年限和介质对金属材料的腐蚀速率(及磨蚀速率)确定腐蚀裕量；②各元件受到的腐蚀程度不同时，可采用不同的腐蚀裕量；③介质为压缩空气、水蒸气或水的碳素钢或低合金钢制换热器，腐蚀裕量不小于 1mm。

列管式换热器元件腐蚀裕量的考虑原则：

(1) 管板、浮头法兰和球冠形封头的两面均应考虑腐蚀裕量；

(2) 管箱平盖、凸形封头、管箱和壳体内表面应考虑腐蚀裕量；

(3) 管板和管箱平盖上开槽时，可将高出隔板槽底面的金属作为腐蚀裕量，但当腐蚀裕量大于槽深时，还应加上两者的差值；

(4) 设备法兰和管法兰的内径面应考虑腐蚀裕量；

(5) 换热管、钩圈、浮头螺栓和纵向隔板一般不考虑腐蚀裕量；

(6) 分程隔板的两面均应考虑腐蚀裕量；

(7) 拉杆、定距管、折流板和支持板等非受压元件，一般不考虑腐蚀裕量。

9.3.2 许用应力

材料应按 GB/T 150.1—2011 表 1 和表 2 的规定确定许用应力，对于受压元件用钢材的许用应力值应按 GB/T 150.2—2011 选取，如果设计温度不是表格中温度而是两温度之间的数值，许用应力需按插值法进行计算。如果采用复合钢板，许用应力应按 GB/T 150.1—2011 中 4.4.3 确定。

9.3.3 焊接接头系数

焊接接头系数 Φ 应根据对接接头的焊缝形式及无损检测的长度比例确定。钢制列管式换热器焊接接头系数可按表 9-1 选取。

表 9-1　焊接接头系数 Φ

焊接接头型式	全部无损检测	局部无损检测
双面焊对接接头和相当于双面焊的全焊透对接接头	1.0	0.85
单面焊对接接头(沿焊缝根部全长有紧贴基本金属的垫板)	0.90	0.80

对于无法进行无损检测的固定管板式换热器壳程圆筒的环向焊接接头，应采用氩弧焊打底或沿焊缝根部全长有紧贴基本金属的垫板，其焊接接头系数 $\Phi=0.6$；对于换热管与管板连接的内孔焊，进行100%射线检测时的焊接接头系数 $\Phi=1.0$，局部射线检测时焊接接头系数 $\Phi=0.85$，不进行射线检测时焊接接头系数 $\Phi=0.6$。

9.3.4　筒体厚度计算

列管式换热器比较常见的内压圆筒及外压圆筒的计算，可参考 GB/T 150.3—2011 相关内容。计算出的圆筒的最小厚度按 GB/T 151—2011 规定，不得小于表 9-2 规定值。

表 9-2　圆筒的最小厚度　　mm

DN		碳素钢、低合金钢和复合板		高合金钢
		可抽管束	不可抽管束	
管制	< 100	5.0	5.0	3.2
	≥100 ~ 200	6.0	6.0	3.2
	> 200 ~ 400	7.5	6.0	4.8
板制	≥400 ~ 700	8	6	5
	> 700 ~ 1000	10	8	7
	> 1000 ~ 1500	12	10	8
	> 1500 ~ 2000	14	12	10
	> 2000 ~ 2600	16	14	12

注：碳素钢、低合金钢制圆筒的最小厚度包含 1.0mm 腐蚀裕量。

9.4　列管式换热器零部件的工艺结构设计

9.4.1　分程隔板

在列管式换热器中，不论是管外还是管内的流体，要提高它们的给热系数，通常采用设置隔板增加程数以提高流体流速来实现。习惯上将设置在管程的隔板称为分程隔板，设置在壳程的隔板称为纵向隔板。

管程分程隔板是用来将管内流体分程，“一个管程”意味着流体在管内走一次。分程隔板装置在管箱内，根据程数的不同有不同的组合方法(可参考 GB/T 151 中 6.3.2)，但都应遵循，尽量使各管程的换热管数大致相等，隔板形状简单，密封长度要短，程与程之间温度差不宜过大。为使制造、维修和操作方便，一般采用偶数管程。

1. 分程隔板结构

分程隔板应采用与封头、管箱筒节相同的材料，除密封面(为可拆而设置)外，应满焊于管箱上(包括四管程以上浮头式换热器的浮头盖隔板)。在设计时要求管箱隔板的密封面与管箱法兰密封面、管板密封面与分程槽面必须处于同一基面，如图 9-4 所示，其中图(a)、图(b)为一般常用的结构型式；图(c)、图(e)是用于换热器的管程与壳程分别采用不锈钢与碳钢时的结构处理方式；图(d)为具有隔热空间的双层隔板，可以防止两管程流体之间经隔板相互传热。

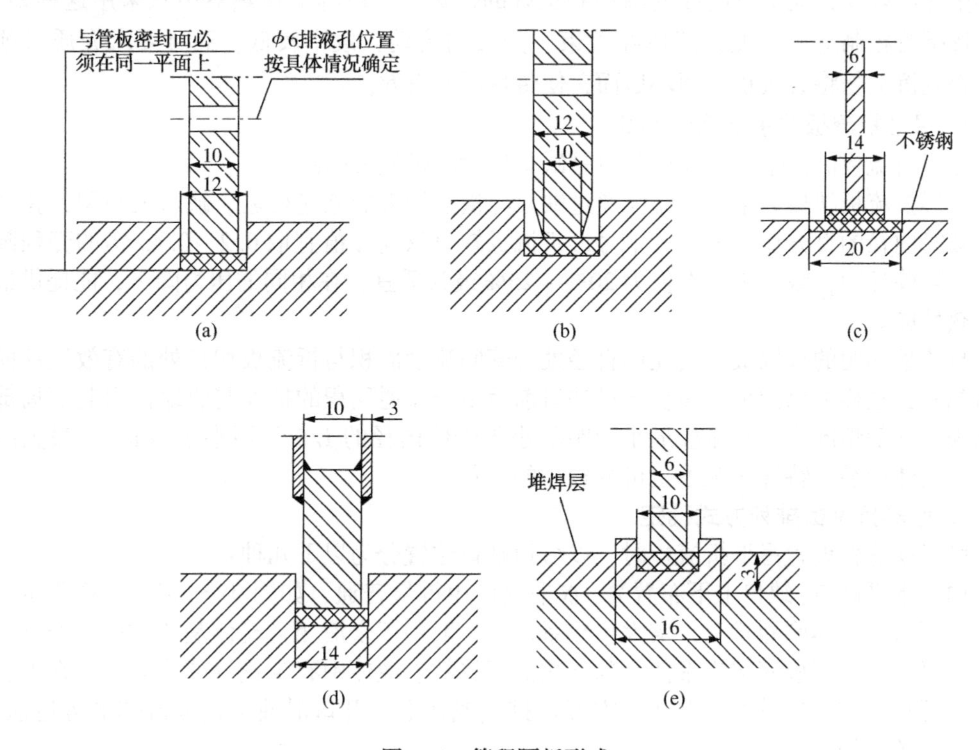

图 9-4　管程隔板形式

2. 分程隔板厚度及有关尺寸

分程隔板的最小厚度不得小于表 9-3 的数值，当承受脉动流体或隔板两侧压差很大时，隔板的厚度应适当增厚。对于厚度大于 10mm 的分程隔板，则按图 9-4(b)所示，在距端部 15mm 处开始削成楔形，使端部保持 10mm。

在管程介质为易燃、易爆、有毒及腐蚀等情况下，为了停车、检修时排净残留介质，在处于水平位置的分程隔板上开设直径为 6mm 的排净液孔，如图 9-4(a)、(b)所示。

表 9-3　分程隔板的最小名义厚度　　mm

DN	碳素钢和低合金钢	高合金钢
≤ 600	10	6
> 600 ~ 1200	12	10
> 1200 ~ 1800	14	11
> 1800 ~ 2600	16	12
> 2600 ~ 3200	18	14

9.4.2 折流板或支持板

列管式换热器中常用的折流板型式有单弓形、双弓形、三弓形、圆盘-圆环形等。弓形折流板引导流体垂直流过管束，流经缺口处顺流经过管子后进入下一板间，改变方向，流动中死区较少，能提供高度的湍动和良好的传热，一般标准换热器中只采用这种型式。盘环形折流板制造不方便，流体在管束中为轴向流动，效率较低，而且要求介质必须清洁，否则沉淀物将会沉积在圆环后面，使传热面积失效。

1. 弓形折流板的主要几何参数

弓形折流板的两个主要几何参数是缺口尺寸和折流板间距。

弓形折流板缺口大小应使流体通过缺口与横过管束的流速相近。缺口大小用其弦高占壳程圆筒内径的百分比来表示。单弓形折流板缺口弦高 h 值宜取 0.2 ~0.45 倍的壳程圆筒内径。经验证明，缺口弦高 h 值为20% ~25%最为适宜，在相同的压力降下，能提供最好的传热性能。

折流板间距的选取最好使壳体直径处的管间流动面积与折流板切口处的有效流动面积近似相等，这样可以减少介质在通过缺口前后由于流通面积的扩大与收缩而引起的局部压力损失。一般情况下，折流板最小间距不小于壳体内径的1/5且不小于50mm，最大间距不大于壳体内径。特殊情况下也可取较小的间距。

2. 弓形折流板排列方式确定

卧式换热器设置弓形折流板时，以弓形缺口位置分为以下几种：

(1) 水平缺口(缺口上下布置)　水平缺口用得最普通，如图9-5(a)、(b)所示，这种排列可造成流体剧烈扰动，增大传热系数，一般用于全液相且流体是清洁的，否则沉淀物会在每一块折流板底部集聚使下部传热面积失效。液体中有少量气或汽时，应在上折流板上方开小孔或缺口排气，但在上方开口排气或在下方开口泄液会造成流体的旁通泄漏，应尽量避免采用。

(2) 垂直缺口(缺口左右布置)　如图9-5(c)所示，这种型式一般用于带悬浮物或结垢严重的流体，也宜用于两相流体。最低处应留排液孔。

(3) 倾斜缺口　对于正方直列的管束，采用与水平面成45°的倾斜缺口折流板，可使流体横过正方形错列管束流动，有利于传热，但不适宜于脏污流体。

(4) 双弓形缺口与双弓形板交替　这种型式一般在壳侧容许压降很小时才考虑采用。

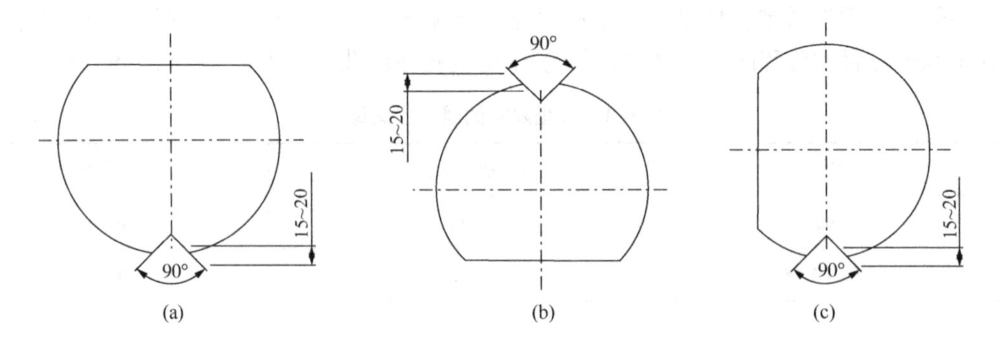

图9-5　折流板的布置方式

3. 折流板外径及允许偏差

折流板外径及允许偏差应符合表9-4的规定。

表 9-4　折流板和支持板外径及允许偏差　　mm

DN	<400	400 ~ <500	500 ~ <900	900 ~ <1300	1300 ~ <1700	1700 ~ <2100	2100 ~ <2300	2300 ~ ≤2600	>2600 ~ 3200
名义外径	*DN*-2.5	*DN*-3.5	*DN*-4.5	*DN*-6	*DN*-7	*DN*-8.5	*DN*-12	*DN*-14	*DN*-16
允许偏差	0 -0.5	0 -0.5	0 -0.5	0 -0.5	0 -0.5	0 -0.5	0 -0.5	0 -0.5	0 -0.5

4. 折流板厚度

折流板的厚度与壳体直径和换热管无支承跨距有关，其数值不得小于表 9-5 的规定。

表 9-5　折流板或支持板的最小厚度　　mm

公称直径 *DN*	折流板或支持板间的换热管无支承跨距 *L*					
	≤300	>300 ~ 600	>600 ~ 900	>900 ~ 1200	>1200 ~ 1500	>1500
	折流板或支持板最小厚度					
<400	3	4	5	8	10	10
400 ~ 700	4	5	6	10	10	12
>700 ~ 900	5	6	8	10	12	16
>900 ~ 1500	6	8	10	12	16	16
>1500 ~ 2000		10	12	16	20	20
>2000 ~ 2600		12	14	18	22	24
>2600 ~ 3200		14	18	22	24	26

5. 折流板的布置

一般应使靠近管板的折流板尽可能靠近壳程进、出口接管，其余按等距离布置，靠近管板的折流板与管板间的距离如图 9-6 所示，其尺寸可按下式计算：

$$l = \left(L_1 + \frac{B_2}{2}\right) - (b - 4) + (20 \sim 100) \quad \text{mm} \tag{9-2}$$

式中，B_2 为防冲板长度，无防冲板时，可取 $B_2 = d_i$（接管内径）。

6. 支持板

当换热器壳程介质有相变化时，无需设置折流板，但当换热管无支承跨距超过表 9-6 规定时，应设置支持板。支持板的形状和尺寸均与折流板一样。U 形管式换热器弯管端、浮头式换热器浮头端宜设置加厚环形或整圆的支持板。

表 9-6　换热管的最大无支承跨距　　mm

换热管外径 *d*		14	16	19	25	32	38	45	57
最大无支承跨距	钢管	1100	1300	1500	1850	2200	2500	2750	3200
	有色金属管	950	1100	1300	1600	1900	2200	2400	2800

9.4.3 拉杆与定距管

1. 拉杆的结构

折流板与支持板一般采用拉杆和定距管等元件与管板固定，其固定形式主要有螺纹连

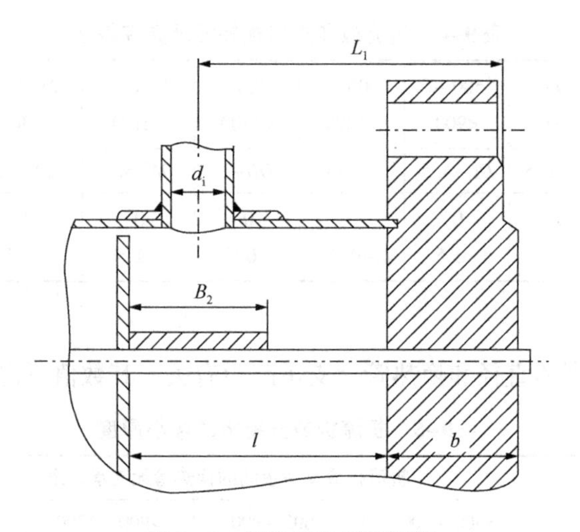

图 9-6　折流板与管板间距

接和焊接连接两种，如图 9-7 所示。

螺纹连接结构一般适用于换热管外径大于或等于 19mm 的管束，与管板连接端的拉杆螺纹长度 L_a 按 1.3～1.5 倍拉杆直径计算。这种结构在每两块折流板之间用定距管固定，最后一块折流板用两个螺母锁紧固定。

焊接连接结构一般适用于换热管外径小于或等于 14mm 的管束，焊接连接的拉杆直径可等于换热管外径。

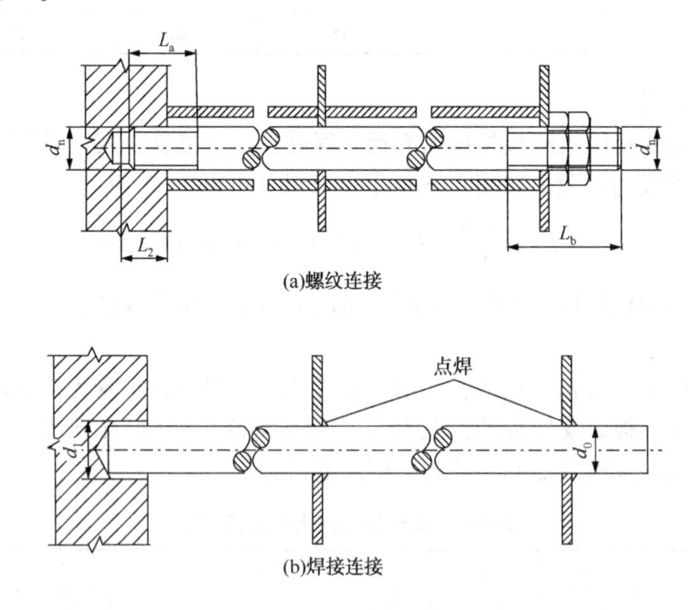

图 9-7　拉杆连接结构

2. 拉杆直径和数量

拉杆的直径和数量可按表 9-7 和表 9-8 选用。在保证大于或等于表 9-8 所给定的拉杆总截面积的前提下，拉杆的直径和数量可以变动，但其直径不宜小于 10mm，数量不少于 4 根。需要时，对立式换热器还应校核拉杆的强度。

3. 螺纹拉杆的尺寸

拉杆的长度 L_c 按需要确定。拉杆的结构尺寸可按图 9-8 和表 9-9 确定。

4. 拉杆的布置

拉杆应尽量均匀布置在管束的外边缘。对于大直径的换热器，在布管区内或靠近折流板缺口处应布置适当数量的拉杆。任何折流板不应少于 3 个拉杆支承点。

表 9-7　拉杆直径　mm

换热管外径 d	$10 \leqslant d \leqslant 14$	$14<d<25$	$25 \leqslant d \leqslant 57$
拉杆直径 d_0	10	12	16

表 9-8　拉杆数量　mm

拉杆直径 d_0	换热器公称直径 DN								
	<400	400 ~ <700	700 ~ <900	900 ~ <1300	1300 ~ <1500	1500 ~ <1800	1800 ~ <2000	2000 ~ <2300	2300 ~ <2600
10	4	6	10	12	16	18	24	32	40
12	4	4	8	10	12	14	18	24	28
16	4	4	6	6	8	10	12	14	16

表 9-9　螺纹拉杆尺寸　mm

拉杆直径 d_0	拉杆螺纹公称直径 d_n	L_a	L_b	b
10	10	13	≥40	1.5
12	12	16	≥50	2.0
16	16	22	≥60	2.0

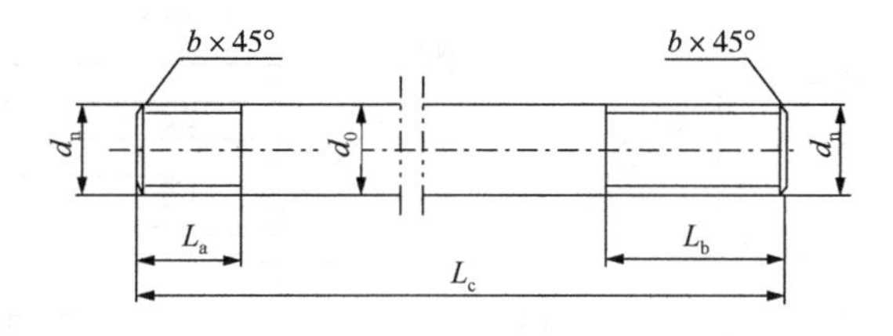

图 9-8　螺纹拉杆

5. 定距管

定距管的规格，一般与所在换热器的换热管规格相同。对于管程是不锈钢、壳程是碳钢或低合金的换热器，可选用与不锈钢换热管外径相同的碳钢管作定距管。定距管的长度按需要确定，其长度的上偏差为 0.0，下偏差为-1.0mm。

9.4.4　防短路结构

在需要防短路的场合，当短路宽度超过 16mm 时，应设置防短路结构。

1. 旁路挡板

在换热器壳程，由于管束边缘和分程部位都不能排满换热管，所以在这些部位形成旁路。为防止壳程流体从这些旁路大量短路，可在管束边缘的适当位置安装旁路挡板和在分程部位的适当位置安装假管来增大旁路的阻力，迫使流体通过管束进行换热。

两折流板缺口间距小于6个管心距时，管束外围设置一对旁路挡板；超过6个管心距时，每增加5～7个管心距增设一对旁路挡板，如图9-9所示。旁路挡板的厚度可取与折流板相同的厚度，应与折流板焊接牢固。

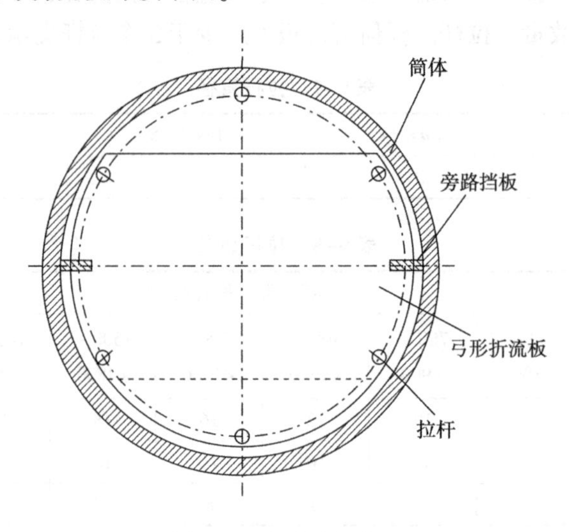

图9-9 旁路挡板布置

2. 挡管

挡管也称假管，为两端或一端堵死的盲管，也可用带定距管的拉杆兼作挡管，设置于分程隔板槽背面的管束中间，如图9-10所示。两折流板缺口间每隔4～6个管心距设置1根挡管，挡管伸出第一块及最后一块折流板或支持板的长度不宜大于50mm。挡管应与任意一块折流板焊接固定。

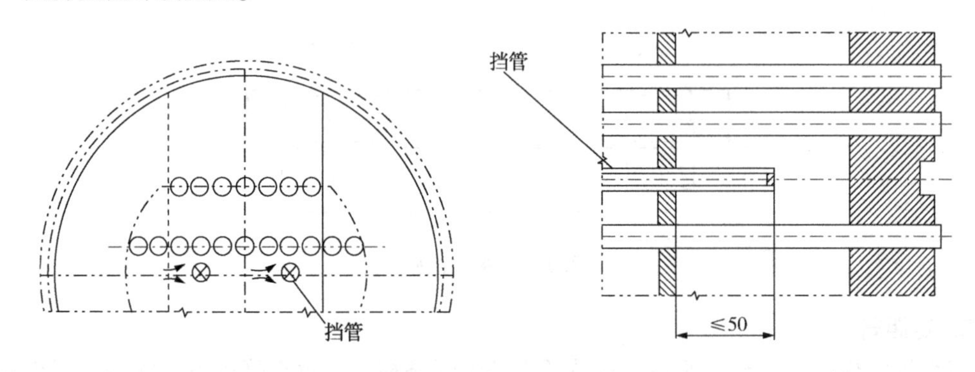

图9-10 挡管位置

3. 中间挡板

U形管式换热器分程隔板槽背面的管束中间短路宽度较大时应设置中间挡板，中间挡板应与折流板焊接固定，也可按图9-11将最里面一排的U形弯管倾斜布置，必要时还应设置挡板(或挡管)。中间挡板应每隔4～6个管心距设置一个，但不应设置在折流板缺口区。

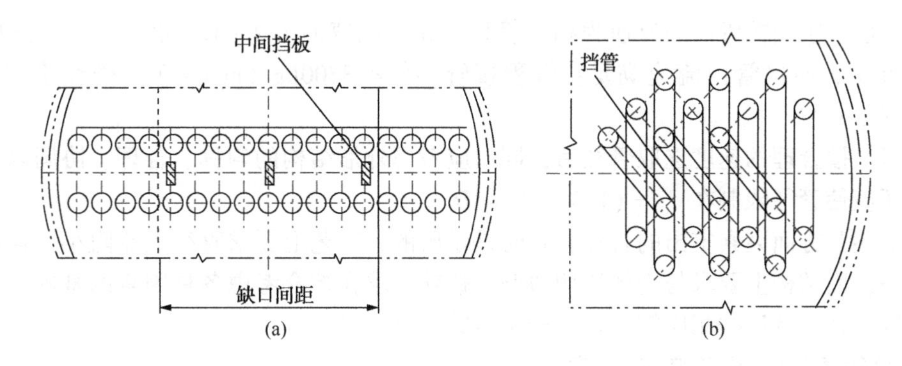

图 9-11　中间挡板、挡管布置

9.4.5　防冲板与导流筒

为了防止壳程流体进口处，流体对换热管表面的直接冲刷，应在壳程流体进口管处设置防冲板或导流筒。

符合下列场合之一时，应在壳程进口管处设置防冲板或导流筒：

(1) 非磨蚀的单相流体，$\rho v^2 > 2230\text{kg}/(\text{m}\cdot\text{s}^2)$；

(2) 有磨蚀的液体，包括沸点下的液体，$\rho v^2 > 740\text{kg}/(\text{m}\cdot\text{s}^2)$；

(3) 有磨蚀的气体、蒸汽(气)及气液混合物。

注：ρ 为壳程进口管的流体密度，kg/m^3；v 为壳程进口管的流体速度，m/s。

1. 防冲板

防冲板在壳体内的位置，应使防冲板周边与壳体内壁所形成的流通面积为壳程进口接管截面积的 1～1.25 倍。防冲板的直径或边长应大于接管内径 50mm，可以采用两种方式固定：①两侧焊在定距管或拉杆上，也可同时焊在相邻的折流板或支持板上；②焊接在筒体上，但不应阻碍管束的拆装。防冲板的最小厚度的确定，当采用碳素钢和低合金钢时为 4.5mm，当采用不锈钢时为 3mm。

需要时，也可采用防冲杆结构。防冲杆的直径和中心距应与换热管相同，正方形排列时防冲杆最少布置 1 排，其他排列时防冲杆最小布置 2 排。

2. 导流筒

当靠近管板的进、出口接管距管板较远时，必要时可设置导流筒。

导流筒设置应符合下列要求：

(1) 内导流筒外表面到壳程圆筒内壁的距离不宜小于接管内径的 1/3。确定导流筒端部至管板的距离时，应使该处的通流面积不小于导流筒的外侧流通面积。

(2) 外导流的内衬筒外壁面到外导流筒体的内壁面间距为：①接管内径 $d_i \leqslant 200\text{mm}$ 时，间距不宜小于 50mm；②接管内径 $d_i > 200\text{mm}$ 时，间距不宜小于 75mm。

(3) 外导流换热器的导流筒内，凡不能通过接管放气或排液者，应在最高或最低点设置放气或排液口(孔)。

9.4.6　接管

1. 接管直径的确定

接管直径的选择取决于适宜的流速、处理量、结构协调及强度要求，选取时应综合考虑以下因素：①使接管内的流速为相应管程、壳程流速的1.2～1.4倍；②在考虑压降允许的条件下，使接管内流速满足：管程接管 $\rho v^2 < 3300\text{kg}/(\text{m}\cdot\text{s}^2)$，壳程接管 $\rho v^2 < 2200\text{kg}/(\text{m}\cdot\text{s}^2)$。

由以上按合理的速度选取管径后，同时应考虑外形结构的匀称、合理、协调以及强度要求，还应使管径限制在 $d_0 = (1/3 \sim 1/4)D_i$。

由上述几方面因素定出的管径，有时是矛盾的，工艺上要求直径大流阻小，强度上要求直径小，而结构上要求与壳体比例协调。这就要求在综合考虑各种因素的基础上，合理定出接管内径，然后按相应钢管标准选定接管公称直径。

2. 接管高度(伸出长度)的确定

接管伸出壳体(或管箱壳体)外壁的长度，如图9-12、图9-13所示，主要由法兰型式、焊接操作条件、螺栓拆装条件、有无保温层及保温层厚度等因素决定。一般最短应符合下式计算值：

$$l \geqslant h + h_1 + \delta + 15 \quad \text{mm} \tag{9-3}$$

式中 h——接管法兰厚度，mm；

h_1——接管法兰的螺母厚度，mm；

δ——保温层厚度，mm。

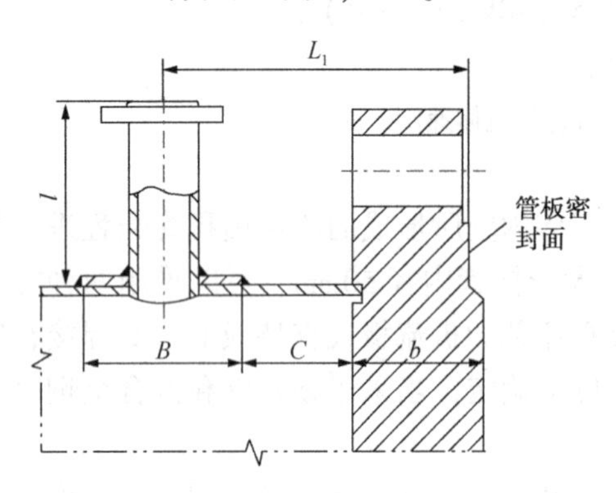

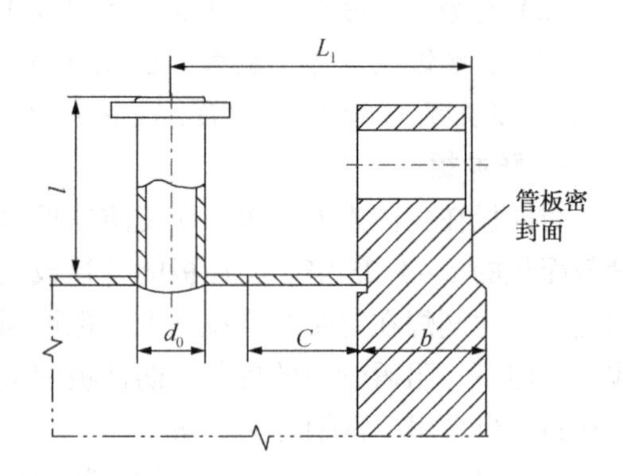

图9-12 壳程接管安装位置

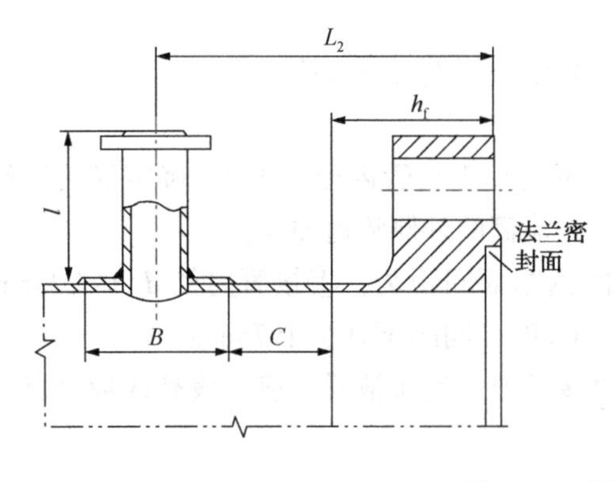

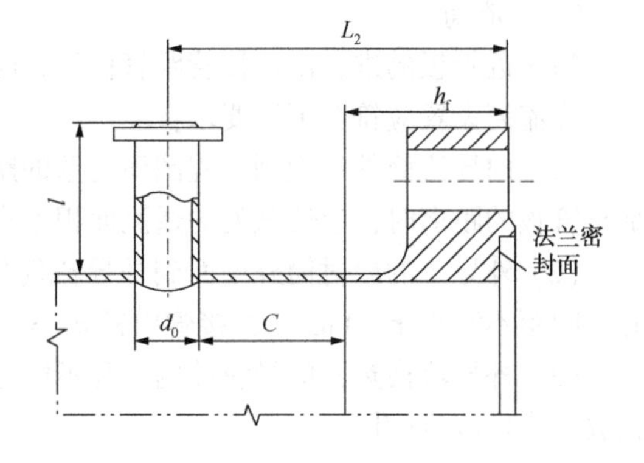

图9-13 管箱接管安装位置

上述接管高度估算后应圆整到标准尺寸，常见接管高度为150mm、200mm、250mm、

300mm。卧式重叠式换热器中间接管伸出长度主要与中间支座高度有关，由设计者根据具体情况确定。

3. 接管安装位置最小尺寸确定

壳程接管安装位置最小尺寸见图9-12，按下列公式估算：

带补强圈：$L_1 \geqslant B/2 + (b-4) + C$；无补强圈：$L_1 \geqslant d_0/2 + (b-4) + C$。

管箱接管安装位置最小尺寸见图9-13，按下列公式估算：

带补强圈：$L_2 \geqslant B/2 + h_f + C$；无补强圈：$L_2 \geqslant d_0/2 + h_f + C$。

为考虑焊缝影响，一般取 $C \geqslant 3$ 倍壳体壁厚且不小于50～100mm。有时壳体直径较大且折流板间距也很大，则 L_1 值还应考虑第一块折流板与管板间的距离，以使流体分布均匀。

9.5 列管式换热器的机械结构设计

9.5.1 管箱

管箱是管程流体进出口流道空间，其作用是将进口流体均匀分布到管束的各个换热管中，再把换热后的管内流体汇集送出换热器。在多程换热器中，管箱还起到改变流体流向的作用。

1. 管箱结构型式

管箱结构型式如下：

(1) A型(平盖管箱)　管箱装有平板盖(或称盲板)，检查或清洗时只要拆开盲板即可，不需要拆卸整个管箱和相连的管路，如图9-14(a)所示。其缺点是盲板加工用材多，并增加一道法兰密封。一般多用于 DN<900mm 的浮头式换热器中。

(2) B型(封头管箱)　管箱端盖采用椭圆形封头焊接，结构简单，便于制造，适于高压和清洁介质，可用于单程或多程管箱，如图9-14(b)所示。其缺点是检查或清洗时必须拆下连接管道和管箱，但这种型式用得最多。

(3) C型、N型管箱　管箱与管板焊成一体，可完全避免在管板密封处的泄漏，但管箱不能单独拆下，检修、清洗不方便，实际中很少采用。

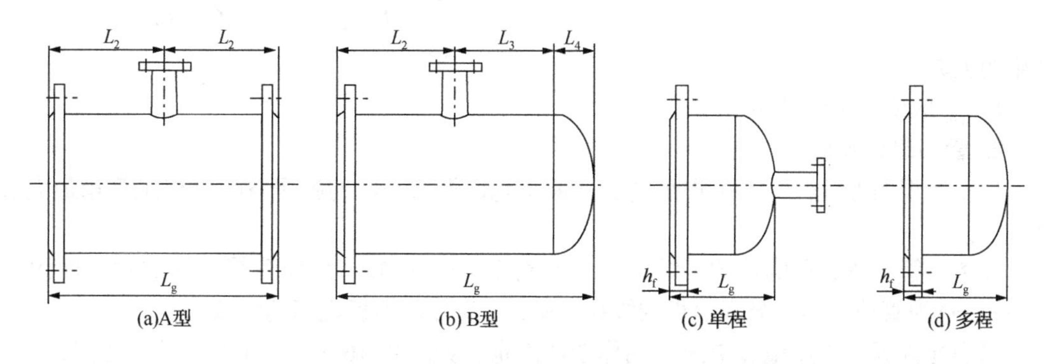

图9-14　常见管箱形式

2. 管箱结构尺寸

管箱结构尺寸主要包括管箱直径、长度、分程隔板位置尺寸等。其中，管箱直径由壳体圆筒直径确定；管箱长度以保证流体分布均匀、流速合理以及强度因素限定其最小长度，以制造安装方便限定其最大长度。多管程管箱分程隔板的位置由布管图确定。

1. 管箱最小长度

管箱最小长度是指管箱的最小内侧深度。其确定原则如下：

（1）单程管箱采用轴向接管时，沿接管中心线的管箱最小长度应不小于接管内径的1/2，如图9-14(c)所示。

（2）多程管箱的最小长度应保证两管程之间的最小流通面积不小于每程换热管流通面积的1.3倍；当操作允许时也可等于每程换热管的流通面积，如图9-14(d)所示。

（3）管箱上各相邻焊缝间的距离，必须大于等于4δ，且应大于或等于50mm。

管箱最小长度的计算，分别按介质流通面积计算和管箱上相邻焊缝间距离计算，取两者中较大值。

（1）A型管箱，见图9-14(a)，$L_{g,\min}=\begin{cases}L'_{g,\min}\geqslant\dfrac{\pi d_i^2N_{cp}}{4E}\\L''_{g,\min}\geqslant 2L_2\end{cases}$ 取两者中较大者

（2）B型管箱，见图9-14(b)，$L_{g,\min}=\begin{cases}L'_{g,\min}\geqslant\dfrac{\pi d_i^2N_{cp}}{4E}+h_1+h_2+\delta_p\\L''_{g,\min}\geqslant L_2+L_3+L_4\end{cases}$ 取两者中较大者

（3）单程管箱，见图9-14(c)，$L_{g,\min}=\begin{cases}L'_{g,\min}\geqslant\dfrac{1}{3}d_2\\L''_{g,\min}\geqslant h_f+C+L_4\end{cases}$ 取两者中较大者

比较$L'_{g,\min}$与L_4，若$L'_{g,\min}<L_4$，管箱不需要加筒体短节，则$L_{g,\min}$按$L'_{g,\min}$取值；否则，$L_{g,\min}$按$L''_{g,\min}$取值。

（4）多程返回管箱，见图9-14(d)，$L_{g,\min}=\begin{cases}L'_{g,\min}\geqslant\dfrac{\pi d_i^2N_{cp}}{4E}+h_1+h_2+\delta_p\\L''_{g,\min}\geqslant h_f+C+L_4\end{cases}$ 取两者中较大者

$L_{g,\min}$取值同单程管箱。

2. 管箱最大长度

根据施焊的方便性，由可焊角度α和最小允许焊条长度的施焊空间H确定管箱最大长度$L_{g,\max}$。

焊条与管箱或分程隔板的可焊角度α的确定如图9-15所示（管箱壳体的横剖面图），其中图(a)为管箱壳体与分程隔板的焊接，图(b)为分程隔板之间的焊接。

最小允许焊条长度施焊空间H用作图法确定，如图9-16所示，根据H值，由图9-17查出管箱最大长度$L_{g,\max}$。

3. 管箱长度的确定

管箱实际长度L_g一般应满足下列关系：

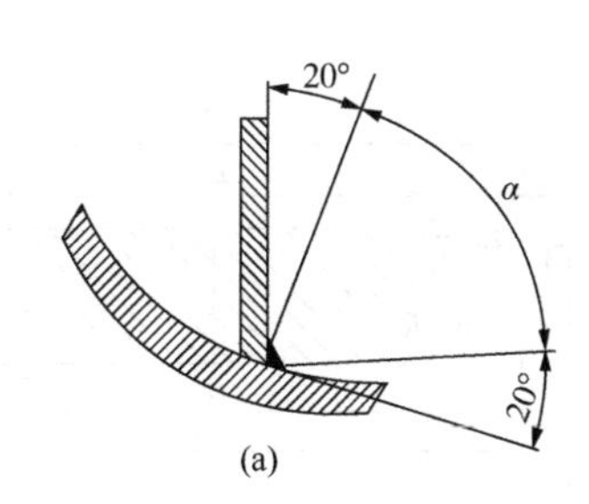

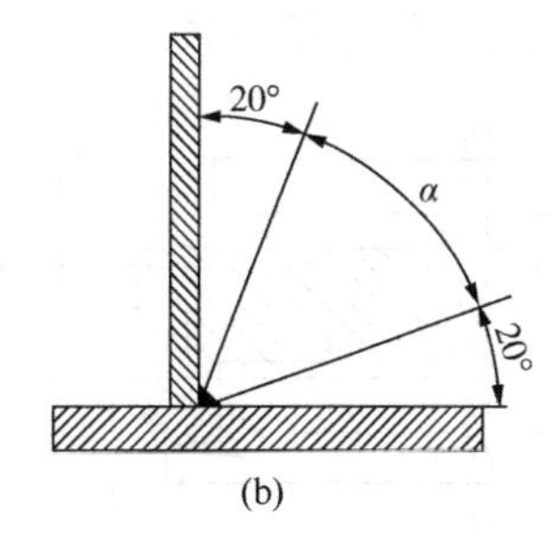

图 9-15　α 的确定方式

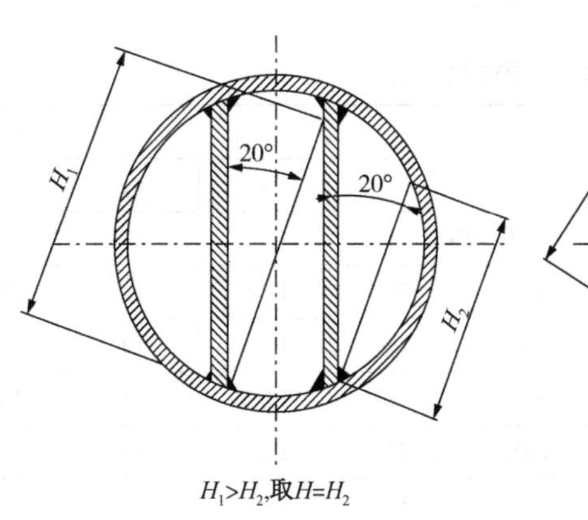

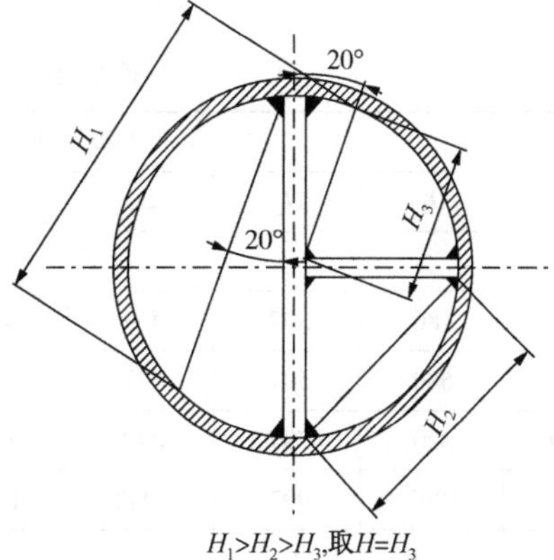

图 9-16　H 值的确定方法

（1）对于 A 型管箱：$L_{g,\ min} \leqslant L_g \leqslant 2L_{g,\ max}$

（2）对于 B 型管箱、多程返回管箱、单程管箱：$L_{g,\ min} \leqslant L_g \leqslant L_{g,\ max}$

在设计中，如果管箱的长度不能同时满足对最小长度和最大长度的要求，则应按满足最小长度的要求来确定管箱长度。

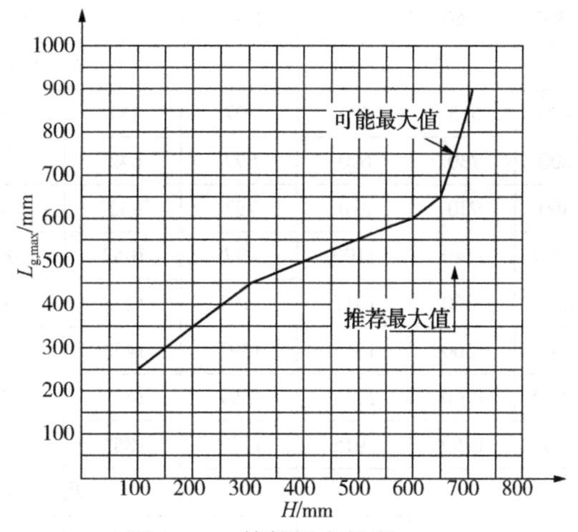

图 9-17　管箱最大长度 $L_{g,max}$

9.5.2　管板

一台列管式换热器无论从设计的复杂程度、制造成本，还是使用的可靠性来讲都与管板的设计有关。管板的结构比较复杂，在管板设计中主要是选定合适的结构型式后，进行结构尺寸和强度的确定。

9.5.2.1　管板的结构尺寸

固定管板式换热器的管板，一般兼作法兰，如图 9-18 所示，其结构尺寸先依据壳体内径和设计压力，来选择或设计法兰，然后根据法兰的结构尺寸确定管板的最大外径、密封面位置和宽度、螺栓直径、个数和位置等。也可直接查表 9-10 得到有关尺寸，再与对应的标准设备法兰有关尺寸相一致。

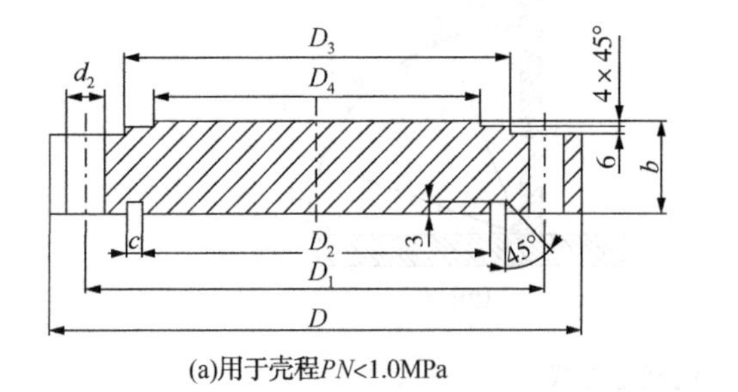

(a)用于壳程$PN<1.0$MPa

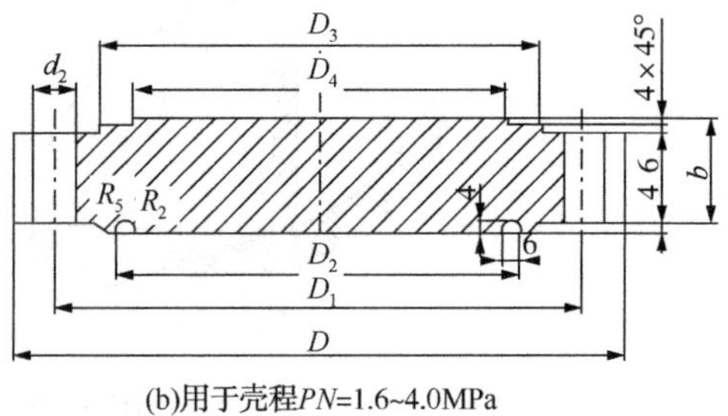

(b)用于壳程$PN=1.6\sim4.0$MPa

图 9-18　管板结构尺寸

表 9-10　管板尺寸表

公称直径 DN	管板尺寸/mm								螺柱(螺栓)	
	D	D_1	D_2	D_3	D_4	b	c	d_2	规格	数量
$P_s = P_t = 0.6$MPa										
400	515	480	397	437	400	38	12. 5	18	M16	20
600	715	680	597	637	600	40	12. 5	18	M16	20
800	930	890	797	842	800	48	14. 5	23	M20	24
1000	1130	1090	997	1042	1000	52	14. 5	23	M20	36
1200	1330	1290	1197	1238	1200	52	16. 5	23	M20	48
1400	1560	1515	1397	1453	1400	64	16. 5	27	M24	40
1600	1760	1715	1597	1653	1600	62	18. 5	27	M24	44
1800	1960	1915	1797	1853	1800	64	18. 5	27	M24	52
$P_s = P_t = 1.0$MPa										
400	515	480	397	437	400	40	12. 5	18	M16	20
600	730	690	597	642	600	40	12. 5	23	M20	24
800	930	890	797	842	800	50	14. 5	23	M20	40
1000	1140	1100	997	1052	1000	54	14. 5	23	M20	40
1200	1360	1315	1197	1253	1200	66	16. 5	27	M24	36
1400	1560	1515	1397	1453	1400	68	16. 5	27	M24	44
1600	1760	1715	1597	1653	1600	78	18. 5	27	M24	52
1800	1960	1915	1797	1853	1800	80	18. 5	27	M24	60
$P_s = P_t = 1.6$MPa										
400	540	500	400	452	400	42		23	M20	20
600	740	700	600	652	600	46		23	M20	28
800	960	915	800	863	800	54		27	M24	24
1000	1160	1115	1000	1063	1000	60		27	M24	32

续表

公称直径 DN	管板尺寸/mm								螺柱(螺栓)	
	D	D_1	D_2	D_3	D_4	b	c	d_2	规格	数量
$P_s=P_t=1.6$MPa										
1200	1360	1315	1200	1253	1200	74		27	M24	40
1400	1560	1515	1400	1453	1400	84		27	M24	52
1600	1795	1740	1600	1675	1600	82		30	M27	56
1800	1995	1940	1800	1875	1800	84		30	M27	64
$P_s=P_t=2.5$MPa										
400	540	500	400	452	400	46		23	M20	20
600	760	715	600	663	600	56		27	M24	24
800	960	915	800	863	800	58		27	M24	32
1000	1195	1140	1000	1085	1000	70		30	M27	36
1200	1395	1340	1200	1275	1200	86		30	M27	48
1400	1595	1540	1400	1475	1400	96		30	M27	60
1600	1815	1755	1600	1687	1600	104		33	M30	64
1800	2050	1980	1800	1906	1800	112		39	M36	56

浮头式换热器的浮动端管板外径的确定，如图9-19所示，一般有两种方式：①先按工艺计算确定总管数进行排管，并作出排管图，依据排管图确定管束最大外径 D_L，由 D_L再考虑浮头盖密封结构后定出浮头管板直径 D_0，再确定壳体内径，最后将内径圆整到标准值 D_i；② 采用标准内径作为壳体内径时，浮头管板外径 $D_0=D_i-2b_1$，b_1值按表9-11选取，这种方法的问题是，根据传热面积所确定的管子根数是否能在所求的中 D_L合理排布，需反复计算。

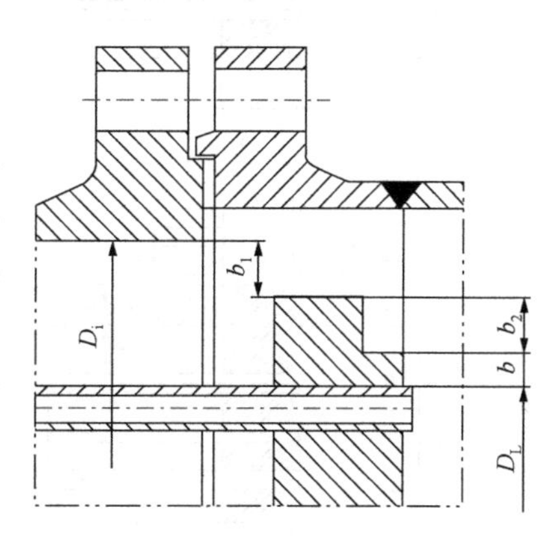

图9-19　浮头管板布管限定圆尺寸

固定端管板主要指浮头式、填料函式、U形管式换热器的前管板，它是由壳体法兰和管箱法兰夹持的管板组成。其主要结构尺寸是确定最大外径和密封面宽度。一般先定浮动管板的直径，从而确定壳体内径，再由壳体内径结合操作压力、温度选择相应设备法兰，再由法兰的密封面确定管板密封面宽度及管板最大直径。

表9-11　浮头管板尺寸

壳体内径 D_i/mm		≤700	700<D_i<1000	1000～2600	>2600～4000
管板相关尺寸/mm	b		>3	>3	>5
	b_1	3	5	5	5

9.5.2.2　管板强度计算

管板与换热管、壳体、管箱、法兰等连接在一起，构成复杂的弹性体系，因此管板的受力情况相当复杂，计算管板厚度的方法很多，结果往往相差较大。GB/T 151—2014《热交换器》中，计算方法力学模型是将管板近似地视为轴对称结构，并假设：换热器两端的管板具有同样的材料和厚度，对于固定管板式换热器两块管板还应具有相同的边界支承条件。标准中给出了 U 形管式换热器、浮头式换热器、填料函式换热器以及固定管板式换热器的常用结构型式的管板实际计算方法。

1. 管板厚度

管板与壳程圆筒、管箱圆筒之间有不同的连接方式，如图 9-20 所示。a 型：管板通过螺柱、垫片与壳体法兰和管箱法兰连接；b 型：管板直接与壳体圆筒和管箱圆筒形成整体结构；c 型：管板与壳体圆筒连为整体，其延长部分形成凸缘被夹持在活套环与管箱法兰之间；d 型：管板与管箱圆筒连为整体，其延长部分形成凸缘被夹持在活套环与壳体法兰之间；e 型：管板与壳体圆筒连为整体，其延长部分兼作法兰，用螺柱、垫片与管箱法兰连接；f 型：管板与管箱圆筒连为整体，其延长部分兼作法兰，用螺柱、垫片与壳体法

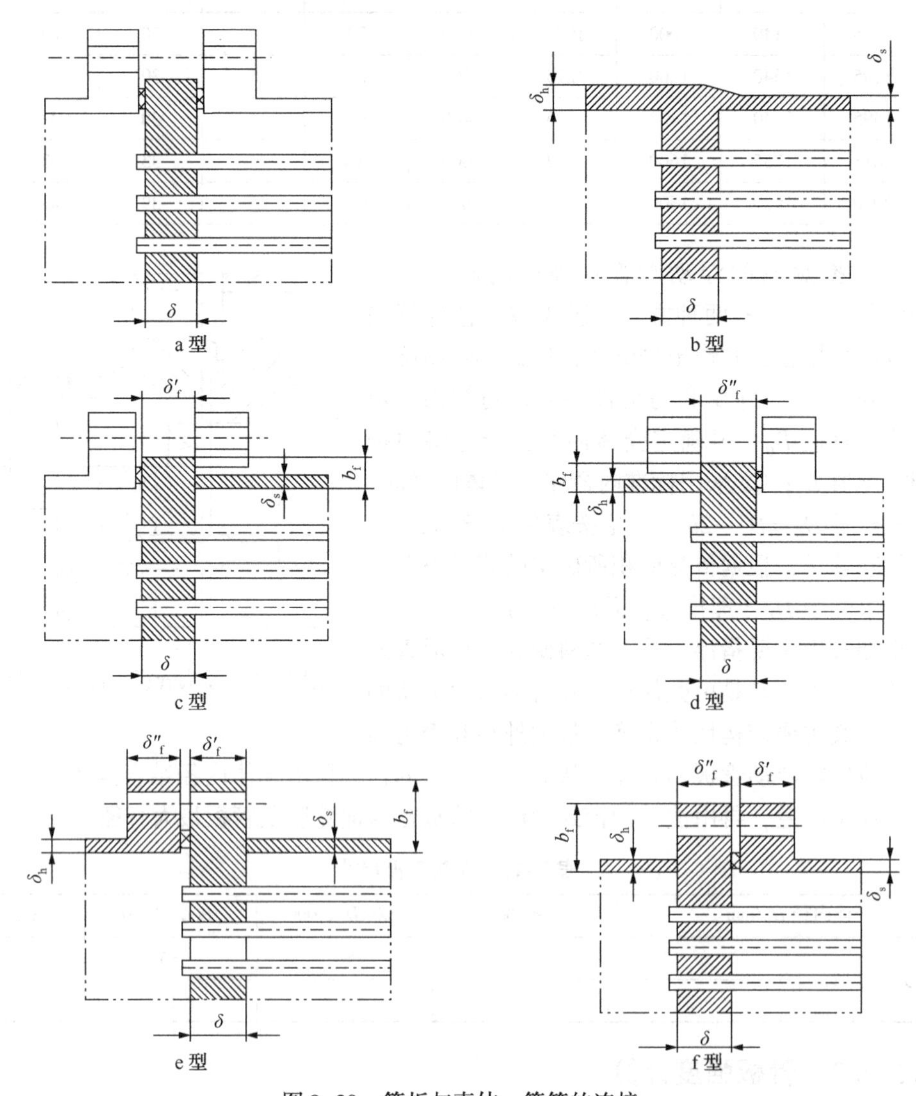

图 9-20　管板与壳体、管箱的连接

兰连接。

1）管板最小厚度

管板与换热管采用胀接连接时，管板最小厚度 δ_{min}（不包括腐蚀裕量）应按以下规定确定：

（1）易爆及毒性程度为极高或高度危害的介质场合，管板最小厚度不应小于换热管的外径 d；

（2）其他场合的管板最小厚度，应符合下列要求：$d \leqslant 25$ 时，$\delta_{min} \geqslant 0.75d$；$25 < d < 50$ 时，$\delta_{min} \geqslant 0.70d$；$d \geqslant 50$ 时，$\delta_{min} \geqslant 0.65d$。

管板与换热管采用焊接连接时，管板最小厚度应满足结构设计和制造要求，且不小于12mm。

2）管板名义厚度

管板名义厚度不应小于下列三者之和：

（1）管板的计算厚度或前面规定的最小厚度，取大者；

（2）壳程腐蚀裕量或结构开槽深度，取大者；

（3）管程腐蚀裕量或分程隔板槽深度，取大者。

3）管板有效厚度

管板有效厚度是指管程分程隔板槽底部的管板厚度减去下列二者厚度之和：

（1）管程腐蚀裕量超出管程隔板槽深度的部分；

（2）壳程腐蚀裕量与管板在壳程侧的结构开槽深度二者中的较大者。

2. 管板布管区计算参数

1）管板分程处面积 A_d

管板分程处面积 A_d，即图9-21所示阴影面积，是指在布管区范围内，因设置分程隔板和拉杆结构的需要而未能被换热管支承的面积。

换热管孔排列一般分为正三角形、转角三角形、正方形和转角正方形。下面仅以一排隔板槽为例，分别给出4种排列的分程处面积计算方法。其中 n' 为沿隔板一侧管根数，见图9-21。

正三角形排列：
$$A_d = n'\left(S_n \times S - \frac{\sqrt{3}}{2}S^2\right) \tag{9-4}$$

转角三角形排列：
$$A_d = n'\left(\sqrt{3}S_nS - \frac{\sqrt{3}}{2}S^2\right) \tag{9-5}$$

正方形排列：
$$A_d = n'(S_n \times S - S^2) \tag{9-6}$$

转角正方形排列：
$$A_d = n'(\sqrt{2}S_nS - S^2) \tag{9-7}$$

2）管板布管区面积 A_t

对于U形管式换热器管板：

三角形排列：
$$A_t = 1.732nS^2 + A_d \tag{9-8}$$

正方形排列：
$$A_t = 2nS^2 + A_d \tag{9-9}$$

对于浮头式、填料函式及固定管板式换热器管板：

三角形排列：
$$A_t = 0.866nS^2 + A_d \tag{9-10}$$

正方形排列：
$$A_t = nS^2 + A_d \tag{9-11}$$

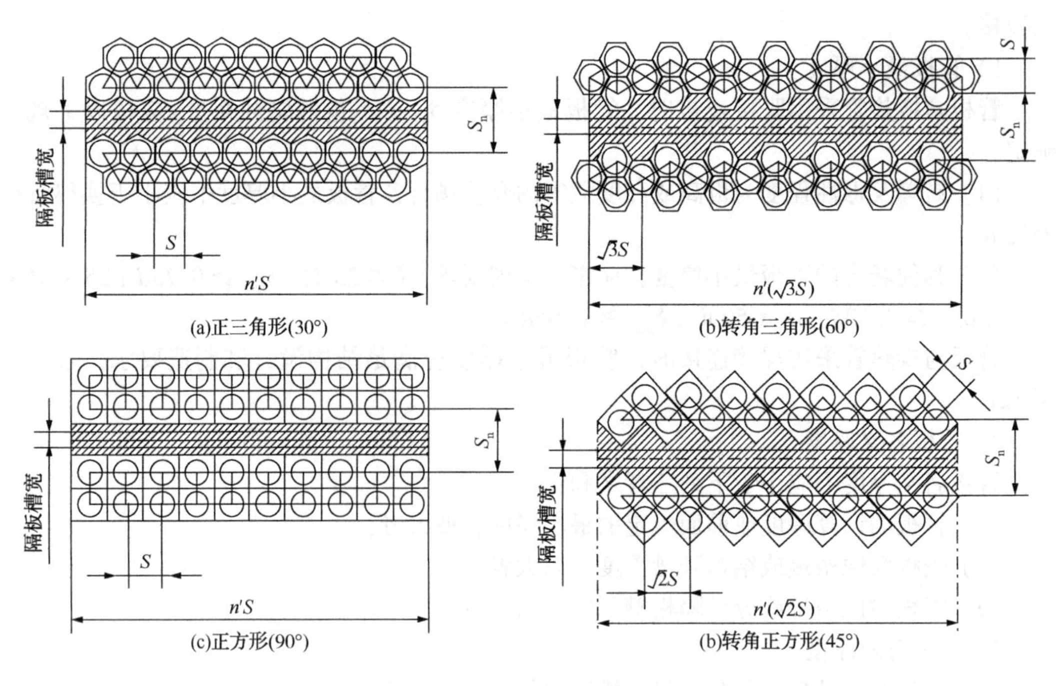

图 9-21　管板分程处面积

3）管板布管区其他参数

管板布管区当量直径：

$$D_t = \sqrt{4A_t/\pi} \tag{9-12}$$

对于 a 型连接方式的管板，管板计算半径：

$$R = D_G/2 \tag{9-13}$$

其中，D_G根据法兰连接密封面的型式和垫片尺寸按 GB/T 150 计算。

对于其他连接方式的管板，管板计算半径：

$$R = D_i/2 \tag{9-14}$$

布管区当量直径与计算直径之比：

$$\rho_t = D_t/2R \tag{9-15}$$

3. U 形管式换热器管板

U 形管式换热器管板与壳体、管箱连接可采用图 9-20 中 a 型～f 型方式，在本节主要介绍常用的 a 型连接方式的管板计算。计算中，除另有指明外或设计另有要求外，各元件的弹性模量是指该元件材料在设计温度下的取值，各元件的厚度是指该元件的名义厚度。

(1)根据布管区尺寸计算 A_d、A_t、D_t、ρ_t。

(2)以 ρ_t 查表 9-12 得 C_c。

表 9-12　系数 C_c

ρ_t	0.50	0.55	0.60	0.65	0.70	0.75	0.80	0.85	0.90	0.95	1.00
C_c	0.2306	0.2363	0.2426	0.2494	0.2566	0.2644	0.2726	0.2812	0.2903	0.2997	0.3094

(3)确定管板计算压力。

如果能保证 p_s 与 p_t 在任何情况下都同时作用，或 p_s 与 p_t 之一为负压时，则按下式计算：

$$p_d = |p_s - p_t| \quad (9-16)$$

否则取下列两值中的较大者：

$$p_d = |p_s| \text{ 或 } p_d = |p_t| \quad (9-17)$$

(4)确定管板计算厚度：

$$\delta = 0.82D_G\sqrt{\frac{C_c p_d}{\mu[\sigma]_r^t}} \quad (9-18)$$

(5) 确定换热管轴向应力：

$$\sigma_t = -(p_s - p_t)\frac{\pi d^2}{4a} - p_t \quad (9-19)$$

式中 a 按下式计算：

$$a = \pi\delta_t(d - \delta_t) \quad (9-20)$$

计算结果应满足 $|\sigma_t| \leq [\sigma]_t^t$。

一般情况下，应按下列三种计算工况分别计算换热管的轴向应力：①只有壳程设计压力 p_s，管程设计压力 $p_t=0$；②只有管程设计压力 p_t，壳程设计压力 $p_s=0$；③壳程设计压力 p_s和管程设计压力 p_t同时作用。

(6)确定换热管与管板连接的拉脱力：

$$q = \frac{\sigma_t a}{\pi d l} \quad (9-21)$$

计算结果应满足 $|q| \leq [q]$。

(7) 应力计算公式见表9-13。

4. 浮头式换热器管板

本节主要介绍常用的a型连接方式的管板，对于固定端为b型、c型、d型连接方式的管板设计可参照JB 4732中附录I。

(1) 根据布管区尺寸计算 A_d、A_t、D_t、ρ_t。

(2) 按式(9-20)计算 a，按下列公式计算 A_1、β、K_t、$\tilde{K}_t$：

$$A_1 = A_t - n \cdot \frac{\pi d^2}{4} \quad (9-22)$$

$$\beta = \frac{na}{A_1} \quad (9-23)$$

$$K_t = \frac{E_t na}{LD_t} \quad (9-24)$$

$$\tilde{K}_t = \frac{K_t}{\eta E_p} \quad (9-25)$$

(3)光管换热管在设计温度下的稳定许用压应力 $[\sigma]_{cr}^t$，应按式(9-28)或式(9-29)计算，且 $[\sigma]_{cr}^t$ 值不应大于换热管在设计温度下的许用应力 $[\sigma]_t^t$。

$$C_r = \pi\sqrt{\frac{2E_t}{R_{eL}^t}} \quad (9-26)$$

$$i = 0.25\sqrt{d^2 + (d - 2\delta_t)^2} \quad (9-27)$$

当 $C_r \leqslant l_{cr}/i$ 时：

$$[\sigma]_{cr}^{t} = \frac{R_{eL}^{t} C_r^2}{3\,(l_{cr}/i)^2} = \frac{E_t}{1.5} \cdot \frac{\pi^2}{(l_{cr}/i)^2} \tag{9-28}$$

表 9-13　应力计算公式汇总

换热器型式	应力类别	应力计算公式	说明
固定管板式	σ_r	$\sigma_r = \tilde{\sigma}_r P_a \frac{\lambda}{\mu}\left(\frac{D_i}{\delta}\right)^2$，其中 $\tilde{\sigma}_r = \frac{(1+v)G_1}{4(Q_{ex}+G_2)}$	
	τ_p	$\tau_p = \tilde{\tau}_p \frac{\lambda P_a}{\mu}\left(\frac{D_i}{\delta}\right)$，其中 $\tilde{\tau}_p = \frac{1}{4}\cdot\frac{1+v}{Q_{ex}+G_2}$	
	σ_t	$\sigma_t = \frac{1}{\beta}\left[P_c - \frac{G_2 - vQ_{ex}}{Q_{ex}+G_2}P_a\right]$	
	σ_c	$\sigma_c = \frac{A}{A_s}\left[p_t + \frac{\lambda(1+v)}{Q_{ex}+G_2}P_a\right]$	
	σ'_f	$\sigma'_f = \frac{\pi}{4}Y\tilde{M}_{ws}\lambda P_a\left(\frac{D_i}{\delta'_f}\right)^2$	
	q	$q = \frac{\sigma_t a}{\pi dl}$	仅对管板延长部分兼作法兰的换热器计算
浮头式	σ_t	$\sigma_t = \frac{1}{\beta}\left[P_c - (p_s - p_t)\frac{A_t}{A_1}G_{we}\right]$	G_{we} 值按 $\frac{\tilde{K}_t^{1/3}}{\tilde{P}_a^{1/2}}$、$\frac{1}{\rho_t}$ 查 GB/T 151 中图 7－11
	q	$q = \frac{\sigma_t a}{\pi dl}$	
U 形管式	σ_r	$\lvert\sigma_r\rvert_{r=0} = \left\lvert \frac{C_c}{\mu}(p_s - p_t)\left(\frac{D_i}{\delta}\right)^2 - \xi_T \frac{6M_{fo}}{\mu\delta^2} \right\rvert$ $\lvert\sigma_r\rvert_{r=R_t} = \left\lvert \frac{C_e}{\mu}(p_s - p_t)\left(\frac{D_i}{\delta}\right)^2 - \xi_T \frac{6M_{fo}}{\mu\delta^2} \right\rvert$ $\lvert\sigma_r\rvert_{r=R} = \left\lvert C_M(p_s - p_t)\left(\frac{D_i}{\delta}\right)^2 + \xi_R \frac{6M_{fo}}{\delta^2} \right\rvert$	对于 a 型、b 型、c 型、d 型 $M_{fo}=0$
	σ_f	$\sigma_f = \frac{\pi Y M_{ws}}{\delta_f^2}$	仅对 e 型、f 型
	σ_t	$\sigma_t = -(p_s - p_t)\frac{\pi d^2}{4a} - p_t$	
	q	$q = \frac{\sigma_t a}{\pi dl}$	

当 $C_r > l_{cr}/i$ 时：

$$[\sigma]_{cr}^{t} = \frac{R_{eL}^{t}}{1.5} \cdot \left[1 - \frac{(l_{cr}/i)}{\pi 2 C_r}\right] \tag{9-29}$$

（4）确定管板计算压力。

对于浮头式换热器（S 型、T 型后端结构），若能保证 p_s 与 p_t 在任何情况下都同时作用，或 p_s 与 p_t 之一为负压时，则按下式计算：

$$p_d = \lvert p_s - p_t \rvert \tag{9-30}$$

否则取下列两值中的较大者：

$$p_d = |p_s| \text{ 或 } p_d = |p_t| \tag{9-31}$$

（5）按(9-32)计算 $\tilde{P}_a$，并按 $\tilde{K}_t^{1/3}$ 和 $\tilde{P}_a^{1/2}$，查 GB/T 151 中图 7-10 得到 C，查 GB/T 151 中图 7-11 得到 G_{we}，当横坐标参数超过范围时，可外延近似取值。

$$\tilde{P}_a = \frac{p_d}{1.5\mu[\sigma]_r^t} \tag{9-32}$$

(6)确定管板计算厚度：

$$\delta = CD_t\sqrt{\tilde{P}_a} \tag{9-33}$$

(7)确定换热管的轴向应力。

对于浮头式换热器(S 型、T 型后端结构)：

$$\sigma_t = \frac{1}{\beta}\left[P_c - (p_s - p_t)\frac{A_t}{A_1}G_{we}\right] \tag{9-34}$$

计算结果应满足：①当 $\sigma_t > 0$ 时，$\sigma_t \leqslant [\sigma]_t^t$；②当 $\sigma_t < 0$ 时 $|\sigma_t| \leqslant [\sigma]_{cr}^t$

一般情况下，应按下列三种计算工况分别计算换热管的轴向应力：①只有壳程设计压力 p_s，管程设计压力 $p_t=0$；②只有管程设计压力 p_t，壳程设计压力 $p_s=0$；③壳程设计压力 p_s和管程设计压力 p_t同时作用。

(8)确定换热管与管板连接拉脱力：

$$q = \frac{\sigma_t a}{\pi dl} \tag{9-35}$$

计算结果应满足 $|q| \leqslant [q]$。

5. 固定管板式换热器管板

本计算适用于图 9-20 中所示 b 型、c 型连接方式的不带法兰的管板或 e 型连接方式的延长部分兼作法兰的管板，且管板周边不布管区较窄($k \leqslant 1.0$)的情况。

(1) 确定管板布管方式及各元件结构尺寸

结构尺寸包括圆筒内径：D_i；壳程圆筒：δ_s；管箱圆筒：δ_h；管箱法兰：D_f、δ''_f；换热管：d、δ_t、n、S、L、l_{cr}。

当壳程圆筒带有膨胀节时，确定膨胀节的结构尺寸 D_{ex}和刚度 K_{ex}。

(2) 按式(9-20)计算 a，按式(9-26) ~ 式(9-29)确定 $[\sigma]_{cr}^t$，根据布管区尺寸计算 A_t、D_t、ρ_t，按下列公式计算 A、A_1、A_s、K_t、λ、λ_{ex}、Q、Q_{ex}、β、Σ_s、Σ_t：

$$A = \frac{\pi D_i^2}{4} \tag{9-36}$$

$$A_1 = A - n\frac{\pi d^2}{4} \tag{9-37}$$

$$A_s = \pi\delta_s(D_i + \delta_s) \tag{9-38}$$

$$K_t = \frac{E_t na}{LD_i} \tag{9-39}$$

$$\lambda = \frac{A_1}{A} \tag{9-40}$$

$$\lambda_{ex} = \left(\frac{D_{ex}}{D_i}\right)^2 - 1 \tag{9-41}$$

$$Q = \frac{E_t na}{E_s A_s} \tag{9-42}$$

$$Q_{ex} = \begin{cases} Q + \dfrac{E_t na}{K_{ex} L} = E_t na \dfrac{E_s A_s + K_{ex} L}{E_s A_s} & \text{壳体带膨胀节} \\ Q & \text{壳体不带膨胀节} \end{cases} \tag{9-43}$$

$$\beta = \frac{na}{A_1} \tag{9-44}$$

$$\Sigma_s = 0.4 + \frac{0.6}{\lambda}(1 + Q) - \frac{\lambda_{ex}}{2\lambda}(Q_{ex} - Q) \tag{9-45}$$

$$\Sigma_t = 0.4(1 + \beta) + \frac{1}{\lambda}(0.6 + Q_{ex}) \tag{9-46}$$

（3）对于其延长部分兼作法兰的管板，按下式计算 M_m。按 GB/T 150.3—2011 第 7 章确定 M_p，取 p_t为法兰计算压力。

$$M_m = A_m \cdot L_G [\sigma]_b \tag{9-47}$$

式中 A_m、L_G、$[\sigma]_b$按 GB/T 150.3—2011 第 7 章的规定。

（4）假定管板计算厚度 δ，当管板延长部分兼作法兰时，还需按结构要求确定壳体法兰（或凸缘）厚度 δ'_f，按下式确定 b_f、K、k、k_s、k_h、C'、C''、ω'、ω''、K'_f、K''_f、K_f、$\tilde{K}_f$：

$$b_f = \frac{1}{2}(D_f - D_i) \tag{9-48}$$

$$K = \left[1.32 \frac{D_i}{\delta} \sqrt{\frac{E_t na}{E_p \eta L \delta}}\right]^{1/2} \tag{9-49}$$

$$k = K(1 - \rho_t) \tag{9-50}$$

$$k_s = \frac{1.82}{\sqrt{D_i \delta_s}} \tag{9-51}$$

$$k_h = \frac{1.82}{\sqrt{D_i \delta_h}} \tag{9-52}$$

$$C' = \frac{2(1 + k_s \delta'_f)}{(k_s D_i)^2} \tag{9-53}$$

$$C'' = \frac{2(1 + k_h \delta''_f)}{(k_h D_i)^2} \tag{9-54}$$

$$\omega' = 4.44 k_s D_i [1 + (1 + k_s \delta'_f)^2] \left(\frac{\delta_s}{D_i}\right)^3 \tag{9-55}$$

$$\omega'' = 4.44 k_h D_i [1 + (1 + k_h \delta''_f)^2] \left(\frac{\delta_h}{D_i}\right)^3 \tag{9-56}$$

$$K'_f = \frac{1}{12}\left[\frac{2E'_f b_f}{D_i + b_f}\left(\frac{2\delta'_f}{D_i}\right)^3 + \omega' E_s\right] = \frac{E_s}{12}\left[\frac{E'_f}{E_s}\frac{2b_f}{D_i + b_f}\left(\frac{2\delta'_f}{D_i}\right)^3 + \omega'\right] \tag{9-57}$$

$$K''_f = \frac{1}{12}\left[\frac{2E''_f b_f}{D_i + b_f}\left(\frac{2\delta''_f}{D_i}\right)^3 + \omega'' E_s\right] = \frac{E_h}{12}\left[\frac{E''_f}{E_h}\frac{2b_f}{D_i + b_f}\left(\frac{2\delta''_f}{D_i}\right)^3 + \omega''\right] \tag{9-58}$$

对于 b 型连接方式的管板，式(9-57)、式(9-58)中 $b_f=0$、$\delta'_f=\delta''_f=0$，则

$$K_f=\begin{cases}K'_f & (\text{c 型、e 型})\\ K'_f+K''_f & (\text{b 型})\end{cases} \tag{9-59}$$

$$\tilde{K}_f=\frac{\pi K_f}{4K_t} \tag{9-60}$$

(5) 由 GB/T 151 中图 7-12，按 K 和 $\tilde{K}_f$ 查 m_1，按下式计算 ψ；由 GB/T 151 中图 7-13，按 K 和 $\tilde{K}_f$ 查 G_2。

$$\psi=\frac{m_1}{K\tilde{K}_f} \tag{9-61}$$

(6) 由 GB/T 151 中图 7-14 a)，按 K 和 Q_{ex} 查 m_2；或由 GB/T 151 中图 7-14 b)，按 K 和 Q_{ex} 查 m_2/Q_{ex}，按下式计算 m_2。

$$m_2=\left(\frac{m_2}{Q_{ex}}\right)\cdot Q_{ex} \tag{9-62}$$

(7) 对其延长部分兼作法兰的管板，按式(9-63)计算 M_1，由 GB/T 151 中图 7-15 按 K 和 Q_{ex} 查 G_3，按式(9-64)～式(9-66)计算 ξ、$\Delta\tilde{M}$、$\Delta\tilde{M}_f$。

$$M_1=\frac{m_1}{2K(Q_{ex}+G_2)} \tag{9-63}$$

$$\xi=\frac{\tilde{K}_f}{\tilde{K}_f+G_3} \tag{9-64}$$

$$\Delta\tilde{M}=\frac{1}{\xi+\dfrac{K'_f}{K''_f}} \tag{9-65}$$

$$\Delta\tilde{M}_f=\frac{K'_f}{K''_f}\Delta\tilde{M} \tag{9-66}$$

(8) 按表 9-14 所示的 6 种计算工况，分别对其进行(8)～(13)各步骤的计算与校核。

表 9-14　计算工况组合

计算工况		①	②	③	④	⑤	⑥
壳程压力 p_s 作用		p_s	p_s	0	0	p_s	p_s
管程压力 p_t 作用		0	0	p_t	p_t	p_t	p_t
膨胀变形差 γ		0	γ	0	γ	0	γ
边缘力矩系数 $\tilde{M}$	不带法兰	$\tilde{M}_b$		$\tilde{M}_b$		$\tilde{M}_b$	
	延长部分兼作法兰	$\tilde{M}_m+(\Delta\tilde{M})M_1$		$\tilde{M}_p$		$=\begin{cases}\tilde{M}_m+(\Delta\tilde{M})M_1\\ \tilde{M}_p\end{cases}$	

按式(9-67)计算 γ，按式(9-68)、式(9-69)计算 P_c、P_a。

对于不带法兰的管板按式(9-70)、式(9-71)计算 P_b、$\tilde{M}_b$。对于 6 种计算工况组合情况，均取 $\tilde{M}=\tilde{M}_b$。

对于其延长部分兼作法兰的管板，按式(9-72)～式(9-74)计算 $\tilde{M}_m$、$\tilde{M}_p$、$\tilde{M}$；对于计算工况⑤和⑥则按下列两种路径完成式(9-71)～式(9-84)的计算过程：

路径1：按式(9-74)上式计算 $\tilde{M}$；

路径2：按式(9-74)下式计算 $\tilde{M}$。

将上述两个计算路径的f_r结果进行比较[f_r的计算方法见第(9)、(11)步骤]，取f_r绝对值大者作为该计算工况f_r的最终计算结果。

$$\gamma = \alpha_t(t_t - t_0) - \alpha_s(t_s - t_0) \tag{9-67}$$

$$P_c = p_s - p_t(1 + \beta) \tag{9-68}$$

$$P_a = \Sigma_s p_s - \Sigma_t p_t + \beta\gamma E_{tm} \tag{9-69}$$

$$P_b = C'(p_s - 0.15p_t) - 0.85C''p_t \tag{9-70}$$

$$\tilde{M}_b = \frac{P_b}{\lambda P_a} \tag{9-71}$$

$$\tilde{M}_m = \frac{4M_m}{\lambda\pi D_i^3 P_a} \tag{9-72}$$

$$\tilde{M}_p = \frac{4M_p}{\lambda\pi D_i^3 P_a} \tag{9-73}$$

$$\tilde{M} = \begin{cases} \tilde{M}_m + (\Delta\tilde{M})M_1 & \text{壳程压力作用} \\ \tilde{M}_p & \text{管程压力作用} \end{cases} \tag{9-74}$$

(9) 计算v、m：

$$v = \varphi \cdot \tilde{M} \tag{9-75}$$

$$m = \frac{m_1 + vm_2}{1 + v} \tag{9-76}$$

(10) f_{ri}、f_{rb}的确定。

① 管板布管区内部的最大径向弯矩系数f_{ri}的确定。

当$1 \leqslant K \leqslant 6$时，查标准GB/T 151中图7-16a)、图7-16b)，得到f_{ri}。

当K值超过标准GB/T 151中图7-16a)、图7-16b)所给曲线范围时，f_{ri}按下式计算：

$$\text{当} K<1 \text{时}, f_{ri} = m - 0.4125K \tag{9-77}$$

$$\text{当} K>6 \text{时，取} f_{ri}(m, K) = f_{ri}(m, 6) \tag{9-78}$$

② 边缘弯矩折减系数ξ_b及管板布管区周边的径向弯矩系数f_{rb}的计算。如果$\rho_t < 0.8$则以$\rho_t = 0.8$计算k、ξ_b。

$$\xi_b = 1 + c_1k + c_2k^2 + c_3k^3 + \frac{1}{m}(c_4k + c_5k^2 + c_6k^3) \tag{9-79}$$

当计算得到的$|\xi_b| < \mu$时，令$\xi_b = \mu$。

$$f_{rb} = \xi_b m = m(1 + c_1k + c_2k^2 + c_3k^3) + (c_4k + c_5k^2 + c_6k^3) \tag{9-80}$$

式中：

$$c_1 = \begin{cases} \dfrac{0.7}{K} - \dfrac{0.7}{K^2}\left(1 + \dfrac{2}{1.35 + 0.4\sqrt{K}}\right) & K > 2.0 \\ 0 & K \leqslant 2.0 \end{cases}$$

$$c_2 = \begin{cases} K^2\left(\dfrac{0.019 + 0.0052\,(0.25K)^4}{0.275 + 0.081/(0.25K)^4 + 0.059\,(0.25K)^4}\right) & K \leqslant 4 \\ -0.5 & K > 4 \end{cases}$$

$$c_3 = \begin{cases} K\left(0.08493 - \dfrac{0.0732 + 0.1372\,(0.25K)^4}{1.65 + 0.4875/(0.25K)^4 + 3.2928\,(0.25K)^4}\right) & K \leqslant 4 \\ 0.2357 - \dfrac{0.2}{K} & K > 4 \end{cases}$$

$$c_4 = \begin{cases} 0.91\left(0.194 - \dfrac{0.182}{1 + (3/K)^4}\right) - 1 & K \leqslant 10 \\ -1 & K > 10 \end{cases}$$

$$c_5 = \begin{cases} \dfrac{1}{K}\left(0.4125 + \dfrac{1 + 0.4305\,(0.25K)^4 + 0.0236\,(0.25K)^8}{0.5 + 0.148/(0.25K)^4 + 0.107\,(0.25K)^4 + 0.01166\,(0.25K)^8}\right) & K \leqslant 4 \\ 0.7071 - \dfrac{0.5}{K} & K > 4 \end{cases}$$

$$c_6 = \begin{cases} -\dfrac{1}{K^2}\left(\dfrac{1 + 0.74\,(0.25K)^4 + 0.125\,(0.25K)^8}{0.69 + 0.204/(0.25K)^4 + 0.14748\,(0.25K)^4}\right) & K \leqslant 4 \\ \dfrac{1}{12\sqrt{K - 1.9}} - \dfrac{1}{6} & K > 4 \end{cases}$$

（11）确定f_r值。

① $m \geqslant 0.9$ 时：

$$f_r = f_{rb} \tag{9-81}$$

② $0.3 \leqslant m < 0.9$ 时：

$$f_r = \begin{cases} f_{ri} & (|f_{ri}| < |f_{rb}|) \\ f_{rb} & (|f_{ri}| \geqslant |f_{rb}|) \end{cases} \tag{9-82}$$

③ $-3 \leqslant m < 0.3$ 时：

$$f_r = f_{ri} \tag{9-83}$$

④ $m < -3$ 时：

$$f_r = m - \frac{0.7}{K} \tag{9-84}$$

（12）确定 G_1值：

$$G_1 = \frac{3f_r}{K} \tag{9-85}$$

（13）计算应力$\tilde{\sigma}_r$、σ_r、τ_p、σ_c、σ_t、q：

$$\tilde{\sigma}_r = \frac{(1 + v)G_1}{4(Q_{ex} + G_2)} \tag{9-86}$$

$$\sigma_r = \tilde{\sigma}_r P_a \frac{\lambda}{\mu}\left(\frac{D_i}{\delta}\right)^2 \tag{9-87}$$

$$\tilde{\tau}_p = \frac{1 + v}{4(Q_{ex} + G_2)} \tag{9-88}$$

$$\tau_p = \tilde{\tau}_p \frac{\lambda P_a}{\mu}\left(\frac{D_t}{\delta}\right) \tag{9-89}$$

$$\sigma_c = \frac{A}{A_s}\left[p_t + \frac{\lambda(1 + v)}{Q_{ex} + G_2}P_a\right] \tag{9-90}$$

$$\sigma_t = \frac{1}{\beta}\left[p_c - \frac{G_2 - vQ_{ex}}{Q_{ex} + G_2}P_a\right] \tag{9-91}$$

$$q = \frac{\sigma_t a}{\pi dl} \tag{9-92}$$

上述各式计算应区别不计膨胀变形差($\gamma=0$)和计入膨胀变形差($\gamma\neq0$)两种情况，应同时满足：

不计膨胀变形差：$|\sigma_r|\leqslant1.5[\sigma]_r^t$；$|\tau_p|\leqslant0.5[\sigma]_r^t$；$|\sigma_c|\leqslant\phi[\sigma]_c^t$；$|\sigma_t|\leqslant[\sigma]_t^t$；$|\sigma_t|\leqslant[\sigma]_{cr}^t$，当 $\sigma_t<0$ 时；$|q|\leqslant[q]$。

计入膨胀变形差：$|\sigma_r|\leqslant3[\sigma]_r^t$；$|\tau_p|\leqslant1.5[\sigma]_r^t$；$|\sigma_c|\leqslant3\phi[\sigma]_c^t$；$|\sigma_t|\leqslant3[\sigma]_t^t$；$|\sigma_t|\leqslant1.2[\sigma]_{cr}^t$，当 $\sigma_t<0$ 时；$|q|\leqslant[q]$，胀接时或 $|q|\leqslant3[q]$，焊接时。

对于兼作法兰的管板延长部分，还应计算 $\tilde{M}_{ws}$，再由 $\tilde{M}_{ws}$ 计算法兰应力 σ'_f。

$$\tilde{M}_{ws} = \begin{cases} \xi\cdot\tilde{M}_m - (\Delta\tilde{M}_f)M_1 & \text{壳程压力作用} \\ \xi\cdot\tilde{M}_p - M_1 & \text{管程压力作用} \end{cases} \tag{9-93}$$

$$\sigma'_f = \frac{1}{4}Y\tilde{M}_{ws}\lambda P_a\left(\frac{D_i}{\delta'_f}\right)^2 \tag{9-94}$$

并满足：$|\sigma'_f|\leqslant1.5[\sigma]_f^t$，不计膨胀变形差；$|\sigma'_f|\leqslant3[\sigma]_f^t$，计入膨胀变形差。

其中，$Y=\frac{1}{X-1}\left(0.66845+5.71690\frac{X^2\lg X}{X^2-1}\right)$，$X=(D_i+2b_f)/D_i$。

对于计算工况⑤和⑥应分别按式(9-93)计算 $\tilde{M}_{ws}$，取其中绝对值大者校核法兰应力。管板与壳体法兰的厚度差应满足结构要求。

(14) 若上述(13)步骤中的条件不能满足时，应重新假设管板厚度或者壳体法兰厚度，也可以调整其他元件结构尺寸，直至满足上述条件为止。

(15) 应力计算见表 9-13。

(16) 换热管与管板连接的许用拉脱力按表 9-15 选取。

表 9-15　许用拉脱应力

换热管与管板连接结构型式			$[q]$
胀接	钢管	管端不卷边，管孔不开槽	2
		管端卷边或管孔开槽	4
	其他金属管	管孔开槽	3
焊接(钢管、其他金属管)			$0.5\min\{[\sigma]_t^t, [\sigma]_r^t\}$

9.5.3 换热管与管板的连接

换热管与管板的连接方式有强度胀接、强度焊接和胀焊并用等形式。

1. 强度胀接

强度胀接方式适用于设计压力小于或等于 4.0MPa，设计温度小于或等于 300℃，操作中无振动，无过大的温度波动及无明显的应力腐蚀倾向。

为了提高胀管质量，要求换热管材料的硬度应低于管板的硬度。有应力腐蚀时，不应采用管端局部退火的方式来降低换热管的硬度。

强度胀接的管板孔结构及尺寸见图9-22及表9-16。最小胀接长度取管板名义厚度减去3mm的差值与50mm二者的小值，超出最小胀接长度的范围可采用贴胀。

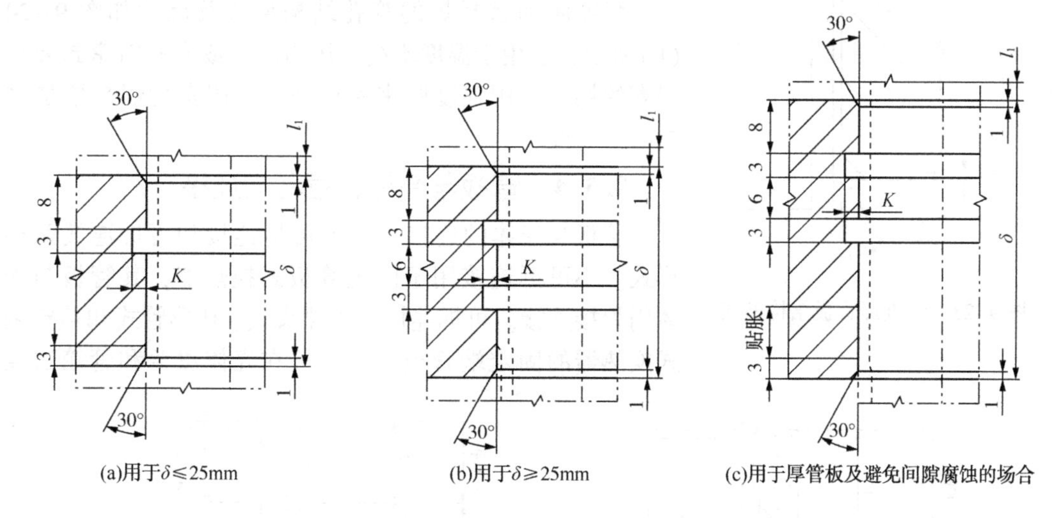

(a)用于$\delta \leq 25$mm (b)用于$\delta \geq 25$mm (c)用于厚管板及避免间隙腐蚀的场合

图9-22 强度胀接的管板结构及尺寸

表9-16 强度胀接结构尺寸

mm

项目	换热管外径 d						
	14	19	25	32	38	45	57
伸出长度 l_1	3^{+2}			4^{+2}		5^{+2}	
槽深 K	不开槽	0.5		0.6		0.8	

2. 强度焊接

强度焊接适用以下场合：

（1）高温、高压条件下，对于碳钢和低合金钢，温度在300～400℃以上，或压力超过7.0MPa，应优先采用焊接；

（2）不论压力大小及温度高低，不锈钢管与管板连接一般采用焊接；

（3）薄管板其厚度小于胀接需要的最小厚度无法胀接时，采用焊接；

（4）要求接头严密不漏的场合，如处理易燃、易爆、有毒介质时，采用焊接；

（5）管间距太小或换热管直径较小，难以胀接时，采用焊接；

（6）不适用于有较大振动及有间隙腐蚀的场合。

强度焊接的一般结构型式及尺寸如图9-23和表9-17所示。

表9-17 强度焊结构尺寸

mm

换热管规格	10×1.5	14×2	19×2	25×2.5	32×3	38×3	45×3	57×3.5
伸出长度 l_1	$0.5^{+0.5}$	$1^{+0.5}$		$1.5^{+0.5}$	$2.5^{+0.5}$	$3^{+0.5}$		

3. 胀焊并用

胀焊并用方式适用于有振动或循环载荷、存在缝隙腐蚀倾向、采用复合管板时的

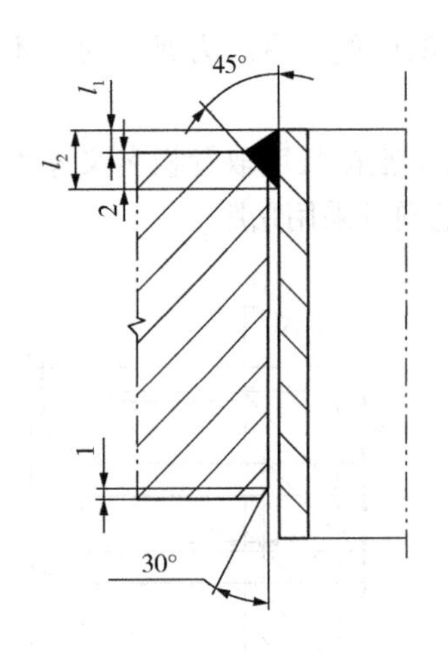

图 9-23　强度焊管板结构型式

场合。

强度焊接加贴胀的管孔结构型式及尺寸如图 9-24(a) 所示，主要目的是消除管子与管板孔的间隙，防止发生间隙腐蚀。

强度胀加密封焊的管孔结构型式及尺寸如图 9-24(b) 所示，适用于温度不高、压力较高或介质对密封要求很高的场合。用强度胀来保证强度，用密封焊来增加密封的可靠性。

9.5.4　管板与壳体、管箱的连接

管板与壳体的连接分为不可拆连接和可拆连接两种形式。不可拆连接用于固定管板式换热器，其管板与壳体用焊接连接。可拆连接用于浮头式、U 形管式和填料函式换热器的固定端管板，其管板在壳体法兰和管箱法兰

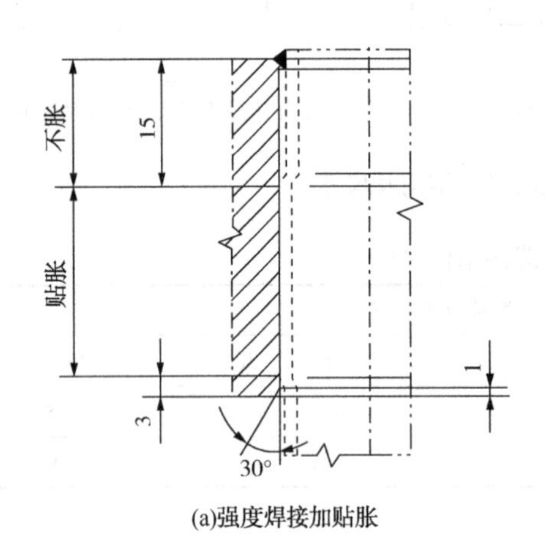

(a)强度焊接加贴胀

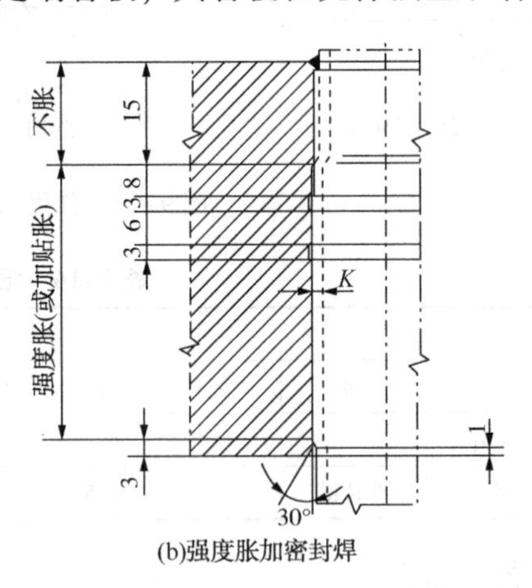

(b)强度胀加密封焊

图 9-24　胀焊并用管板结构型式

之间夹持固定。管板与壳体、管箱的焊接连接可根据设计条件、设备结构等因素选用 GB/T 151 附录 I 所示结构，也可采用其他可靠的连接结构。

9.5.5　主要符号说明

1. 本节关于管板计算的符号说明

A——壳程圆筒内径横截面积，mm^2；

A_d——在布管区范围内，因设置分程隔板和拉杆结构的需要，而未能被换热管支承的面积，mm^2；

A_l——管板布管区内开孔后的面积，mm^2；

A_s——圆筒壳壁金属横截面积，mm^2；

A_t——管板布管区面积，mm^2；

a——1 根换热管管壁金属的横截面积，mm^2；

b_f——壳体法兰或管箱法兰的宽度，mm；

C——系数；

C'——系数；

C''——系数；

C_c——系数；

C_e ——系数；

C_M ——系数；

D ——管板开孔前的抗弯刚度, N · mm ；

D_{ex} ——膨胀节波峰处内径, mm ；

D_f ——壳体法兰或管箱法兰的外径, mm ；

D_G ——垫片压紧力作用中心圆直径，当为浮头式换热器管板时，为固定端管板垫片压紧力作用中心圆直径, mm ；

D_i ——壳程圆筒和管箱圆筒内径, mm ；

D_t ——管板布管区当量直径, mm ；

d ——换热管外径, mm ；

E'_f ——壳体法兰材料弹性模量，MPa；

E''_f ——管箱法兰材料弹性模量，MPa；

E_h ——管箱圆筒材料的弹性模量，当管箱法兰采用长颈对焊法兰时，取管箱法兰的材料弹性模量；当管箱法兰采用乙型平焊法兰时，取法兰短节的材料弹性模量，MPa；

E_p ——设计温度下管板材料的弹性模量，MPa；

E_s ——壳体圆筒材料的弹性模量，MPa；

E_t ——设计温度下换热管材料的弹性模量，MPa；

E_{tm} ——换热管材料在平均金属温度下的弹性模量，MPa；

f_r ——管板径向弯矩系数；

f_{rb} ——管板布管区周边的径向弯矩系数；

f_{ri} ——管板布管区内部的最大径向弯矩系数；

G_1——管板最大径向应力系数；

G_2——系数；

G_3——系数；

G_{we} ——系数；

K ——换热管加强系数；

K_{ex} ——膨胀节轴向刚度, N/mm ；

K'_f ——壳体法兰(或凸缘)与壳程圆筒的旋转刚度参数，MPa；

K''_f ——管箱法兰与管箱圆筒的旋转刚度参数，MPa；

K_f ——旋转刚度参数，MPa；

$\widetilde{K}_f$ ——旋转刚度无量纲参数；

K_t ——管束模数，MPa；

$\tilde{K}_t$ ——管束无量纲刚度；

k ——管板周边不布管区无量纲宽度；

k_h ——管箱圆筒壳常数，1/mm；

k_s ——壳程圆筒壳常数，1/mm；

L ——换热管有效长度(两管板内侧间距)，mm；

l ——换热管与管板胀接长度或焊脚高度，mm；

$\tilde{M}$ ——管板边缘力矩系数；

M_1——系数；

$\tilde{M}_b$ ——边界效应压力组合系数；

M_m ——基本法兰力矩, N · mm ；

$\tilde{M}_m$ ——基本法兰力矩系数；

M_p ——管程压力操作工况下的法兰力矩, N · mm ；

$\tilde{M}_p$ ——管程压力操作工况下的法兰力矩系数；

$\Delta\tilde{M}$ ——管板边缘力矩变化系数；

$\Delta\tilde{M}_f$ ——法兰力矩变化系数；

$\tilde{M}_{ws}$ ——壳体法兰力矩系数；

m ——管板周边总弯矩系数；

m_1——管板第一弯矩系数；

m_2——管板第二弯矩系数；

n ——换热管根数；

P_a ——有效组合压力，MPa；

$\tilde{P}_a$ ——无量纲压力；

P_b ——边界效应组合压力，MPa；

P_c ——当量组合压力，MPa；

p_d ——管板计算压力，MPa；

p_s ——壳程设计压力，MPa；

p_t ——管程设计压力，MPa；

Q ——壳体不带膨胀节时，换热管束与圆筒刚度比；

Q_{ex} ——壳体带膨胀节时，换热管束与壳体刚度比；不带膨胀节时，$Q_{ex} = Q$；

q ——换热管与管板连接的拉脱力，MPa；

$[q]$ ——许用拉脱力，MPa；

R ——管板计算半径，mm；

S ——换热管中心距，mm；

S_n ——隔板槽两侧相邻管中心距，mm；

t_0——制造环境温度，℃；

t_s ——沿长度平均的壳程圆筒金属温度，℃；

t_t ——沿长度平均的换热管金属温度，℃；

v ——管板边缘剪切系数，℃；

Y ——法兰计算系数；

α_s ——在金属温度 $t_0 \sim t_s$ 范围内，壳程圆筒材料平均膨胀系数，mm/(mm·℃)；

α_t ——在金属温度 $t_0 \sim t_t$ 范围内，换热管材料平均膨胀系数，mm/(mm·℃)；

β ——系数；

γ ——换热管与壳程圆筒的热膨胀变形差；

δ ——管板计算厚度，mm；

δ_f ——管板延长部分的法兰(或凸缘)厚度，mm；

δ'_f ——壳体法兰(或凸缘)厚度，mm；

δ''_f ——管箱法兰(或凸缘)厚度，mm；

δ_h ——管箱圆筒厚度，mm；

δ_s ——壳程圆筒厚度，mm；

δ_t ——换热管壁厚，mm；

η ——管板刚度削弱系数，一般可取 μ 值；

λ ——系数；

λ_{ex} ——系数；

μ ——管板强度削弱系数，一般可取0.4；

υ ——管板材料泊松比，一般取0.3；

ξ ——法兰力矩折减系数；

ξ_b ——管板边缘弯矩折减系数；

ξ_R ——管板边缘法兰力矩折减系数；

ξ_T ——布管区法兰力矩折减系数；

ρ_t ——布管区当量直径与计算直径之比；

Σ_s ——系数；

Σ_t ——系数；

σ_c ——壳程圆筒轴向应力，MPa；

σ_f ——管板延长部分(法兰或凸缘)应力，MPa；

σ_t ——换热管轴向应力，MPa；

$[\sigma]^t_c$ ——在设计温度下壳程圆筒材料的许用应力，MPa；

$[\sigma]^t_{cr}$ ——换热管稳定许用压应力，MPa；

$[\sigma]^t_f$ ——壳体法兰许用应力，MPa；

$[\sigma]^t_r$ ——设计温度下管板材料的许用应力，MPa；

$[\sigma]^t_t$ ——设计温度下换热管材料的许用应力，MPa；

σ'_f ——壳体法兰应力，MPa；

σ_r ——管板最大径向应力，MPa；

$\tilde{\sigma}_r$ ——管板径向应力系数；

ψ ——系数；

τ_p ——管板布管区周边剪切应力，MPa；

$\tilde{\tau}_p$ ——管板布管区周边剪切应力系数；

ω' ——系数；

ω'' ——系数。

2. 本节其他主要符号说明

C——接管补强圈外边缘(无补强圈时，指接管外壁)至管箱壳体与法兰连接焊缝间的距离，mm；

d_i——换热管外径，mm；

d_2——接管内径，mm；

E——各相邻管程间分程处介质流通的最小宽度，mm；

h_1——封头内曲面高度，mm；

h_2——封头直边高度，mm；

h_f——法兰厚度，mm；

L_2——接管位置尺寸，mm；

L_3——接管中心线至壳体与封头连接焊缝间的距离，mm；

L_4——封头高度，mm；

N_{cp}——各程平均管数；

δ_p——封头厚度，mm。

9.6 其他部件设计

9.6.1 膨胀节

膨胀节是装在固定管板式换热器壳体上的挠性构件，依靠其变形对管束与壳体间的热膨胀差进行补偿，以此来消除或减少壳体与管束因温差而引起的温差应力。其常见的结构有波形膨胀节、Ω形膨胀节。

1. 设置膨胀节必要性判断

固定管板式换热器是否需要设置膨胀节，可以通过计算加以判断。

1）计算壳体和管子承受的最大应力

壳体：

$$\sigma_s = \frac{F_1 + F_2}{A_s} \tag{9-95}$$

管子：

$$\sigma_t = \frac{-F_1 + F_3}{na} \tag{9-96}$$

其中，$F_1 = \dfrac{\alpha_t(t_t - t_0) - \alpha_s(t_s - t_0)}{\dfrac{1}{naE_t} + \dfrac{1}{A_sE_s}}$，$F_2 = \dfrac{QA_sE_s}{A_sE_s + naE_t}$，$F_3 = \dfrac{QnaE_t}{A_sE_s + naE_t}$，$Q = \dfrac{\pi}{4}[(D_i^2 - nd_0^2)p_s + n(d_0 - 2\delta_t)^2 p_t]$。

式中：σ_s 为壳体承受的最大应力，MPa；σ_t 为管子承受的最大应力，MPa；F_1 为由管子和壳体间的温差所产生的轴向力，N；F_2 为由壳程和管程压力作用在壳体上所产生的轴向力，N；F_3 为由壳程和管程压力作用在管子上所产生的轴向力，N；Q 为壳程与管程压差产生的力，N；A_s 为圆筒壳壁金属的截面面积，mm^2；a 为一根换热管管壁金属横截面积，mm^2；E_t、E_s 分别为管子和壳体材料的弹性模量，MPa；n 为换热管数量；t_0 为安装时的温度，℃；t_t、t_s 分别为操作状态下管壁温度和壳壁温度，℃；α_t、α_s 分别为管子和壳体材料的线膨胀系数，1/℃；δ_t 为管子壁厚，mm。

2）计算管子拉脱力

(1) 由管子与壳壁间温差引起的拉脱力

管子中的温差应力为：

$$\sigma'_t = \frac{F_1}{na} \tag{9-97}$$

在温差应力作用下，管子受到的拉脱力为：

$$q_t = \frac{\sigma'_t a}{\pi d_0 l_t} = \frac{\sigma'_t (d_0^2 - d_i^2)}{4 d_0 l_t} \tag{9-98}$$

(2)由介质压力引起的拉脱力

$$q_p = \frac{pf}{\pi d_0 l_t} \tag{9-99}$$

其中，正三角形排列$f = 0.866t^2 - \frac{\pi}{4}d_0^2$；正方形排列$f = t^2 - \frac{\pi}{4}d_0^2$

(3) 管子拉脱力

当温差力与介质压力的作用方向相同时，则$q = q_t + q_p$；反之，则$q = |q_t - q_p|$。

以上各式中：q_t、q_p分别为由温差应力和介质压力产生的拉脱力，MPa；p为设计压力，取管程压力p_t和壳程压力p_s二者中较大值，MPa；d_i、d_0分别为换热管的内径和外径，mm；l_t为管子与管板胀接长度，mm；f为每四根管子间的管板面积，mm^2，如图9-25所示；t为管间距，mm。

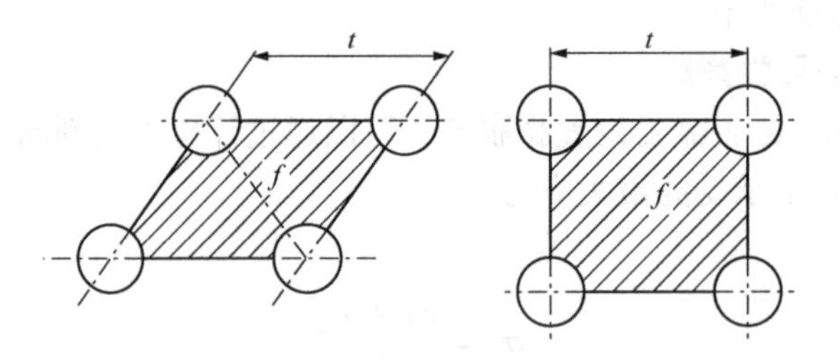

图9-25 四管间管板面积

2. 强度设计

当确定需要设置膨胀节后，需要对膨胀节进行应力校核、疲劳寿命校核、刚度计算等设计计算，具体方法参照GB/T 16749《压力容器波形膨胀节》相关内容。

9.6.2 钩圈式浮头

钩圈式浮头的结构如图9-26所示，浮头盖推荐采用球冠形封头。多管程的浮头盖，其内侧最小深度应使相邻管程之间的横跨流通面积不小于每程换热管流通面积的1.3倍。单管程的浮头盖，其接管中心线处的最小深度不应小于接管内径的1/3。

9.6.3 法兰及垫片

列管式换热器上采用的法兰主要有两大类：

(1) 压力容器法兰(也称设备法兰) 用于设备壳体之间或壳体与管板之间的连接。选用标准主要是NB/T 47020～47027《压力容器法兰、垫片、紧固件》、GB/T 29465《浮头式热交换器用外头盖侧法兰》

(2) 管法兰 用于设备接管与管道的连接。管法兰的选用标准有：GB/T 9124《钢制管法兰》、HG/T 20592～20614《钢制管法兰、垫片、紧固件》(欧洲体系)、HG/T 20615～20635《钢制管法兰、垫片、紧固件》(美洲体系)。

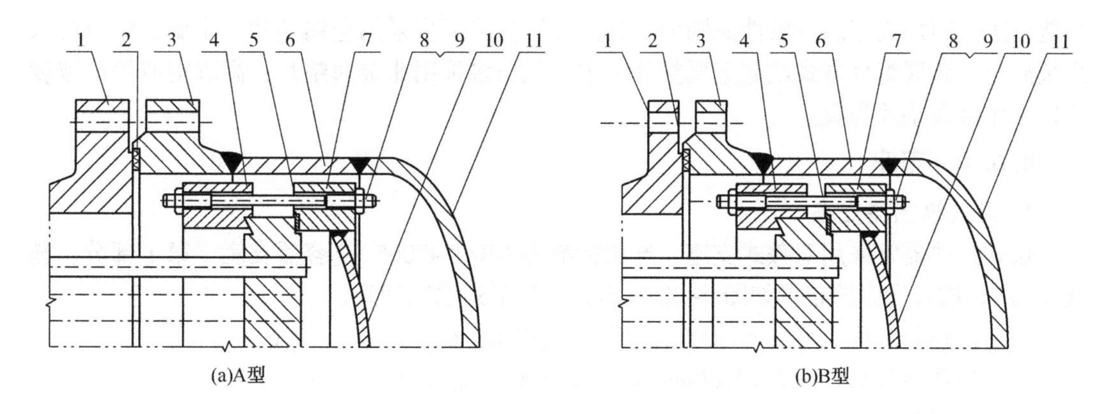

(a)A型

(b)B型

图 9-26　钩圈式浮头

1—外头盖侧法兰；2—外头盖垫片；3—外头盖法兰；4—钩圈；5—浮头垫片；6—外头盖圆筒；7—浮头法兰；8—双头螺柱；9—螺母；10—球冠形封头；11—凸形封头

非标设计时应优先采用相关标准中的法兰连接尺寸。

列管式换热器中使用的垫片用于设备法兰与管板、分程隔板与管板之间的密封。根据管程数的不同，垫片的结构型式也不同，并有不同的组合方式。图 9-27 为垫片的结构，表 9-18 为不同管程数时前、后管箱垫片的组合形式(表中字母与图 9-27 中图号字母相对应)。

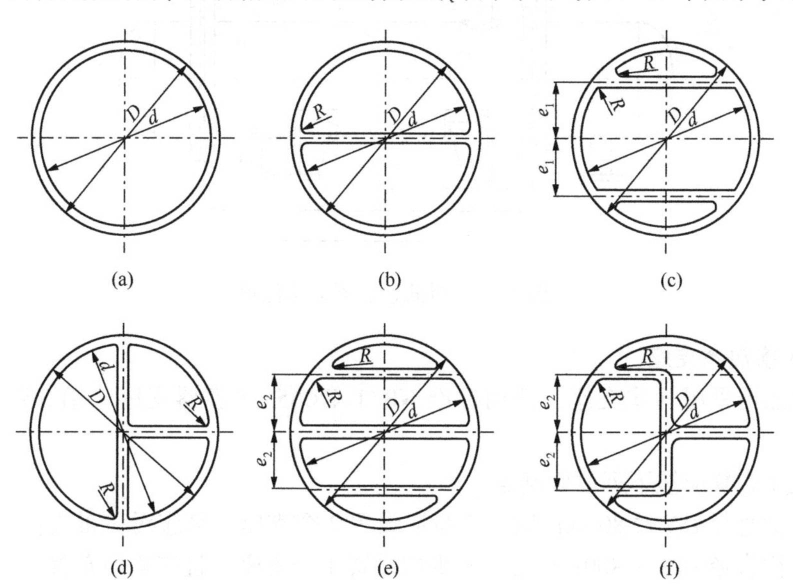

图 9-27　垫片结构

表 9-18　垫片组合形式

管程数	Ⅰ		Ⅱ		Ⅳ		Ⅵ	
管箱位置	前	后	前	后	前	后	前	后
垫片形式	(a)	(a)	(b)	(a)	(c) (d)	(b) (b)	(e)	(f)

垫片的选择要综合考虑介质的特性、操作压力、操作温度、要求的密封程度以及垫片

性能、压紧面形式等。一般性原则为：高温高压情况下多采用金属垫片；中温、中压可采用金属与非金属组合方式或非金属垫片；中、低压多采用非金属垫片；高真空或深冷温度下以采用金属垫片为宜。

9.6.4 支座

1. 卧式换热器支座

卧式换热器常采用双鞍式支座，选用标准为 NB/T 47065.1《容器支座　第 1 部分：鞍式支座》。鞍式支座的布置如图 9-28 所示，应按下列原则确定：

(1) 换热器公称长度 $L \leqslant 3000$mm 时，鞍座间距 $L_B = (0.4 \sim 0.6)L$；

(2) 换热器公称长度 $L > 3000$mm 时，鞍座间距 $L_B = (0.5 \sim 0.7)L$；

(3) 尽量使 L_c 和 L'_c 相近；

(4) L_c 应满足壳程接管焊缝与支座焊缝之间的距离要求，即

$$L_c \geqslant L_1 + \frac{B}{2} + b_a + C \tag{9-100}$$

式中：取 $C \geqslant 4\delta$ 且 $\geqslant 50$mm；B 为补强圈外径；b_a为支座地脚螺栓孔中心线至支座垫板边缘的距离。

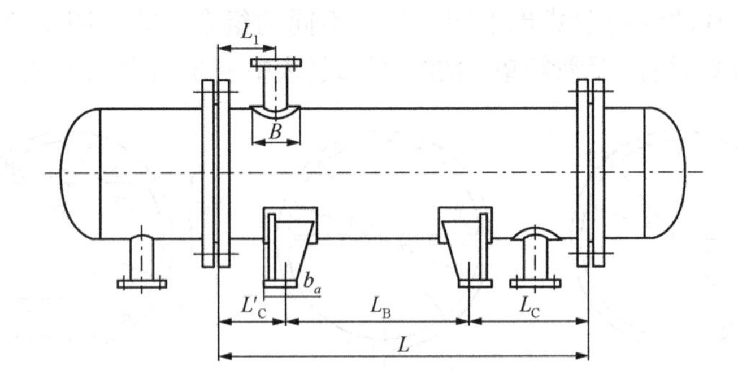

图 9-28　卧式换热器支座位置

2. 立式换热器支座

立式换热器采用耳式支座，选用标准 NB/T 47065.3《容器支座　第 3 部分：耳式支座》。

耳式支座布置应按下列原则确定：

(1) 公称直径 $DN \leqslant 800$mm 时，至少应设置 2 个支座，且应对称布置；

(2) 公称直径 $DN > 800$mm 时，至少应设置 4 个支座，且应均匀布置。

附录1　夹套反应釜设计任务书

一、设计内容

设计一台夹套传热式带搅拌的配料罐。

二、设计参数和技术特性指标

简图

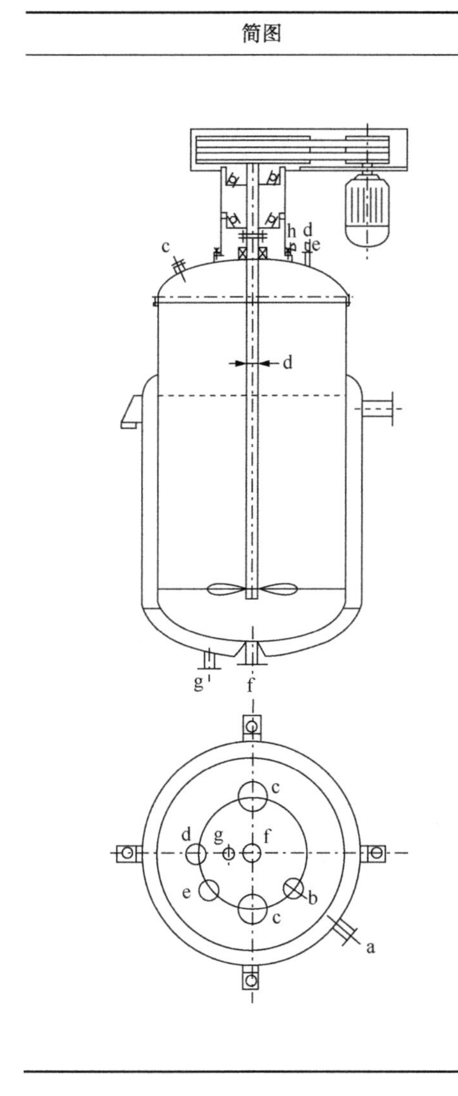

设计参数要求

	容器内	夹套内
工作压力　MPa	0.18	0.25
设计压力　MPa	0.2	0.3
工作温度　℃	100	130
设计温度　℃	<120	<150
介质	有机溶剂	冷却水或蒸汽
全容积　m^3	2.5	
操作容积　m^3	2.0	
传热面积　m^2	>3	
腐蚀情况	微弱	
推荐材料	Q345R	
搅拌器型式	推进式	
搅拌轴转速　r/min	200	
轴功率　kW	4	

接管表

符号	公称尺寸	连接面型式	用途
a	25		蒸汽入口
b	25		加料口
c	80		视镜
d	65		温度计口
e	25		压缩空气口
f	40		放料口
g	25		冷凝水出口
h	100		手孔

三、设计要求

1. 进行罐体和夹套设计计算；
2. 选择支座形式并进行计算；
3. 手孔校核计算；
4. 选择接管、管法兰、设备法兰；

5. 搅拌传统系统设计；
6. 机架结构设计；
7. 凸缘及安装底盖结构设计；
8. 选择轴封型式；
9. 撰写设计说明书；
10. 绘制总装配图及零部件图。

附录 2 储罐设计任务书

一、设计内容

设计一台(　　)m^3 液化石油气储罐设计。

二、设计参数和技术特性指标

设计条件表

序号	项目	数值	单位	备注
1	名称	液化石油气储罐		
2	用途	液化石油气储配站		
3	最高工作压力		MPa	由介质温度确定
4	工作温度	-20～48	℃	
5	公称容积(V_g)	10/20/25/40/50	m^3	
6	工作压力波动情况			可不考虑
7	装量系数(ϕ_V)	0.9		
8	工作介质	液化石油气(易燃)		
9	使用地点	太原市，室外		
10	安装与地基要求	储罐底壁坡度 0.01～0.02		
11	其他要求			

管口表

接管代号	公称尺寸	连接尺寸标准	连接面形式	用途或名称
				液位计接口
				放气管
				人孔
				安全阀接口
				排污管
				液相出口管
				液相回流管
				液相进口管
				气相管
				压力表接口
				温度计接口

三、设计要求

1. 明确介质物性(饱和蒸汽压、密度、腐蚀性、易燃性和危害程度等)；
2. 确定设计温度、最大操作压力与设计压力；

3. 确定总体结构尺寸(筒体直径、长度，封头选型)；
4. 根据工作条件进行材料选择；
5. 筒体与封头的厚度设计(包括压力试验强度校核)；
6. 开孔补强结构及其计算；
7. 容器总质量分析计算；
8. 鞍座的选择；
9. 附件设计(人孔、液位计、名牌、接管、法兰等)；
10. 撰写设计说明书；
11. 绘制装配图及零部件图。

附录3　塔器设计任务书

一、设计内容

设计一台(　　)填料塔。

二、设计参数和技术特性指标

设计条件表

简图 | 设计参数及要求

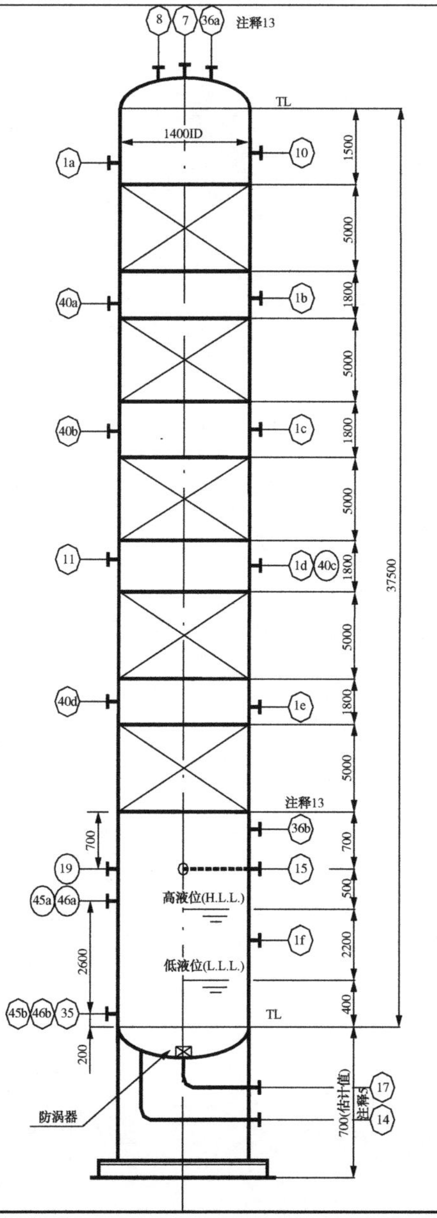

项目		数值
操作温度　℃	塔顶	44
	塔底	88
	最高/最低	90
操作压力　MPag	塔顶	1.420
	塔底	1.450
	最高	1.55
介质名称		液化气
介质密度　kg/m^3		464
塔体内径　mm		1400
塔体高度　mm		37500
裙座高度　mm		7000
基本风压　N/m^2		400
地震设防烈度		7
填料型式		高效填料 HBTL-2
填料高度　m	上段	15
	下段	10

接管表

符号	公称尺寸	用途
1a～1f	500	人孔
7	250	气体出口
8	50	放空口
10	100	回流入口从 P-201
11	150	进料口
14	350	再沸器进料口
15	350	再沸器返回口自 E-205
17	80	液体出口至 E-202
35	50	公用工程接口
36a、36b	15	压力计接口
40a～40d	20	热偶口
45a、45b	50	液位计接口/玻璃板
46a、46b	50	液位控制器接口

三、设计要求

1. 进行基本设计参数的确定，包括设计压力、设计温度、材料；

2. 厚度计算，按设计条件初步确定塔体和封头的壁厚；

3. 塔设备质量载荷计算，风载荷与风弯矩计算，地震载荷与地震弯矩计算，偏心载荷与偏心弯矩计算；

4. 塔设备强度和稳定性校核；

5. 塔设备内件及附件结构设计；

6. 撰写设计说明书；

7. 绘制装配图及零部件图。

附录4　列管式换热器设计任务书

一、设计内容

设计一台(　　)式换热器。

二、设计参数及技术特性指标

换热器类型	固定管板式换热器	
	壳程	管程
介质	丙烷	冷却水
工作压力　MPa	1.2	0.8
进/出口温度　℃	110/60	25/40
程数	1	2

换热面积　m^2	150	壳体内径　mm	1000
换热管径　mm	$\phi25\times2.5$	管心距　mm	32
管长　mm	3000	管子排列	正三角形
管数　根	600	材质	碳钢
折流板数　个	10	折流板间距　mm	270

管口表

接管代号	公称尺寸	连接尺寸标准	连接面形式	用途或名称
				丙烷进口
				丙烷出口
				冷却水进口
				冷却水出口
				排净口

三、设计要求

1. 进行基本设计参数的确定，包括设计压力、设计温度、材料；
2. 厚度计算，包括壳体、管箱圆筒短节、封头；
3. 换热器零部件的工艺结构设计，包括分程隔板、折流板、拉杆、定距管、防短路结构等；
4. 换热器机械结构设计，包括管板、换热管与管板的连接、管板与管箱及壳体的连接等；
5. 其他部件的设计，包括膨胀节、法兰及垫片、支座等；
6. 撰写设计说明书；
7. 绘制装配图及零部件图。

附录5　我国压力容器常用法规标准

一、压力容器法规

1. 国务院(2009)549号　特种设备安全监察条例
2. TSG 21—2016　固定式压力容器安全技术监察规程
3. TSG R1001—2008　压力容器压力管道设计许可规则

二、设计、制造、检验标准

1. GB/T 150—2011　压力容器
2. GB/T 151—2014　热交换器
3. NB/T 47041—2014　塔式容器
4. NB/T 47042—2014　卧式容器
5. NB/T 47004—2017　板式热交换器
6. NB/T 47006—2019　铝制板翅式热交换器
7. NB/T 47007—2010　空冷式热交换器
8. NB/T 47003. 1—2009　钢制焊接常压容器
9. NB/T 47046—2015　螺旋板式热交换器
10. JB/T 4734—2002　铝制焊接容器
11. JB/T 4745—2002　钛制焊接容器
12. JB/T 4755—2006　铜制压力容器
13. NB/T 47011—2010　锆制压力容器
14. JB/T 4756—2006　镍及镍合金制压力容器
15. GB/T 18442—2019　固定式真空绝热深冷压力容器
16. GB12337—2014　钢制球形储罐
17. GB/T 17261—2011　钢制球形储罐形式基本参数
18. HG/T 20660—2017　压力容器中化学介质毒性危害和爆炸危险度分类标准
19. GBZ 230—2010　职业性接触毒物危害程度分级
20. HG/T 20580—2011　钢制化工容器设计基础规定
21. HG/T 20581—2011　钢制化工容器材料选用规定
22. HG/T 20582—2011　钢制化工容器强度计算规定
23. HG/T 20583—2011　钢制化工容器结构设计规定
24. HG/T 20584—2011　钢制化工容器制造技术规定
25. HG/T 20585—2011　钢制低温压力容器技术规定
26. NB/T 47014—2011　承压设备焊接工艺评定
27. NB/T 47015—2011　压力容器焊接规程
28. NB/T 47013—2015　承压设备无损检测
29. GB/T 985. 1—2008　气焊、焊条电弧焊、气体保护焊和高能束焊的推荐坡口

30. GB/T 985.2—2008　埋弧焊的推荐坡口
31. GB/T 985.3—2008　铝及铝合金气体保护焊的推荐坡口
32. GB/T 985.4—2008　复合钢的推荐坡口

三、零部件标准

1. GB/T 9019—2015　压力容器公称直径
2. GB/T 25198—2010　压力容器用封头
3. JB/T 4736—2002　补强圈
4. HG/T 20592～20635—2009　钢制管法兰、垫片、紧固件
5. GB/T 9124—2019　钢制管法兰
6. NB/T 47020～47027—2012　压力容器法兰、垫片、紧固件
7. HG/T 21514～21535—2014　钢制人孔和手孔
8. HG/T 21594～21604—2014　衬不锈钢人孔和手孔
9. GB/T 12522—2009　不锈钢波形膨胀节
10. GB/T 16749—2018　压力容器波形膨胀节
11. HG/T 21550—1993　防霜液面计
12. HG/T 21584—1995　磁性液位计
13. GB/T 25153—2010　化工压力容器用磁浮子液位计
14. HG 21588—1995　玻璃板液面计标准系列及技术要求
15. HG 21589.1—1995　透光式玻璃板液面计(PN2.5)
16. HG 21589.2—1995　透光式玻璃板液面计(PN6.3)
17. HG 21590—1995　反射式玻璃板液面计(PN4.0)
18. HG 21591.1—1995　视镜式玻璃板液面计(常压)
19. HG 21591.2—1995　视镜式玻璃板液面计(PN0.6)
20. HG 21592—1995　玻璃管液面计标准系列及技术要求(PN1.6)
21. HG/T 21630—1990　补强管
22. HG 21537—1992　填料箱
23. HG/T 21563～21572—1995　搅拌传动装置
24. HG/T 3796.1～3796.12—2005　搅拌器系列标准
25. HG/T 21618—1998　丝网除沫器
26. HG/T 21639—2005　塔顶吊柱
27. JB/T 1205—2001　塔盘技术条件
28. HG 20652—1998　塔器设计技术规定
29. NB/T 47065.1～5—2018　容器支座
30. HG/T 21574—2018　化工设备吊耳设计选用规范
31. JB/T 4714～4723—1992　换热器和冷凝器型式与基本参数(合订本)
32. GB/T 29463.1～3—2012　管壳式热交换器用垫片
33. NB/T 47017—2011　压力容器视镜

四、材料标准

1. GB/T 713—2014　锅炉和压力容器用钢板

2. GB/T 14976—2012 流体输送用不锈钢无缝钢管
3. GB/T 8163—2018 输送流体用无缝钢管
4. GB/T 13296—2013 锅炉、热交换器用不锈钢无缝钢管
5. GB/T 5310—2017 高压锅炉用无缝钢管
6. GB/T 6479—2013 高压化肥设备用无缝钢管
7. GB/T 24593—2018 锅炉和热交换器用奥氏体不锈钢焊接钢管
8. GB/T 9948—2013 石油裂化用无缝钢管
9. GB/T 709—2019 热轧钢板和钢带的尺寸、外形、重量及允许偏差
10. GB/T 699—2015 优质碳素结构钢
11. GB/T 700—2006 碳素结构钢
12. GB/T 711—2017 优质碳素结构钢热轧钢板和钢带
13. GB/T 712—2011 船舶及海洋工程用结构钢
14. GB/T 11253—2019 碳素结构钢冷轧钢板及钢带
15. GB/T 3531—2014 低温压力容器用钢板
16. NB/T 47002—2019 压力容器用复合板

附录6　过程设备图纸中常见错误

1. 压力容器类别错误，多腔容器未按多腔容器划类原则进行。

2. 由于类别的错误，带来一系列的错误，如无损检测的比例、焊接接头系数等错误。

3. 技术特性表中主要受压元件材质缺少或者是缺少装量系数、操作容积等数据。

4. 明细表中锻件级别不正确，出现Ⅰ级锻件。

5. 设备法兰的公称压力等级错误，密封面型式错误。

6. 设备法兰的紧固件选用错误，如螺栓、螺母、垫片等错误。

7. 管法兰的公称压力等级错误，密封面型式错误。

8. 管法兰的紧固件选用错误，如螺栓、螺母、垫片等错误。

9. 设备法兰应注意螺栓的跨中问题，图样上可能没有跨中。

10. 技术要求中缺少设备法兰与内筒焊缝的无损检测要求(NB/T 47020—2012 中6.6.1.3)，或无损检测方法不正确，如奥氏体焊缝检测采用MT，应该为PT。

11. 在图纸上尺寸标注不齐全，管口方位图上少定位尺寸或定位角度。

12. 图样上进出口与管口表不一致，介质没有按逆向进出。

13. 温度计接管的长度太短，插不到液面以下。

14. 图纸上有非径向接管，但无非径向焊接节点图。

15. 立式容器水压试验采用卧置试验时，没有给出卧置试验时的压力。

16. 卧式容器上下部的人孔开在两支座的正中间。设计者忽略了卧式容器上下部正中间是受力最不好的地方，应尽量避开。

17. 筒体上开椭圆形人孔时，有的设计者误将椭圆形人孔的长轴与筒体轴线平行，出现了不应有的错误，正确的做法应与筒体轴线垂直。

18. 换热器管板本身具有凸肩与圆筒(封头)对接连接时，没有采用锻件，采用了板材。采用锻件时，级别不正确。

19. 鞍座F型、S型位置安放错误，应对调，并注意是热膨胀型还是冷收缩型的长圆形孔的位置。安放尺寸不正确。鞍座的腹板方向放反。

20. 换热器焊有分程隔板的管箱未提出热处理要求，并且密封面应在热处理以后进行机加工(GB/T 151—2014 中6.8)。或需要热处理后再精加工的部件没有单独画出部件图，也没有相应的尺寸和粗糙度的标注。

21. 折流板缺口的方向不正确。折流板间距不正确，太大，不符合最大无支承跨距要求。

22. 圆筒厚度未满足换热器规定的最小厚度(GB/T 151—2014 中7.1.3.2)。

23. 分程隔板的厚度未满足最小厚度的要求(GB/T 151—2014 中7.1.4.2)。

24. U形管换热器应注意U形管的弯曲半径不小于两倍的换热管外径，并注意防短路结构。

25. 当管程试验压力高于壳程试验压力时，接头试压在图样技术要求中未作要求。

26. 管口在同一圆周上分布得太多，强度削弱太多。

27. 对长颈对焊法兰，应注意：当工作压力≥0.8 倍标准中规定的最大允许工作压力时，法兰与圆筒的对接焊缝必须进行 100% 的 RT 或 UT，合格级别为 RTⅡ级、UTⅠ级。

附录7　中英文术语对照

一、压力容器设计常用术语

设计数据表 Design specification

设计压力 Design pressure

设计温度 Design temperature

设计厚度 Design thickness

工作温度 Operating temperature

工作压力 Operating pressure

水压试验压力 Hydrostatic test pressure

气密试验压力 Gas leakage test pressure

腐蚀余量 Corrosion allowance

焊接接头系数 Welded joint coefficiency

介质 Fluid

容器类别 Vessel category

容积 Capacity

材料要求 Requirment of material

焊接规程 Welding code

制造、检验及验收要求 Specification for manufacturing inspection and acceptance

焊后热处理 Post welding heat treatment

整体热处理 Bulk heat treatment

半球形封头 Hemispherical head

椭圆形封头 Ellipsoidal head

锥形封头 Conical head

平封头 Flat head

壳体 Shell

接管 Nozzle

法兰 Flange

地脚螺栓 Anchor bolt

螺母 Nut

补强圈 Reinforcement pad

加强圈 Stiffening ring

支座 Support

耳式支座 Lug support

腿式支座 Leg support

吊耳 Lifting lug

手孔 Handhole

人孔 Manhole

安全阀 Safety valve

射线检测 Radiographic examination

渗透检测 Penetrant examination

无损检测 Nondestructive examination

二、换热器常用术语

固定管板式换热器 Fixed tube sheet heat exchanger

浮头式换热器 Floating head heat exchanger

U 形管式换热器 U-type heat exchanger

管程 Tube pass

壳程 Shell pass

换热管 tube

管板 tubesheet

管箱 Channel box

折流板 Baffle

折流板缺口 Baffle cut

拉杆 Tie rod

定距管 Space tube

防冲挡板 Impingement plate

膨胀节 Expansion joint

鞍座 Saddle support

垫板 Bracket

筋板 Rib

垫片 Gasket

管子与管板连接 Tube to tubesheet

布管 Tube layout

三、塔设备常用术语

塔 Column

塔板 Tray

板式塔 Plate column

填料塔 Packed column
降液管 Downspout
裙座 Skirt support
吊柱 Handing pillar
丝网除沫器 Mesh demister
液体分布器 Liquid distributor
溢流堰 Weir
浮阀 Float valve
风压 Wind pressure
地震烈度 Earthquake degree
保温层 Insulation thickness
填料 Packing
规整填料 Arranged-type packing
任意填料 Random packing
支承圈 Support ring
防涡流板 Vortex
泡罩 cap

四、反应釜常用术语

搅拌反应釜 Stirred tank reactor
搅拌浆 Agitator blade
夹套 Jacket
盘管 Coiled pipe
流化床反应器 Fluidized bed reactor
固定床反应器 Fixed bed reactor

附录8　中英对照装配图技术要求示例

一、塔设备技术要求

1. 一般要求

1）塔体直线度公差为______ mm；塔体安装垂直度公差为______ mm。

THE STRAIGHTNESS ALLOWANCE OF TOWER SHALL BE ______ mm. THE INSTALLATION VERTICAL ALLOWANCE OFTOWER SHALL BE ______ mm.

2）裙座(支座)螺栓孔中心圆直径以及相邻两孔和任意两孔间弦长极限偏差为2mm。

THE LIMIT DEVIATION OF THE CENTER CIRCLE DIAMETER OF BOLT HOLES OF THE SKIRT(SUPPORT) AND THE CHORD LENGTH BETWEEN TWO ADJACENT HOLES AND TWO ARBITRARY HOLES SHALL BE 2mm.

3）塔盘的制造、安装按 JB/T 1205—2001《塔盘技术条件》进行。

FABRICATION AND INSTALLATION OF TRAY SHALLMEET THE REQUIREMENT OF JB/T 1205—2001《TRAY-TECHNICAL REQUIREMENT》.

2. 特殊要求

1）对于 DN<800mm 的塔器，塔盘制造或装配成整体后再装入塔内的塔体要求：

(1) 塔体在同一横断面上的最大直径与最小直径之差<1% D_i，且不大于25mm；

THE DIFFERENCE BETWEEN THE MAXIMUM DIAMETER AND THE MINIMUM DIAMETEROF THE SAME TRANSECT SHALL BE<1% D_i AND <25mm.

(2) 塔体内表面焊缝应修磨齐平，接管与塔体焊后应与塔体内表面齐平；

THE INNER WELD SHOULD BE POLISHED TO MAKE IT FLUSH WITH THE BASE METAL. THE WELD JOINT BETWEEN NOZZLE AND TOWER SHELL SHALL BE FLUSH WITH THE INNER SURFACE OF THE TOWER.

(3) 塔节两端法兰与塔体焊接后一起加工，其法兰密封面与筒体轴线垂直度公差为1mm。

MACHINE THE TWO END FLANGES TOGETHER AFTER BEING WELDED TO THE TOWER BODY. THE PERPENDICULARITY TOLERANCE BETWEEN THE FLANGE SEALING SURFACE AND THE AXIS OF TOWER SHALL BE 1mm.

2）筒体与裙座连接的焊接接头需进行磁粉(MT)或渗透(PT)检测，符合 NB/T 47013—2015 MT-Ⅰ级或PT-Ⅰ级为合格。

MAGNETIC PARTICLE TEST(MT) OR PENETRANT TEST(PT) SHALL BEPERFORMED FOR THE WELD JOINT OF SHELL AND SKIRT . IT SHALL CONFORM TO CLASS MT-I OR PT-I AS SPECIFIED IN NB/T 47013—2015.

3）塔的裙座螺栓采用模板定位，一次浇灌基础。

THE BOLTS OF THE SKIRT ARE LOCATED BY TEMPLET. AND THE WHOLE FOUNDATION IS POURED AT THE SAME TIME.

4）塔体应按图中标注分段制造，现场组焊和热处理。

THE TOWER MUST BE FABRICATED BY SEVERAL SECTIONS, WELDED TOGETHER AND HEAT TERATED ON SITE ACCORDING TO THE NOTES IN THE DRAWINGS.

5）当保温圈与塔体的附件相碰时应将保温圈移开或断开。

WHEN THE INSULATION RING MEET THE TOWER ACCESSORIES, MOVE OR CUT THE INSULATION RING.

二、换热器类技术要求

1. 一般要求

1）换热管的标准为______，其外径偏差为______，其壁厚偏差为______ mm。

THE TUBE SHALL MEET THE REQUIREMENT OF ______. THE ALLOWANCE OF OUTDIAMETER SHALL BE ______, THE ALLOWANCE OF WALL THICKNESS SHALL BE ______ mm.

2）管板密封面与壳体轴线垂直，其允差为______ mm。

THE SEALING SURFACE OF TUBESHEET SHALL BE VERTICAL WITH THE AXIS OF THE SHELL. THE ALLOWANCE SHALL BE ______ mm.

2. 特殊要求

1）管箱（浮头盖）组焊完毕后须进行消除应力热处理，密封面应在热处理后精加工。

AFTER ASSEMBLY WELDING OF CHANNEL, IT SHALL BE HEAT TREATED TO GET STRESS RELIEVED. THE SEALING SURFACE OF FLANGE WILL BE FINISHED AFTER HEAT TREATMENT.

2）在管子和管板胀接（或焊接）前膨胀节预压缩（或预拉伸）______ mm。

THE EXPANSION JOINT SHALL BE PRECOMPRESSED (PRESTRETCHED) BY ______ mm BEFORE EXPANSION(OR WELDING) OF THE TUBES AND TUBE SHEETS.

3）冷弯 U 形管应进行消除应力热处理。

STRESS-RELIEF HEAT TREATMENT SHALL BE DONE TO GET STRESS RELIEVED FOR COLD-FORMED U-TUBES.

3. 管板一般要求

1）锻制管板要求：

锻件按照 NB/T 47008 ~ 47010—2017《承压设备用钢锻件》规定的______级制造和验收。

THE FABRICATION AND TEST OF THE FORGINGS SHALL MEET THE REQUIREMENT OF NB/T 47008 ~ 47010—2017《STEEL FORGINGS FOR PRESSURE EQUIPMENT》, LEVEL ______。

2）拼接管板要求：

（1）对接接头必须全焊透，进行 100% 射线（RT）或超声（UT）检测，按 NB/T 47013—2015 RT-Ⅱ或 UT-Ⅰ级为合格。

BUTT JOINTS MUST BE FULL PENETRATED AND BE TESTED BY 100% RT OR UT. IT SHALL CONFORM TO CLASS RT-Ⅱ OR UT-Ⅰ AS SPECIFIED IN NB/T 47013—2015.

（2）拼接管板需按相应要求进行焊后消除应力热处理。

STRESS-RELIEF HEAT TREATMENT SHALL BE DONE TO GET STRESS RELIEVED ACCORDING TO RELATIVE CODES.

3）管板密封面与壳体轴线垂直，其允差<______ mm。

THE SEALING SURFACE OF TUBESHEET SHALL BE VERTICAL WITH THE AXIS OF TUBESHEET. THE ALLOWANCE SHALL BE LESS THAN ______ mm.

4）管板钻孔后抽查，>96% 允许孔桥宽度必须>______ mm，允许最小孔桥宽度(<4% 孔桥数)为______ mm。

SPOT EXAMINATION SHALL BE DONE TO CHECK THE PITCH AFTER DRILLING, 96% PITCH SHALL BE LARGE THAN ______ mm, THE ALLOWED MIN. PITCH CAN'T BE LESS THAN ______ mm.

4. 折流板技术要求

1）折流板应平整，平面度公差<3mm。

THE PLANENESS TOLERANCE OF SUPPORT SHOULD BE LESS THAN 3mm.

2）折流板整圆板钻孔后，按图示尺寸切去弓形缺口。

THE BAFFLE SHOULD BE CUT AS THE DRAWING AFTER DRILLING FINISHED.

附表 1　EHA 椭圆封头总深度、内表面积和容积（摘自 GB/T 25198—2010）

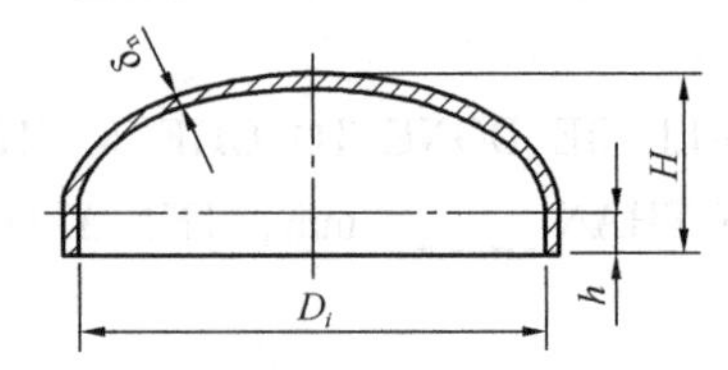

序号	公称直径 DN/mm	总深度 H/mm	内表面积 A/m^2	容积 V/m^3	序号	公称直径 DN/mm	总深度 H/mm	内表面积 A/m^2	容积 V/m^3
1	300	100	0.1211	0.0053	34	2900	765	9.4807	3.4567
2	350	113	0.1603	0.0080	35	3000	790	10.1329	3.817
3	400	125	0.2049	0.0115	36	3100	815	10.8067	4.2015
4	450	138	0.2548	0.0159	37	3200	840	11.5021	4.6110
5	500	150	0.3103	0.0213	38	3300	865	12.2193	5.0463
6	550	163	0.3711	0.0277	39	3400	890	12.9581	5.5080
7	600	175	0.4374	0.0353	40	3500	915	13.7186	5.9972
8	650	188	0.5090	0.0442	41	3600	940	14.5008	6.5144
9	700	200	0.5861	0.0545	42	3700	965	15.3047	7.0605
10	750	213	0.6686	0.0663	43	3800	990	16.1303	7.6364
11	800	225	0.7566	0.0796	44	3900	1015	16.9775	8.2427
12	850	238	0.8499	0.0946	45	4000	1040	17.8464	8.8802
13	900	250	0.9487	0.1113	46	4100	1065	18.7370	9.5498
14	950	263	1.0529	0.1300	47	4200	1090	19.6493	10.2523
15	1000	275	1.1625	0.1505	48	4300	1115	20.5832	10.9883
16	1100	300	1.3980	0.1980	49	4400	1140	21.5389	11.7588
17	1200	325	1.6552	0.2545	50	4500	1165	22.5162	12.5644
18	1300	350	1.9340	0.3208	51	4600	1190	23.5152	13.4060
19	1400	375	2.2346	0.3977	52	4700	1215	24.5359	14.2844
20	1500	400	2.5568	0.4860	53	4800	1240	25.5782	15.2003
21	1600	425	2.9007	0.5864	54	4900	1265	26.6422	16.1545
22	1700	450	3.2662	0.6999	55	5000	1290	27.7280	17.1479
23	1800	475	3.6535	0.8270	56	5100	1315	28.8353	18.1811
24	1900	500	4.0624	0.9687	57	5200	1340	29.9644	19.2550
25	2000	525	4.4930	1.1257	58	5300	1365	31.1152	20.3704
26	2100	565	5.0443	1.3508	59	5400	1390	32.2876	21.5281
27	2200	590	5.5229	1.5459	60	5500	1415	33.4817	22.7288
28	2300	615	6.0233	1.7588	61	5600	1440	34.6975	23.9733
29	2400	640	6.5453	1.9905	62	5700	1465	35.9350	25.2624
30	2500	665	7.0891	2.2417	63	5800	1490	37.1941	26.5969
31	2600	690	7.6545	2.5131	64	5900	1515	38.4750	27.9776
32	2700	715	8.2415	2.8055	65	6000	1540	39.7775	29.4053
33	2800	740	8.8503	3.1198					

附表 2 EHA 椭圆封头质量(摘自 GB/T 25198—2010)

kg

序号	公称直径 DN/mm	封头名义厚度 δ_n/mm																
		2	3	4	5	6	8	10	12	14	16	18	20	22	24	26	28	30
1	300	1.9	2.8	3.8	4.8	5.8	7.8	9.9	12.1	14.3								
2	350	2.5	3.7	5.0	6.3	7.6	10.3	13.0	15.8	18.7	21.6							
3	400	3.2	4.8	6.4	8.0	9.7	13.1	16.5	20.0	23.6	27.3							
4	450	3.9	5.9	7.9	10.0	12.0	16.2	20.4	24.8	29.2	33.7							
5	500	4.8	7.2	9.5	12.1	14.6	19.6	24.7	30.0	35.3	40.7							
6	550	5.7	8.6	11.5	14.4	17.4	23.4	29.5	35.7	41.9	48.3							
7	600	6.7	10.1	13.5	17.0	20.4	27.5	34.6	41.8	49.2	556.7							
8	650	7.8	11.7	15.7	19.7	23.8	31.9	40.2	48.5	57.0	65.6	74.4	83.2	92.2				
9	700	9.0	13.5	18.1	22.7	27.3	36.6	46.1	55.7	65.4	75.3	85.2	95.3	105.5				
10	750	10.2	15.4	20.6	25.8	31.1	41.7	52.5	63.4	74.4	85.6	96.8	108.3	119.8				
11	800	11.6	17.4	23.3	29.2	35.1	47.1	59.3	71.5	83.9	96.5	109.2	122.0	135.0	148.2	161.4	174.9	
12	850		19.6	26.1	32.8	39.4	52.9	66.5	80.2	94.1	108.1	122.3	136.6	151.1	165.8	180.6	195.5	
13	900		21.8	29.2	36.5	44.0	58.9	74.1	89.3	104.4	120.4	136.1	152.0	168.1	184.4	200.8	217.3	
14	950		24.2	32.3	40.5	48.8	65.3	82.1	99.0	116.1	133.3	150.7	168.3	186.0	203.9	222.0	240.3	
15	1000		26.7	35.7	44.7	53.8	72.1	90.5	109.1	127.9	146.9	166.0	185.3	204.8	224.5	244.4	264.4	284.6
16	1100		32.1	42.9	53.7	64.6	86.5	108.6	130.9	153.3	176.0	198.9	221.9	245.2	268.6	292.2	316.1	340.1
17	1200		38.0	50.7	63.5	76.4	102.2	128.3	154.6	181.1	207.8	234.7	261.8	289.1	316.6	344.4	372.3	400.5

续表

序号	公称直径 DN/mm	封头名义厚度 δ_n/mm															
		2	3	4	5	6	8	10	12	14	16	18	20	22	24	26	28	30
18	1300		44.3	59.2	74.2	89.2	119.3	149.7	180.3	211.1	242.2	273.4	304.9	336.7	368.6	400.8	433.2	465.9
19	1400		51.2	68.4	85.6	102.9	137.7	172.7	208.0	243.5	279.2	315.2	351.4	387.9	424.6	461.5	498.7	536.2318.9
20	1500		58.5	78.2	97.9	117.7	157.4	197.4	237.6	278.1	318.9	359.9	401.1	442.7	484.4	526.5	568.8	611.4
21	1600		66.4	88.7	111.0	133.4	178.4	223.7	269.2	315.0	361.1	407.5	454.1	501.1	548.3	595.7	643.5	691.5
22	1700		74.7	99.8	124.9	150.1	200.7	251.6	302.8	354.3	406.1	458.1	510.5	563.1	616.0	669.3	722.8	776.6
23	1800		83.6	111.6	139.7	167.8	224.4	281.2	338.4	395.8	453.6	511.7	570.1	628.7	687.8	747.1	806.7	866.6
24	1900			124.0	155.2	186.5	249.3	312.5	375.9	439.7	503.8	568.2	632.9	698.0	763.4	829.1	895.2	961.6
25	2000			137.1	171.6	206.2	275.6	345.3	415.4	485.8	556.6	627.7	699.1	770.9	843.0	915.5	988.3	1061.4
26	2100			154.0	192.7	231.5	309.4	387.7	466.3	545.2	624.6	704.2	784.3	864.7	945.4	1026.6	1108.0	1189.9
27	2200			168.6	210.9	253.4	338.6	424.2	510.2	596.5	683.2	770.3	857.8	945.6	1033.8	1122.4	1211.4	1300.7
28	2300			183.8	230.0	276.3	369.1	462.4	556.0	650.1	744.5	839.3	934.5	1030.1	1126.1	1222.5	1319.3	1416.5
29	2400				249.8	300.1	401.0	502.2	603.9	706.0	808.4	911.3	1014.6	1118.3	1222.4	1327.0	1431.9	1537.3
30	2500				270.5	325.0	434.1	543.7	653.7	764.1	875.0	986.3	1098.0	1210.1	1322.7	1435.6	1549.1	1662.9
31	2600					350.8	468.6	586.8	705.5	824.6	944.2	1064.2	1184.6	1305.5	1426.8	1548.6	1670.8	1793.5
32	2700					377.6	504.3	631.6	759.3	887.4	1016.0	1145.0	1274.5	1404.5	1534.9	1665.8	1797.2	1929.0
33	2800					405.4	541.4	678.0	815.0	952.5	1090.4	1228.9	1367.8	1507.1	1647.0	1787.3	1928.2	2069.4
34	2900					434.2	579.8	726.0	872.7	1019.9	1167.5	1315.6	1464.3	1613.4	1763.0	1913.1	2063.7	2214.8
35	3000					463.9	619.6	775.7	932.4	1089.5	1247.2	1405.4	1564.1	1723.3	1883.0	2043.2	2203.9	2365.1
36	3100						660.6	827.1	994.0	1161.5	1329.5	1498.1	1667.2	1836.7	2006.9	2177.5	2348.7	2520.4
37	3200						703.0	880.0	1057.7	1235.8	1414.5	1593.7	1773.5	1953.8	2134.7	2316.1	2498.1	2680.6
38	3300						746.6	934.7	1123.3	1312.4	1502.1	1692.4	1883.2	2074.6	2266.5	2459.0	2652.0	2845.7
39	3400						791.6	990.9	1190.8	1391.3	1592.3	1793.9	1996.1	2198.9	2402.2	2606.1	2810.6	3015.7
40	3500						837.9	1048.8	1260.4	1472.5	1685.2	1898.5	2112.4	2326.8	2541.9	2757.6	2973.8	3190.7

续表

序号	公称直径	封头名义厚度 δ_n/mm															
	DN/mm	2	3	4	5	6	8	10	12	14	16	18	20	22	24	26	28	30
41	3600						885.5	1108.4	1331.9	1556.0	1780.7	2006.0	2231.9	2458.4	2685.5	2913.3	3141.6	3370.6
42	3700							1169.6	1405.4	1641.8	1878.8	2116.4	2354.7	2593.6	2833.1	3073.3	3314.0	3555.4
43	3800							1232.5	1480.8	1729.9	1979.6	2229.9	2480.8	2732.4	2984.6	3237.5	3491	3745.2
44	3900							1296.8	1558.3	1820.3	2082.9	2346.2	2610.2	2874.8	3140.1	3406.0	3672.6	3939.9
45	4000							1363.1	1637.7	1913.0	2188.9	2465.6	2742.9	3020.9	3299.5	3578.8	3858.9	4139.5
46	4100							1430.9	1719.1	2008.0	2297.6	2587.9	2878.9	3170.5	3462.9	3755.9	4049.7	4344.1
47	4200							1500.3	1802.4	2105.3	2408.9	2713.1	3018.1	3323.8	3630.2	3937.3	4245.1	4553.6
48	4300								1887.8	2204.9	2522.8	2841.3	3160.7	3480.7	3801.4	4122.9	4445.1	4768.0
49	4400								1975.1	2306.8	2639.3	2972.5	3306.5	3641.2	3976.6	4312.8	4649.7	4987.4
50	4500								2064.3	2411.0	2758.5	3106.7	3455.6	3805.3	4155.8	4507.0	4859.0	5211.7
51	4600								2155.6	2517.5	2880.3	3243.7	3608.0	3973.0	4338.9	4705.4	5072.8	5440.9
52	4700								2248.8	2626.4	3004.7	3383.8	3763.7	4144.4	4525.9	4908.2	5291.2	5675.1
53	4800								2344.0	2737.5	3131.7	3526.8	3922.7	4319.4	4716.9	5115.2	5514.3	5914.2
54	4900								2441.2	2850.9	3261.4	3672.8	4085.0	4498.0	4911.8	5326.4	5741.9	6158.2
55	5000								2540.3	2966.6	3393.7	3821.7	4250.5	4680.2	5110.7	5542.0	5974.2	6407.2
56	5100								2641.4	3084.6	3528.7	3973.6	4419.4	4866.0	5313.5	5761.8	6211.0	6661.0
57	5200								2744.5	3205.0	3666.3	4128.5	4591.5	5055.4	5520.2	5985.9	6452.5	6919.9
58	5300								2849.6	3327.6	3806.5	4286.3	4766.9	5248.5	5730.9	6124.3	6698.7	7183.6
59	5400								2956.6	3452.5	3949.3	4447.0	4945.7	5445.2	5945.6	6446.9	6849.2	7452.3
60	5500								3065.6	3579.7	4094.8	4610.8	5127.7	5645.5	6164.2	6683.9	7204.4	7725.9
61	5600								3176.6	3709.3	4242.9	4777.4	5312.9	5849.4	6386.7	6925.1	7464.3	8004.5
62	5700								3289.5	3841.1	4393.6	4947.1	5501.5	6056.9	6613.2	7170.5	7728.8	8288.0
63	5800								3404.4	3975.2	4547.0	5119.7	5693.4	6268.0	6843.7	7420.3	7997.8	8576.4
64	5900								3521.3	4111.7	4703.0	5295.3	5888.5	6482.8	7078.1	7674.3	8271.5	8869.7
65	6000								3640.2	4250.4	4861.6	5473.8	6087.0	6701.2	7316.4	7932.6	8549.8	9168.0

附表3 各种类型的管法兰的密封面型式和适用范围

<table>
<tr><th rowspan="2">法兰类型</th><th rowspan="2">密封面型式</th><th colspan="9">公称压力 PN</th></tr>
<tr><th>2.5</th><th>6</th><th>10</th><th>16</th><th>25</th><th>40</th><th>63</th><th>100</th><th>160</th></tr>
<tr><td rowspan="2">板式平焊法兰 PL</td><td>突面 RF</td><td>DN10 ~ DN2000</td><td colspan="6">DN10 ~ DN600</td><td colspan="3">—</td></tr>
<tr><td>全平面 FF</td><td>DN10 ~ DN2000</td><td colspan="3">DN10 ~ DN600</td><td colspan="5">—</td></tr>
<tr><td rowspan="4">带颈平焊法兰 SO</td><td>突面 RF</td><td>—</td><td>DN10 ~ DN300</td><td colspan="4">DN10 ~ DN600</td><td colspan="3">—</td></tr>
<tr><td>凹面 FM
凸面 M</td><td colspan="2">—</td><td colspan="4">DN10 ~ DN600</td><td colspan="3">—</td></tr>
<tr><td>榫面 T
槽面 G</td><td colspan="2">—</td><td colspan="4">DN10 ~ DN600</td><td colspan="3">—</td></tr>
<tr><td>全平面 FF</td><td>—</td><td>DN10 ~ DN300</td><td colspan="2">DN10 ~ DN600</td><td colspan="2">—</td><td colspan="3"></td></tr>
<tr><td rowspan="5">带颈对焊法兰 WN</td><td>突面 RF</td><td colspan="2">—</td><td colspan="2">DN10 ~ DN2000</td><td colspan="2">DN10 ~ DN600</td><td>DN10 ~ DN400</td><td>DN10 ~ DN350</td><td>DN10 ~ DN300</td></tr>
<tr><td>凹面 FM
凸面 M</td><td colspan="2">—</td><td colspan="4">DN10 ~ DN600</td><td>DN10 ~ DN400</td><td>DN10 ~ DN350</td><td>DN10 ~ DN300</td></tr>
<tr><td>榫面 T
槽面 G</td><td colspan="2">—</td><td colspan="4">DN10 ~ DN600</td><td>DN10 ~ DN400</td><td>DN10 ~ DN350</td><td>DN10 ~ DN300</td></tr>
<tr><td>全平面 FF</td><td colspan="2">—</td><td colspan="2">DN10 ~ DN2000</td><td colspan="5">—</td></tr>
<tr><td>环连接面 RJ</td><td colspan="6">—</td><td colspan="2">DN15 ~ DN400</td><td>DN15 ~ DN300</td></tr>
<tr><td rowspan="5">整体法兰 IF</td><td>突面 RF</td><td>—</td><td colspan="3">DN10 ~ DN2000</td><td>DN10 ~ DN2000</td><td>DN10 ~ DN600</td><td colspan="2">DN10 ~ DN400</td><td>DN10 ~ DN300</td></tr>
<tr><td>凹面 FM
凸面 M</td><td colspan="2">—</td><td colspan="4">DN10 ~ DN600</td><td colspan="2">DN10 ~ DN400</td><td>DN10 ~ DN300</td></tr>
<tr><td>榫面 T
槽面 G</td><td colspan="2">—</td><td colspan="4">DN10 ~ DN600</td><td colspan="2">DN10 ~ DN400</td><td>DN10 ~ DN300</td></tr>
<tr><td>全平面 FF</td><td>—</td><td colspan="3">DN10 ~ DN2000</td><td colspan="4">—</td><td>—</td></tr>
<tr><td>环连接面 RJ</td><td colspan="6">—</td><td colspan="2">DN15 ~ DN400</td><td>DN15 ~ DN300</td></tr>
</table>

续表

<table>
<tr><th rowspan="2">法兰类型</th><th rowspan="2">密封面型式</th><th colspan="9">公称压力 PN</th></tr>
<tr><th>2.5</th><th>6</th><th>10</th><th>16</th><th>25</th><th>40</th><th>63</th><th>100</th><th>160</th></tr>
<tr><td rowspan="3">承插焊法兰 SW</td><td>突面 RF</td><td colspan="3">—</td><td colspan="5">DN10 ~ DN50</td><td>—</td></tr>
<tr><td>凹面 FM
凸面 M</td><td colspan="3">—</td><td colspan="5">DN10 ~ DN50</td><td>—</td></tr>
<tr><td>榫面 T
槽面 G</td><td colspan="3">—</td><td colspan="5">DN10 ~ DN50</td><td>—</td></tr>
<tr><td rowspan="2">螺纹法兰 Th</td><td>突面 RF</td><td>—</td><td colspan="5">DN10 ~ DN150</td><td colspan="3">—</td></tr>
<tr><td>全平面 FF</td><td>—</td><td colspan="2">DN10 ~ DN150</td><td colspan="6">—</td></tr>
<tr><td>对焊环松套法兰 PJ/SE</td><td>突面 RF</td><td>—</td><td colspan="5">DN10 ~ DN600</td><td colspan="3">—</td></tr>
<tr><td rowspan="3">平焊环松套法兰 PJ/RJ</td><td>突面 RF</td><td>—</td><td colspan="2">DN10 ~ DN600</td><td colspan="3">—</td><td colspan="3">—</td></tr>
<tr><td>凹面 FM
凸面 M</td><td colspan="2">—</td><td>DN10 ~ DN600</td><td colspan="6">—</td></tr>
<tr><td>榫面 T
槽面 G</td><td colspan="2">—</td><td>DN10 ~ DN600</td><td colspan="6">—</td></tr>
<tr><td rowspan="5">法兰盖 BL</td><td>突面 RF</td><td colspan="2">DN10 ~ DN2000</td><td>DN10 ~ DN1200</td><td colspan="3">DN10 ~ DN600</td><td colspan="2">DN10 ~ DN400</td><td>DN10 ~ DN300</td></tr>
<tr><td>凹面 FM
凸面 M</td><td colspan="2">—</td><td colspan="4">DN10 ~ DN600</td><td colspan="2">DN10 ~ DN400</td><td>DN10 ~ DN300</td></tr>
<tr><td>榫面 T
槽面 G</td><td colspan="2">—</td><td colspan="4">DN10 ~ DN600</td><td colspan="2">DN10 ~ DN400</td><td>DN10 ~ DN300</td></tr>
<tr><td>全平面 FF</td><td colspan="2">DN10 ~ DN2000</td><td>DN10 ~ DN1200</td><td colspan="6">—</td></tr>
<tr><td>环连接面 RJ</td><td colspan="6">—</td><td colspan="2">DN15 ~ DN400</td><td>DN15 ~ DN300</td></tr>
<tr><td rowspan="3">衬里法兰盖 BL(S)</td><td>突面 RF</td><td>—</td><td colspan="4">DN40 ~ DN600</td><td colspan="4">—</td></tr>
<tr><td>凹面 FM</td><td colspan="2">—</td><td colspan="3">DN40 ~ DN600</td><td colspan="4">—</td></tr>
<tr><td>槽面 G</td><td colspan="2">—</td><td colspan="3">DN40 ~ DN600</td><td colspan="4">—</td></tr>
</table>

附表 4　DN1000mm ~ 2000mm、120°包角轻型（A 型）带垫板鞍式支座（摘自 NB/T 47065.1—2018）

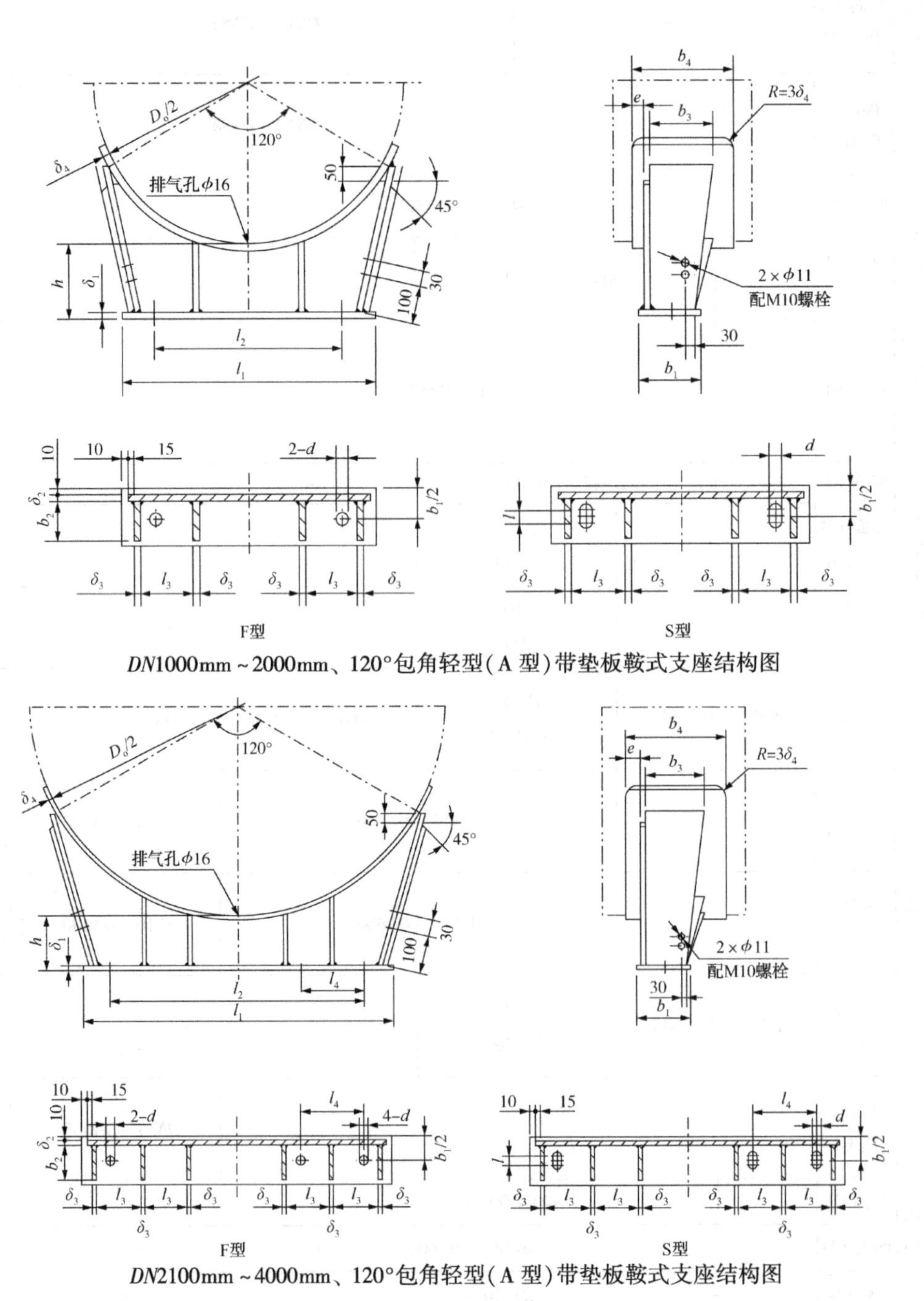

DN1000mm ~ 2000mm、120°包角轻型（A 型）带垫板鞍式支座结构图

DN2100mm ~ 4000mm、120°包角轻型（A 型）带垫板鞍式支座结构图

附表 4-1　*DN*1000mm～2000mm、120°包角轻型(A 型)带垫板鞍式支座结构尺寸表

mm

公称直径 DN	允许载荷 Q/kN	鞍座高度 h	底板			腹板	筋板				垫板				螺栓间距				鞍式支座质量 /kg	增加 100mm 高度增加的质量/kg
			l_1	b_1	δ_1	δ_2	l_3	b_2	b_3	δ_3	弧长	b_4	δ_4	e	间距 l_2	螺孔 d	螺纹 M	孔长 l		
1000	158		760				170				1160	320		57	600				48	6.1
1100	160		820			6	185		200		1280	330	6	62	660				52	6.4
1200	162	200	880	170	10		200	140		6	1390	350		72	720	24	M20	40	58	6.7
1300	174		940				215		220		1510	380		76	780				79	8.4
1400	175		1100				230				1620	400		86	840				87	8.8
1500	257		1060			8	242				1740	410	8	81	900				113	10.8
1600	259		1120	200			257	170	240		1860	420		86	960				121	11.2
1700	262		1200				277				1970	440		96	1040				130	11.7
1800	334	250	1280		12		296			8	2090	470		100	1120	27	M24	45	171	14.7
1900	338		1360	220		10	316	190	260		2200	480	10	105	1200				182	15.3
2000	340		1420				331				2320	490		110	1260				194	15.8

附表 4-2 DN2100mm～4000mm、120°包角轻型（A 型）带垫板鞍式支座结构尺寸表

mm

公称直径 DN	允许载荷 Q/kN	鞍座高度 h	底板			腹板	筋板				垫板				螺栓间距					鞍式支座质量 /kg	增加 100mm 高度增加的质量 /kg
			l_1	b_1	δ_1	δ_2	l_3	b_2	b_3	δ_3	弧长	b_4	δ_4	e	间距 l_2	间距 l_4	螺孔 d	螺纹 M	孔长 l		
2100	559		1500				230				2440	500			1300	—				227	19.5
2200	564		1580	240			243	208	290		2550	520	10	100	1380	—				242	20.1
2300	569		1660				256				2670	530			1460	—				255	20.7
2400	573		1720				266				2780	540			1520	—				267	21.2
2500	871		1800		14		280			8	2900	570			1580	—		2-M30	50	337	24.1
2600	878		1880	300			293	268	360		3020	580	12		1640	—				354	24.7
2700	886		1960			10	307				3130	590			1720	—				371	25.3
2800	893		2040				320				3250	600			1800	—				388	26.0
2900	1388		2110				331				3360	650		120	1870	468				526	31.3
3000	1398		2180				341				3480	660			1940	485	35			564	31.8
3100	1410	250	2260	360			355	316	410		3600	670			2020	505				588	32.5
3200	1420		2340		16		368				3710	680	16		2100	525				613	33.1
3300	1430		2410				380			10	3830	700			2150	538				640	33.6
3400	1645		2480				391				3940	710			2200	550		4-M30	60	696	39.0
3500	1656		2560				405				4060	720			2280	570				723	39.7
3600	1657		2640				418				4180	730			2360	590				751	40.5
3700	1677		2710	380		12	429	335	430		4290	760		140	2430	608				854	41.1
3800	1945		2780		18		440				4410	770	18		2500	625				908	44.9
3900	1958		2860				454			12	4520	780			2580	645				939	45.7
4000	1959		2940				467				4640	790			2660	665				971	46.4

附表5　A型(短臂)耳式支座系列参数尺寸(摘自NB/T 47065.3—2018)

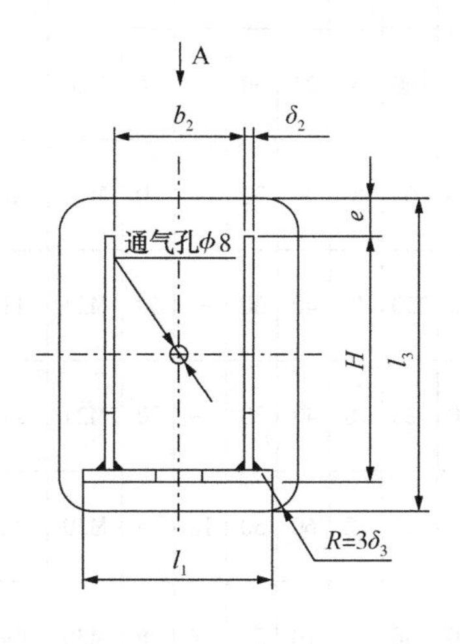

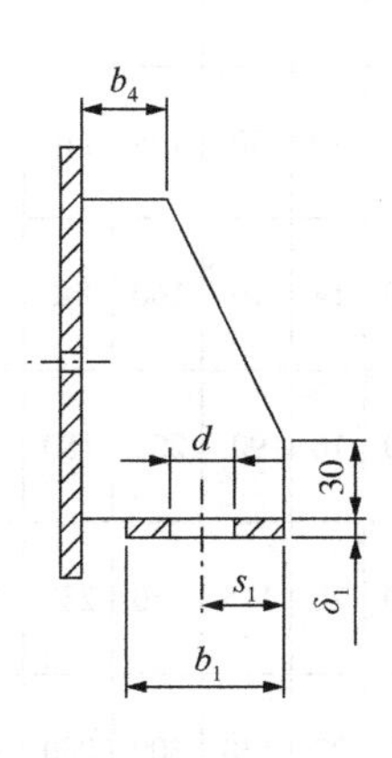

A型(支座号1~5)

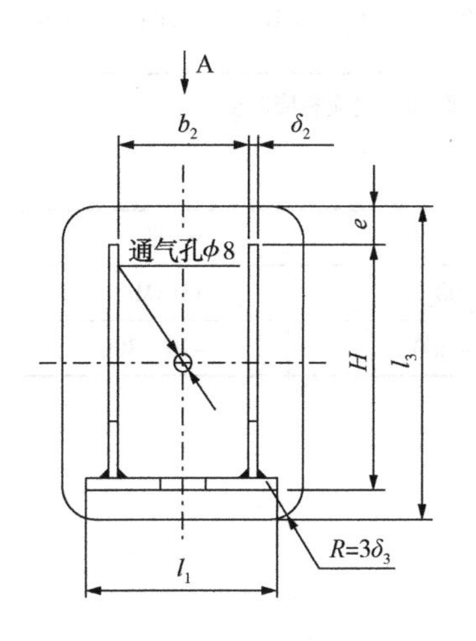

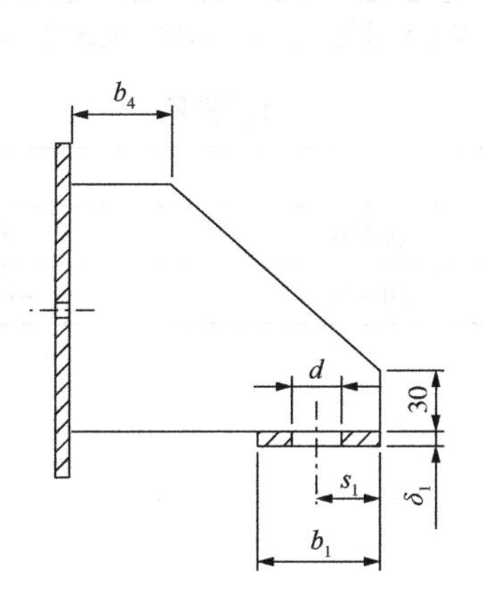

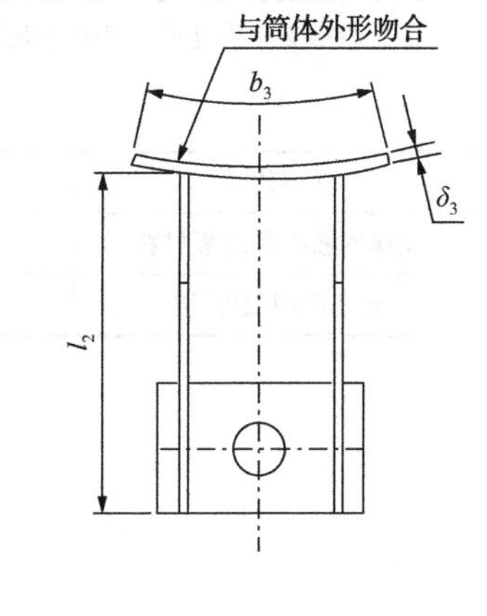

A型(支座号6~8)

支座号	支座本体允许载荷[Q]/kN			适用公称直径 DN	高度 H	底板				筋板			垫板				盖板		地脚螺栓		支座质量/kg
	Ⅰ	Ⅱ	Ⅲ			l_1	b_1	δ_1	s_1	l_2	b_2	δ_2	l_3	b_3	δ_3	e	b_4	δ_4	d	规格	
1	12	11	14	300～600	125	100	60	6	30	80	70	4	160	125	6	20	30	—	24	M20	1.7
2	21	19	24	500～1000	160	125	80	8	40	100	90	5	200	160	6	24	30	—	24	M20	3.0
3	37	33	43	700～1400	200	160	105	10	50	125	110	6	250	200	8	30	30	—	30	M24	6.0
4	75	67	86	1000～2000	250	200	140	14	70	160	140	8	315	250	8	40	30	—	30	M24	11.1
5	95	85	109	1300～2600	320	250	180	16	90	200	180	8	400	320	10	48	30	—	30	M24	21.6
6	148	134	171	1500～2600	400	320	230	20	115	250	230	12	500	400	12	60	50	12	36	M30	42.7
7	173	156	199	1700～3400	480	375	280	22	130	300	280	14	600	480	14	70	50	14	36	M30	69.8
8	254	229	292	2000～4000	600	480	360	26	145	380	350	16	720	600	16	72	50	16	36	M30	123.9

注：表中支座质量是以表中垫板厚度为 δ_3 计算的，如果 δ_3 的厚度改变，则支座的质量应相应改变。

材料代号

材料代号	Ⅰ	Ⅱ	Ⅲ
支座的筋板和底板材料	Q235B	S30408	15CrMoR
允许使用温度/℃	-20～200	-100～200	-20～300

附表6 各种人孔标准及适用范围

类型	标准号	公称直径 DN/mm	公称压力 PN/MPa
常压人孔	HG/T 21515—2005	400～600	常压
回转盖板式平焊法兰人孔	HG/T 21516—2005	400～600	0.6
回转盖带颈平焊法兰人孔	HG/T 21517—2005	400～600	1.0～1.6
回转盖带颈对焊法兰人孔	HG/T 21518—2005	400～600	2.5～6.3
垂直吊盖板式平焊法兰人孔	HG/T 21519—2005	450～600	0.6
垂直吊盖带颈平焊法兰人孔	HG/T 21520—2005	450～600	1.0～1.6
垂直吊盖带颈对焊法兰人孔	HG/T 21521—2005	450～600	2.5～4.0
水平吊盖板式平焊法兰人孔	HG/T 21522—2005	450～600	0.6
水平吊盖带颈平焊法兰人孔	HG/T 21523—2005	450～600	1.0～1.6
水平吊盖带颈对焊法兰人孔	HG/T 21524—2005	450～600	2.5～4.0
常压旋柄快开人孔	HG/T 21525—2005	400～500	常压
椭圆回转盖快开人孔	HG/T 21526—2005	450×350	0.6
回转拱盖快开人孔	HG/T 21527—2005	400～500	0.6
常压手孔	HG/T 21528—2005	150～250	常压
板式平焊法兰手孔	HG/T 21529—2005	150～250	0.6
带颈平焊法兰手孔	HG/T 21530—2005	150～250	1.0～1.6
带颈对焊法兰手孔	HG/T 21531—2005	150～250	2.5～6.3
回转盖带颈对焊法兰手孔	HG/T 21532—2005	250	4.0～6.3
常压快开手孔	HG/T 21533—2005	150～250	常压
旋柄快开手孔	HG/T 21534—2005	150～250	0.25
回转盖快开手孔	HG/T 21535—2005	150～250	0.6

附表7　回转盖带颈对焊法兰人孔
（摘自 HG/T 21518—2014）

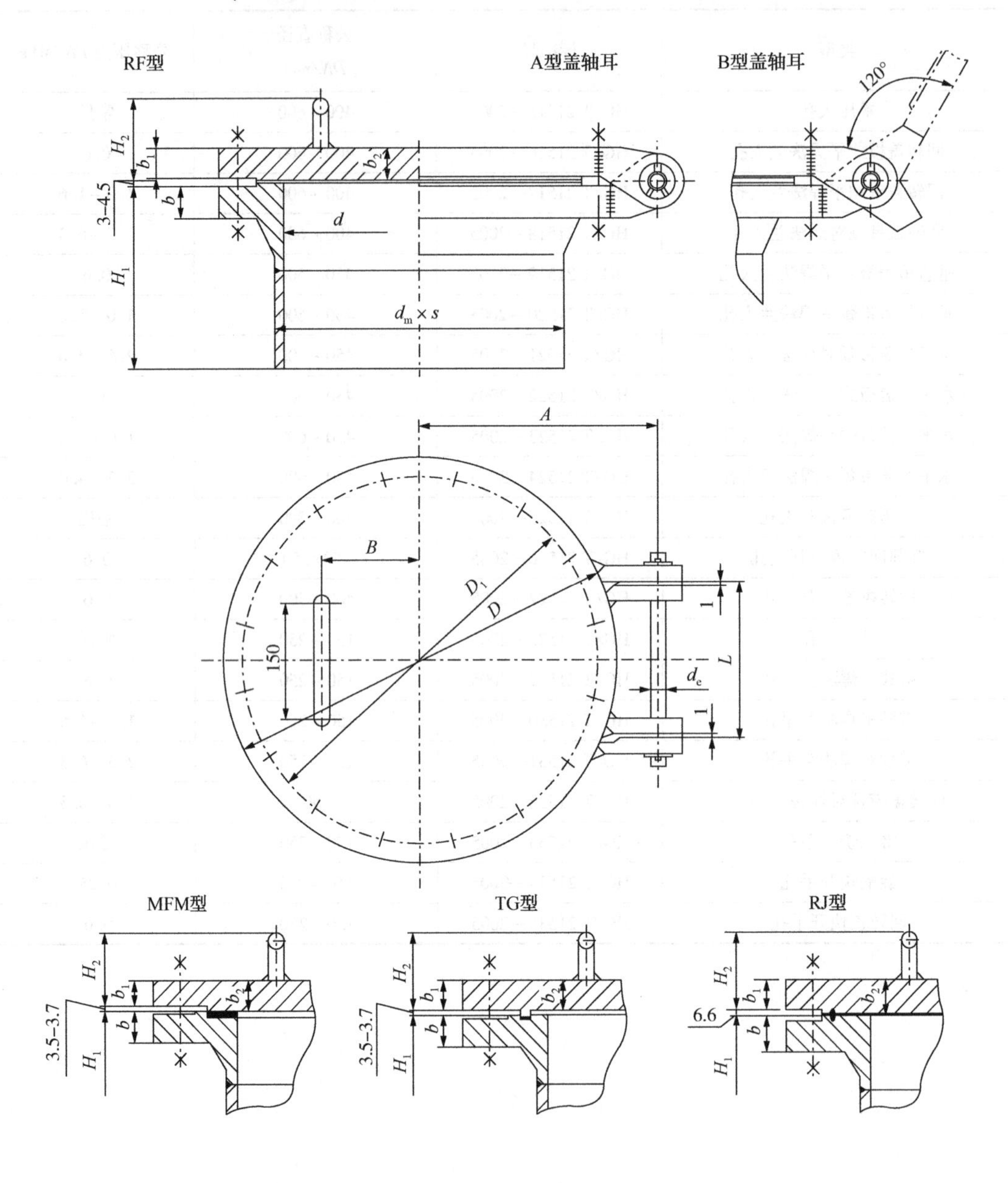

密封面型式	公称压力 PN /MPa	公称直径 DN/mm	$d_w \times s$	d	D	D_1	H_1	H_2	b	b_1	b_2	A	B	L	d_0	螺柱	螺母	螺柱	总质量/kg
			mm													数量		直径×长度/mm	
突面（RF型）	16	450	480×10	460	640	585	240	120	40	38	40	350	175	250	24	20	40	M27×155	199
		500	530×12	506	715	650	260	124	44	42	44	390	200	300	24	20	40	M30×170	272
		600	630×12	606	840	770	280	134	54	52	54	450	250	350	30	20	40	M33×200	430
	25	(400)	426×12	402	620	550	240	120	40	38	40	350	150	250	24	16	32	M33×170	206
		450	480×12	456	670	600	250	126	46	44	46	375	175	250	24	20	40	M33×180	263
		500	530×12	506	730	650	280	128	48	46	48	405	200	300	30	20	40	M33×185	320
		600	630×12	606	845	770	290	138	58	56	58	460	250	350	30	20	40	M36×3×205	480
	40	400	426×14	398	660	585	260	130	50	48	50	375	175	250	24	16	32	M36×3×190	292
		450	480×14	452	685	610	270	137	57	55	57	390	175	250	30	20	40	M36×3×205	343
		500	530×14	501.6	755	670	290	137	57	55	57	425	225	300	30	20	40	M39×3×215	419
		600	630×16	598	890	795	310	152	72	70	72	485	250	350	30	20	40	M45×3×260	692
	63	400	426×18	390	670	585	280	140	60	58	60	385	175	250	30	16	32	M39×3×220	356
凹凸面（MFM型）	16	450	480×10	460	640	585	240	115	40	34.5	40	350	175	250	24	20	40	M27×155	199
		500	530×12	506	715	650	260	119	44	38.5	44	390	200	300	24	20	40	M30×170	272
		600	630×12	606	840	770	280	129	54	48.5	54	450	250	350	30	20	40	M33×200	430
	25	(400)	426×12	402	620	550	240	115	40	34.5	40	350	150	250	24	16	32	M33×170	206
		450	480×12	456	670	600	250	121	46	40.5	46	375	175	250	24	20	40	M33×180	262
		500	530×12	506	730	660	280	123	48	42.5	48	405	200	300	30	20	40	M33×185	320
		600	630×12	606	845	770	290	138	58	52.5	58	460	250	350	30	20	40	M36×3×205	480
	40	400	426×14	398	660	585	260	125	50	44.5	50	375	175	250	24	16	32	M36×3×190	292
		450	480×14	452	685	610	270	132	57	51.5	57	390	175	250	30	20	40	M36×3×205	343
		500	530×14	501.6	755	670	290	132	57	51.5	57	425	225	300	30	20	40	M39×3×215	419
		600	630×16	598	890	795	310	147	72	66.5	72	495	250	350	30	20	40	M45×3×260	692
	63	400	426×18	390	670	585	280	135	60	54.5	60	385	175	250	30	16	32	M39×3×220	356
榫槽面（TG型）	25	(400)	426×12	402	620	550	240	115	40	34.5	40	350	150	250	24	16	32	M33×170	206
		(450)	480×12	456	670	600	250	121	46	40.5	46	375	175	250	24	20	40	M33×180	262
		(500)	530×12	506	730	660	280	123	48	42.5	48	405	200	300	30	20	40	M33×185	320
	40	(400)	426×14	398	600	585	260	125	50	44.5	50	380	175	250	24	16	32	M36×3×190	292
		(450)	480×14	452	685	610	270	132	57	51.6	57	390	175	250	30	20	40	M36×3×205	343
		(500)	530×14	501.6	785	670	290	132	57	51.5	57	425	225	300	30	20	40	M39×3×215	419
	63	(400)	426×18	390	670	585	280	135	60	54.5	60	385	175	250	30	16	32	M39×3×220	366
环连接面（RJ型）	63	400	426×18	390	670	585	280	148	68	60	68	385	175	250	30	16	32	M39×3×240	369

注：表中带括号的公称直径不宜采用。

参考文献

[1] GB/T 14689—2008 技术制图 图纸幅面和格式.

[2] GB/T 14690—1993 技术制图关系 比例.

[3] HG/T 20668—2000 化工设备设计文件编制规定.

[4] TCED 41002—2000 化工设备图样技术要求.

[5] GB/T 150—2011 压力容器.

[6] GB/T 151—2014 热交换器.

[7] NB/T 47041—2014 塔式容器.

[8] HG/T 20569—2013 机械搅拌设备.

[9] 郑津洋，董其伍，桑芝富. 过程设备设计(第四版)[M]. 北京：化学工业出版社，2015.

[10] 路秀林，王者相，等. 化工设备设计全书—塔设备[M]. 北京：化学工业出版社，2004.

[11] 王凯，虞军，等. 化工设备设计全书—搅拌设备[M]. 北京：化学工业出版社，2003.

[12] 陆怡. 化工设备识图与制图[M]. 北京：中国石化出版社，2011.

[13] 方书起. 化工设备课程设计指导[M]. 北京：化学工业出版社，2018.

[14] 蔡纪宁，张秋翔. 化工设备机械基础课程设计指导书[M]. 北京：化学工业出版社，2003.

[15] 魏崇光，郑晓梅. 化工制图[M]. 北京：化学工业出版社，2002.

[16] 林大钧. 化工制图[M]. 北京：高等教育出版社，2007.

[17] GB/T 9019—2015 压力容器公称直径.

[18] HG/T 20583—2011 钢制化工容器结构设计规定.

[19] NB/T 47065. 1 ~5—2018 容器支座.

[20] NB/T 47020 ~47027—2012 压力容器法兰、垫片、紧固件.

[21] GB/T 25198—2010 压力容器用封头.

[22] JB/T 4736—2002 补强圈.

[23] HG/T 20592 ~20635—2009 钢制管法兰、垫片、紧固件.

[24] HG/T 21514 ~21535—2005 钢制人孔和手孔.

[25] HG/T 21563 ~21572—1995 搅拌传动装置.

[26] NB/T 47013—2015 承压设备无损检测.